新型
含铝奥氏体耐热钢材料

高秋志　张海莲　屈 福　等著

化学工业出版社
·北京·

内容简介

新型含铝奥氏体耐热钢是近十余年开发的新一代奥氏体耐热钢，具有优异高温持久蠕变性能和抗氧化性能，应用前景广阔，成为近年来高温耐热结构材料研究的热点方向。本书系统介绍了作者团队在新型含铝奥氏体耐热钢的成分优化设计、组织结构控制、高温性能调控等方面的研究成果，书中涉及的相关理论及工艺调控技术手段对含铝元素耐热结构材料及高温合金具有重要学术参考价值和应用指导意义。

《新型含铝奥氏体耐热钢材料》可供高等院校金属材料领域相关专业高年级本科生和研究生，以及专业技术人员学习参考。

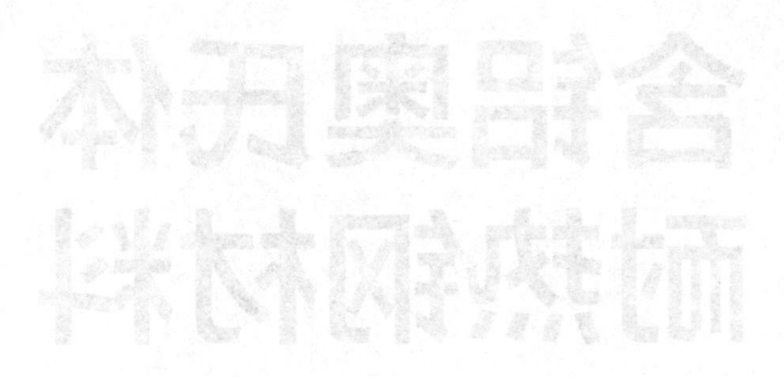

图书在版编目（CIP）数据

新型含铝奥氏体耐热钢材料/高秋志等著. —北京：化学工业出版社，2020.12（2022.2重印）

ISBN 978-7-122-37968-9

Ⅰ.①新… Ⅱ.①高… Ⅲ.①耐热钢-研究 Ⅳ.①TG142.73

中国版本图书馆CIP数据核字（2020）第221629号

责任编辑：陶艳玲　　　　装帧设计：关　飞

责任校对：刘　颖

出版发行：化学工业出版社（北京市东城区青年湖南街13号　邮政编码100011）

印　　装：天津盛通数码科技有限公司

710mm×1000mm　1/16　印张14¼　字数269千字　　2022年2月北京第1版第2次印刷

购书咨询：010-64518888　　　　售后服务：010-64518899

网　　址：http://www.cip.com.cn

凡购买本书，如有缺损质量问题，本社销售中心负责调换。

定　　价：79.00元

前言

目前，可用于超超临界机组高温构件的材料主要有铁素体耐热钢、奥氏体耐热钢、镍基高温合金及氧化物弥散强化 FeCrAl 合金（ODS 钢）等。铁素体耐热钢的热膨胀系数小，对热应力疲劳不敏感，600℃的高温性能良好，但随温度的进一步升高，其高温稳定性急剧下降，限制了其进一步的高温应用。镍基高温合金的价格昂贵，作为超超临界机组高温结构材料会大幅提高使用成本。ODS 钢需要通过粉末冶金的方法制备来保证氧化物的弥散强化，成倍地提高了制造成本。传统奥氏体耐热钢的高温蠕变性能优良，但是由于较高的镍和铬含量，成本也相对较高。考虑抗氧化和抗腐蚀性能，前面提到的几种高温合金表面会形成氧化铬层，在蒸汽锅炉高温水汽、S、C 的环境下加速氧化，导致材料早期失效。新型含铝奥氏体耐热钢是近十余年开发的新一代奥氏体耐热钢，其可形成稳定的氧化铝层，在 750～900℃的范围内具有优异的高温抗氧化性能，而且高温蠕变性能优异，具有广泛的应用前景，也是近年来高温耐热结构材料研究的热点方向。

本书系统介绍了著者团队在新型含铝奥氏体耐热钢的成分设计、组织控制、性能调控等方面的研究成果，对新型含铝奥氏体耐热钢的设计原则及调控手段提出了具有一定指导意义的见解。全书共分为 6 章。第 1 章介绍新型含铝奥氏体耐热钢的成分设计原则及强化机制，并对组织演变规律进行了综述；第 2 章详细介绍了新型含铝奥氏体耐热钢冷变形的组织及性能变化，重点对抗氧化性能进行了研究；第 3 章就新型含铝奥氏体耐热钢的热变形组织尤其是热变形织构演变及再结晶机制进行了介绍；第 4 章关注新型含铝奥氏体耐热钢的常规热处理技术，系统介绍热处理工艺对组织性能的影响；第 5 章重点关注新型含铝奥氏体耐热钢的高温持久服役性能，介绍了等温时效过程第二相的演变特征及高温持久蠕变行为；第 6 章介绍了新型含铝奥氏体耐热钢未来发展方向的展望。全书的撰写从合金成分设计入手，以高温持久服役性能评估结束，逐层递进，是耐热钢领域比较系统详细的一本学术著作。

本书第1～3章由高秋志、张海莲共同撰写，第4章由高秋志、屈福共同撰写，第5～6章由刘子昀、高秋志共同撰写，高秋志负责统稿。本书的出版得到了东北大学秦皇岛分校资源与材料学院和秦皇岛市道天高科技有限公司的大力支持，硕士研究生江琛琛、陆冰宜、商行、江骏东等在数据整理过程中也付出了努力，在此一并致以诚挚的谢意。

感谢国家自然科学基金钢铁联合研究基金重点项目（U1960204）、国家自然科学基金（51871042）、中央高校基本科研业务费（N2023026）的资助。

鉴于作者的水平有限，书中难免会有不足之处，敬请广大读者批评指正。

著者

2020年6月

目 录

第2章 / 33
新型含铝奥氏体耐热钢的冷变形组织及性能

第3章 / 95
新型含铝奥氏体耐热钢的热变形组织及性能

第4章 / 142
新型含铝奥氏体耐热钢的热处理组织及性能

第 5 章 / 188 新型含铝奥氏体耐热钢的等温时效及持久蠕变行为

第 6 章 / 215 新型含铝奥氏体耐热钢的未来展望

绪 论

第一次工业革命后蒸汽机的发明时，没有专门的耐热材料，只能采取用铁板制作缸式锅炉的方法进行工作。1850 年前后，工业生产中开始采用钢管代替铁管、铜管的方法，应用于锅炉和蒸汽轮机当中，后来发现向钢中添加 Mo 元素可以有效提升钢的高温持久强度，人们就不同的合金元素对钢的高温强度的影响进行了大量实验，研制出珠光体型低合金钼钢、镍钢、铬钼钢和铬钼钒钢等。最早应用于蒸汽机组和锅炉管道中的钢材是改进后的 20G 钢。20G 钢经 900℃正火处理可得到铁素体和珠光体组织，该钢材具有较好的加工性和可焊性，但其高温强度和高温耐腐蚀性能较差，工作温度不能高于 430℃。此后，研究者们通过向 20G 钢中添加 0.5%的 Mo 元素，研制出依靠 MoC 沉淀相弥散强化的 T/P1 钢。当进一步向合金基体中添加了 1%的 Cr 元素后又开发出 T/P2 钢。通过 Mo 元素和 Cr 元素的复合强化作用，材料的高温持久强度以及高温蠕变性能显著提升，使其工作温度达到 550℃。虽然上述耐热钢已具有良好的高温强度，但高温耐蚀性能较差的问题始终存在，无法满足当时火电机组锅炉管道的工作需求。

直到 20 世纪 20 年代，荷兰 Delft 大学研发出了 2.25Cr-1Mo 珠光体耐热钢，经 920℃退火处理得到铁素体和珠光体组织。通过向合金基体中添加 Cr 元素和 Mo 元素起到弥散强化作用，将耐热钢适用工作温度提升至 580℃。但 2.25Cr-1Mo 珠光体耐热钢需要进行焊前预热和焊后热处理，成本较高，需要进一步改进。日本住友集团在 2.25Cr-1Mo 珠光体耐热钢基础上细化调整合金元素添加量，研发出了新型贝氏体耐热钢 T/P23。T/P23 的合金元素调整思路是利用 V 元素和 N 元素共同作用产生第二相强化效应，并添加 W 元素和 Mo 元素共同起到固溶强化作用，加入 B 元素提升材料高温蠕变强度，通过降低合金基体中的 C 元素含量，有效解决了 2.25Cr-1Mo 钢焊前预热和焊后热处理造成的成本增加问题。随着超超临界火电技术的提出和发展，当时现有的耐热合金已不能满足 600℃超超临界火电机组高温部件的研制需求。研究者们将目光转向了热膨胀系数小、可焊性高的铁素体耐热钢以及组织稳定的奥氏体耐热钢的研发。

20世纪90年代，欧洲和日本的研发部门在原始9Cr-1Mo钢（T/P9钢）的基础上进行了改进，严格控制碳元素加入量的范围界限，通过添加V、Ni等元素生成MX型碳化物的方法产生弥散强化效果，研发出了具有高温稳定性的T/P91钢。T/P91钢除了具有较高的高温持久强度、高温蠕变强度和许用应力之外，还具有优异的焊接性能，其热膨胀系数小，长期服役条件下仍具有优异的组织稳定性。T/P91钢是最早出现的Cr元素含量为9%的中合金铁素体耐热钢，铁素体耐热钢中占据了很高的历史地位。目前T/P91钢是全球范围内超超临界火电机组锅炉管道中应用率最高的耐热钢种。在T/P91钢的基础上，利用复合多元强化手段，向合金基体中添加1.8%的W元素代替Mo元素，将Mo元素含量降低至0.5%，起到复合强化作用，得到的室温组织为马氏体，尽可能避免组织中出现δ-铁素体，并降低C元素的添加量，添加微量B元素，起到增强晶界强化效应的作用，得到具有更好高温持久性能和高温蠕变强度的T/P92钢。T/P92钢在620℃工作环境下的持久强度约为T/P91钢的1.5倍。在实际工作环境下，中合金铁素体耐热钢主要应用于过热器和联箱管道中，目前T/P92钢凭借其优异的高温持久强度、蠕变强度和抗腐蚀能力在此使用中已成功替代了部分T/P91钢，但由于其使用时间较短，实际生产中的持久性能还有待进一步检测。

2003年，我国使用从欧美和日本进口的耐热合金（如T/P91、T/P92耐热钢）开始建设600℃超超临界火电机组，这大幅提高了我国火力发电效率。随着600℃超超临界火电机组的商业化应用，科研人员致力于研发650～700℃新一代超超临界火电机组。目前，T/P91耐热钢使用温度上限为600℃，超过这一温度时，T/P91耐热钢将出现高温持久蠕变强度不足以及高温抗氧化、耐腐蚀性能下降的问题。因此，耐热合金及其高温部件的研制是制约新一代超超临界火电机组发展的关键问题。

由于能源危机和环境问题，火力发电厂发电效率的提高一直备受关注，而火力发电技术的革新依靠耐热合金的发展。2007～2009年，我国钢铁研究总院联合宝钢基于“选择性强化”设计思路，通过合理控制B和N元素的配比调控$M_{23}C_6$碳化物的长大速率，合理添加适量的Cu元素进一步增加沉淀强化的效果，调整W元素的添加量提高冲击韧性，成功开发出具有自主知识产权的新型铁素体耐热钢——G115钢，并进行了工业试制。G115钢的基体组织由板条马氏体以及在晶界、晶粒内及板条界析出的第二相（$M_{23}C_6$、MX和Laves）组成，具有优异的力学性能和良好的高温蠕变强度。G115钢中不含Ni等价格昂贵的合金元素，制备成本较低，在620～650℃的温度区间内组织稳定。有研究指出，G115 钢在 650℃下的高温持久强度是现阶段应用的 T/P92 钢的 1.5 倍以上，也优于日本最新开发出的 SAVE12AD 钢。此外，G115 钢的热膨胀系数小，可焊性高，有潜力应用于大口径耐热管以及厚壁部件的制造，有望成为建设 650℃新一代超超临界火电机组的候选耐热合金。目前，G115 铁素体耐热钢相关的行业标准已制定公布（中国钢铁工业协会团体标准 T/CISA 003—2017），同时也开始了市场准入评估申请，这标志着 G115 铁素体耐热钢已经迈出向市场化应用推进的步伐。

为使我国的火力发电技术达到世界领先水平，我国正在大力开展 700℃高效燃煤发电技术的研发工作。若能成功研发出 700℃新一代超超临界火电机组，这将把燃煤发电的热效率提高至 46%（600℃超超临界火电机组的热效率仅为 36%左右），二氧化碳和二氧化硫等污染气体排放量将减少 10%左右，必然会为社会的发展带来巨大的利益，但同时也给耐热合金的研制工作带来极大的挑战。图 0-1 为铁素体耐热钢和奥氏体耐热钢的发展历程及 10 万小时蠕变断裂强度数据分布图。对比铁素体耐热钢和奥氏体耐热钢在蠕变 10 万小时后的蠕变强度可以发现，奥氏体耐热钢具有更加优异的高温蠕变强度，并且还具有更大的提升空间。科研人员更加关注具有稳定组织的奥氏体耐热钢，致力于研发可制备再热器、过热器等薄壁、小口径管的奥氏体耐热钢。

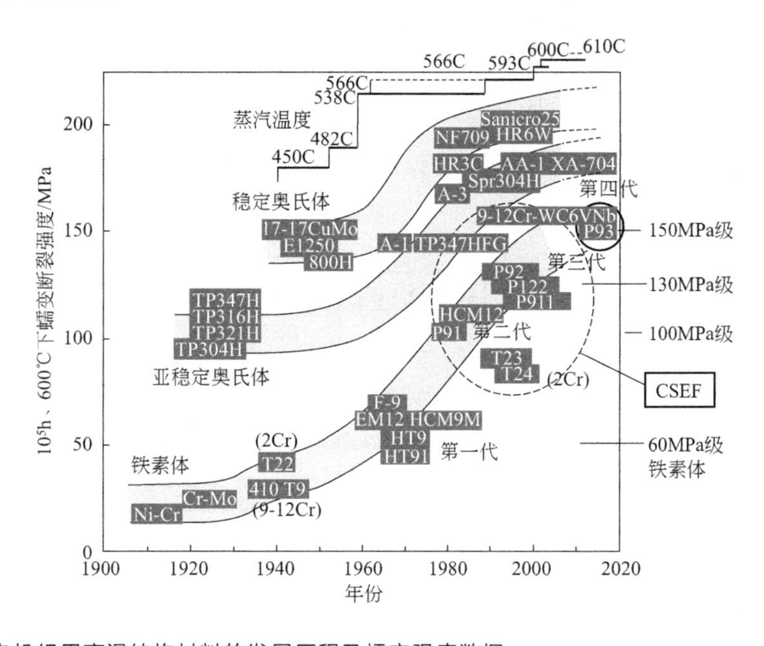

图 0-1　发电机组用高温结构材料的发展历程及蠕变强度数据

与铁素体耐热钢相比，奥氏体耐热钢具有更优异的高温持久强度和高温耐腐蚀性能，被广泛应用于火力发电领域。根据向合金基体中添加的Cr元素的含量可将奥氏体耐热钢分为15%Cr系、18%Cr系、20%～25%Cr系和高Cr高Ni系（Cr元素和Ni元素总含量超过60%）四类，其中18Cr-8Ni系奥氏体耐热钢具有最高的性价比，在实际生产中使用最多。在18Cr-8Ni系奥氏体耐热钢的基础上衍生出了各种奥氏体耐热钢。当18Cr-8Ni系奥氏体耐热钢的含碳量减少至低于0.08%时得到304型奥氏体耐热钢，向合金基体中添加Ti元素和Ni元素得到321型奥氏体耐热钢，添加Nb元素和Ni元素得到347型奥氏体耐热钢，添加Mo元素和Ni元素，减少Cr元素得到316型奥氏体耐热钢。又在上述四种奥氏体耐热钢的基础上调整合金元素加入量，分别得到了具有更优异的高温持久强度的AISI304H、321H、347H和316H型奥氏体耐热钢，其发展历程如图0-2所示。

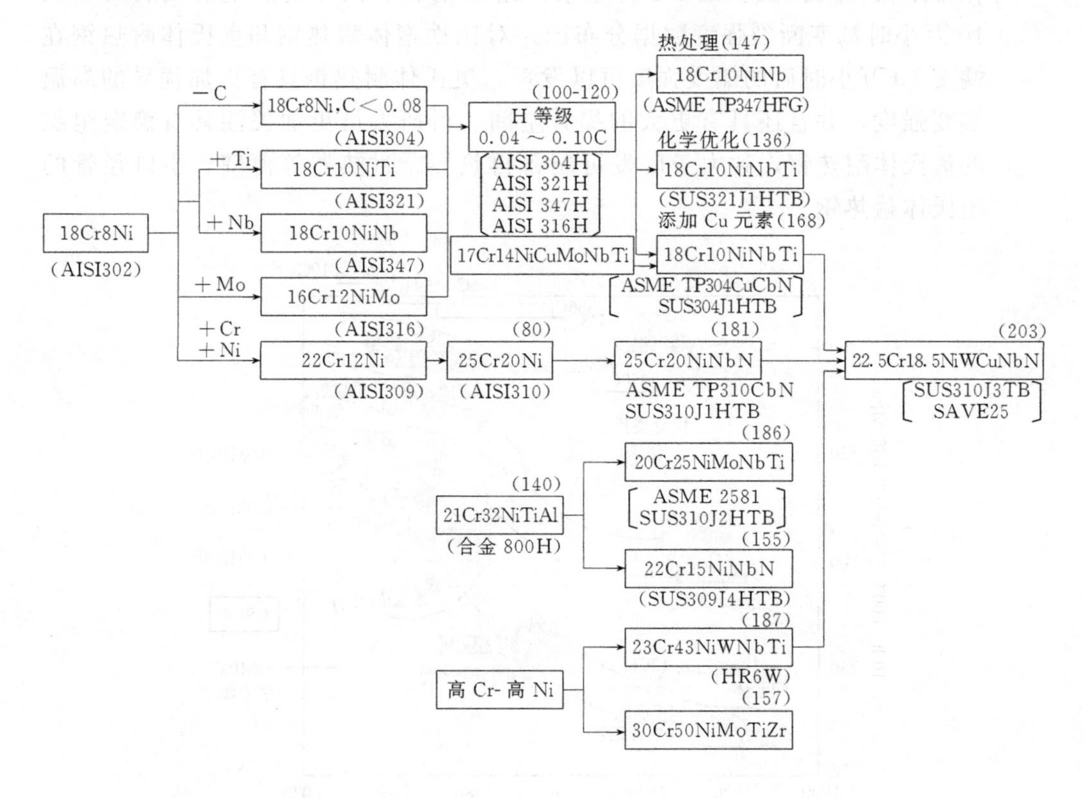

图0-2 奥氏体耐热钢发展历程

近些年来，科研人员在传统奥氏体耐热钢的基础上开发出具有更加优异高温性能的奥氏体耐热钢，其中具有代表性的奥氏体耐热钢有 Super304H 钢（0.1C-18Cr-9Ni-3Cu-Nb-N）和 HR3C 钢（0.1C-25Cr-20Ni-Nb-N）。Super304H 钢是在 TP304H（18Cr-8Ni）钢的基础上添加适量的 Cu 元素，这使得富 Cu 相在奥氏体基体中弥散共格析出，提高了 Super304H 钢的高温蠕变强度，并通过复合加入 Nb、N 等元素，进一步提高 Super304H 钢的高温强度和持久塑性。为节约材料成本，不添加价格相对较高的 W、Mo 等元素，而是利用多元合金化原理，显著增加了 Super304H 高温蠕变断裂强度，使其耐高温烟气、蒸汽腐蚀能力与 TP347HFG 大致相同。由于在奥氏体基体中同时产生 NbCrN、Nb（N、C）、$M_{23}C_6$ 和细的富 Cu 相沉淀强化的效果，Super304H 钢在 600～650℃下许用应力比 TP304H 高 30%，在高温下具有较高的强度及组织稳定性，冷热加工性和焊接性与 TP304H 相当，能够减小钢管壁厚，具有较高的性价比。HR3C 钢在 ASME 标准中材料牌号为 TP310NbN，是结合 TP310H 以及 TP310Cb 特点并加以优化的 25Cr-20Ni 型奥氏体不锈钢。HR3C 钢通过添加元素 Nb 和 N 使得它自身的蠕变断裂强度提高到 181MPa。由于具有较高的 Cr、Ni 含量，HR3C 抗蒸汽氧化、烟气腐蚀能力比 18Cr-8Ni 系列钢高出许多。Super304H 和 HR3C 奥氏体耐热钢可用于 600～650℃超超临界火电机组高温部件的研制，但其高温性能仍不能满足 700℃新一代超超临界火电机组高温部件的工作的需求。

综合考虑 700℃新一代超超临界火电机组对高温结构材料高温性能的需求。2007 年，Yamamoto 等人在高温超细沉淀强化奥氏体钢的基础上，通过调整优化 Ti、Al、Nb、V 元素，首次制备出表面形成 Al_2O_3 氧化层的新型奥氏体（Alumina-forming austenitic，AFA）耐热钢——HTUPS4，实验表明，AFA 钢在 100MPa、750℃下的蠕变断裂寿命高达 2200h，具有优良的高温蠕变性能。目前，AFA 耐热钢的基础成分一般为 Fe-20Ni-15Cr-(2.5～4)Al（数字表示元素的质量百分含量），并在此基础上添加调整 Nb、Mo、Mn、Ti、V 等元素进行固溶和第二相析出强化，以获得优异的高温性能。而在长期服役过程中耐热合金高温强度降低的主要原因有两个：一是组织结构发生了回复，晶界、亚晶界发生迁移而粗化，组织稳定性降低；二是表面氧化层在高温蒸汽的持续腐蚀下被破坏，应有的抗氧化性能降低。而通过调控第二相的弥散强化效果可以显著提高高温蠕变强度。AFA 钢的显微组织由单一奥氏体相及弥散分布的第二相构成，其中第二强化相主要为纳米 NbC 相、$M_{23}C_6$ 相、B2-NiAl 相以及 Laves（Fe_2Nb）相，可以起到阻碍位错运动、钉扎晶界、降低界面迁移速率而稳定组织的作用。研究表明，当 Laves 相的颗粒尺寸小于 200nm，并与纳米 NbC 相、B2-NiAl 相共存的情况下，可以明显提高 AFA 耐热钢的蠕变性能和抗氧化性能。此外，适量 Al 元素的加入使 AFA 钢的表面形成连续致密的 Al_2O_3 氧化层，这使 AFA 钢在 750～900℃的范围内仍具有优异的高温抗氧化性能，而成本要比镍基合金和 ODS 钢低很多。因此，AFA 耐热钢以其优异的高温蠕变性能和高温抗氧化性能，以及较为低廉的成本成为制备 700℃新一代超超临界火电机组高温部件最具有潜力的耐热结构材料，也是近几年各国高温结构材料研究的热点方向。

第 1 章

新型含铝奥氏体耐热钢的合金设计及强化

1.1 新型含铝奥氏体耐热钢的研究背景

在实际生产中，应用于超超临界火电机组的奥氏体耐热钢不仅要具有高温持久强度，而且需要具有优秀的高温抗氧化性能。对于工作温度在650℃的超超临界火电机组来讲，传统的奥氏体耐热钢通过向基体中添加 Cr 元素，在合金表面形成 Cr_2O_3 氧化膜的方法实现高温抗氧化即可满足实际工作需求。但随着环境污染问题日益加剧，迫切需要提高超超临界火电机组的工作温度，继而增加发电效率。在 700℃高温水蒸气下，Cr_2O_3 易与水蒸气发生反应形成易挥发的 CrO_3 或 $CrO_2(OH)_2$，导致 Cr 元素严重流失，从而严重影响合金的高温抗氧化性能，导致材料寿命骤减，不能满足超超临界火电机组高温水蒸气环境下的服役要求。而 Al_2O_3氧化层在高温下具有比 Cr_2O_3更好的热力学稳定性，可有效提高耐热合金的抗氧化性能。于是发展以 Al_2O_3 保护膜替代传统的 Cr_2O_3 保护膜的新型含铝奥氏体耐热钢成为研究的新方向。2007 年，美国橡树岭国家实验室（Oak Ridge National Laboratory，ORNL）Yamamoto 等人[1] 在高温超细沉淀强化奥氏体不锈钢（HT-UPS）的基础上调整优化 Ti、Al、Nb、V 元素，首次制备出表面形成 Al_2O_3 氧化层的新型含 Al 奥氏体耐热钢（Alumina-forming Austenitic Steel，简称 AFA 钢）。与传统奥氏体耐热钢相比，AFA 钢在 750℃以上的水蒸气环境下仍能表现出良好的抗蠕变性能和抗氧化性能，是目前 700℃等级超超临界火电机组最有潜力的耐高温结构材料。AFA 钢的问世迅速引起无数国内外学者的广泛关注。

国外对 AFA 钢研究最多的是美国橡树岭国家实验室，Brady 等人[2] 以 Fe-15Cr-20Ni 钢为基，通过不断调整合金元素的加入量，研制出了一系列具有良好高温蠕变性能的 AFA 钢，并利用氧化增重法，研究了不同种合金元素在高温水蒸气工作环境下对 AFA 耐热钢的抗氧化性能的影响。美国达特茅斯学院的 Baker 等人[3] 研究了时效处理对 Fe-20Cr-30Ni-2Nb-5Al 含 Al 奥氏体耐热钢微观组织以及高温力学性能的影响，并且对晶界覆盖率进行了统计。韩国的材料科学与工程研究所将在 780℃氧化 330h 后的 AFA 耐热钢表面氧化物的形貌用 EBSD 进行了表征，实验结果表明，表层主要由一些富 Cr-Mo_4 包裹的富 Nb-Mo_2 相组成，其形成机理有待进一步研究和证明。

我国对 AFA 耐热钢的研究开展得也较早，很多研究团队在 AFA 耐热钢成分设计、组织性能调控方面也做出了较大的贡献，推动了 AFA 耐热钢的快速发展应用。例如，江苏大学吴晓东等（程晓农教授课题组）[4] 以 Fe-18Cr-30Ni 为基，将不同的 Al 元素添加量作为变量设计了四组对比实验，研究了 Al 元素含量对 AFA 钢的高温抗氧化性能的影响规律。北京科技大学 Zhou 等（吕昭平教授研究团队）[5] 以 Fe-18Cr-25Ni 为基，通过调整 Al 元素和 Cr 元素的含量，研发出了多种不同合金成分的 AFA 钢，总结了析出强化机制，将高温抗氧化性能和高温持久强度进行对比，通过第二相调控大幅度提高了 AFA 耐热钢的高温强度，取得了具有国际影响力的重大成果。

总结现有研究成果，可应用于超超临界火电机组关键高温部件的新型含 Al 奥氏体耐热钢的主要发展方向和调控思路是以 Super304H、HR3C 和 TP347HFG 为基，进一步调整 Al、Si、N、Ni、V、B 等合金元素含量，并研究合金在服役过程中纳米级别的沉淀相析出分布情况、高温蠕变性能的变化规律以及在高温水蒸气环境下合金表面氧化膜的形成规律等。其主要研究目标是在控制成本的前提下尽量提升合金的高温蠕变性能和高温抗氧化性能。

1.2 新型含铝奥氏体耐热钢的合金元素

1.2.1 合金元素作用机制

由于奥氏体耐热钢具有面心立方结构，属 FeCrNi 系钢，向合金基体中添加奥氏体强化元素，如 Ni、Mn 等元素可以获得稳定的奥氏体组织。新型含铝奥氏体耐热钢的高温蠕变强度主要得益于纳米级别的 MC 型碳化物以及金属间化合物，高温抗氧化性能主要得益于Al元素的加入，在合金表面形成抗氧化的氧化铝薄膜。可通过调节奥氏体钢中各元素的成分范围，对第二相的种类和分布情况做出预测，在尽量控制成本的前提下，尽可能获得具有更优异的高温蠕变性能和高温耐腐蚀性能的新型含铝奥氏体耐热钢。

含铝奥氏体耐热钢中含有的多种合金元素发挥的作用不尽相同，将其汇于表1-1中。

表 1-1 主要合金元素在奥氏体耐热钢中作用细则[6]

目的	合金元素										
	Cr	Ni	Al	Nb	Si	C	Cu	Mn	N	Ti	Mo
形成铁素体	中		强	中	中					强	中
形成奥氏体		中				强	弱	弱	强		
形成碳化物	中			强				弱		强	弱
改善抗氧化性酸	强				中						
改善还原性酸		强			中		强				强
防止晶界腐蚀				强	中					强	弱
防止点蚀					中						强
改善抗应力腐蚀		强									
改善抗氧化性	强	中	强		强					中	
改善高温抗蠕变性		中		强		中		弱	中	中	中
改善时效硬化性			中	强	中		中			中	
细化晶粒				中					弱	强	
改善机械加工性											

奥氏体耐热钢所表现出的种种优异性能，例如良好的高温抗氧化性能和高温蠕变性能，离不开多种合金元素的共同作用，合金元素按照其强化方式可以大致分为三类：a. 奥氏体基体稳定合金元素，如Ni、C、Mn、N等元素；b. 提升抗氧化性能合金元素，如Al、Si、稀土等元素；c. 强碳化物析出合金元素，如Nb、Ti、V等元素。

含Al奥氏体耐热钢中各种合金元素的具体作用机制归纳如下。

(1) Cr元素的作用

Cr是奥氏体钢中最主要的一种合金元素，能形成稳定且高强度硬度的碳化物，提高钢的淬透性和耐磨性，是能够强烈形成并稳定铁素体的元素。在氧化过程中，合金基体中的Cr元素扩散至合金表面，形成致密的Cr_2O_3氧化膜，这一过程能够有效阻止基体中金属原子向外扩散，同时也能对外界环境中的氧原子向内扩散产生阻碍作用，但在一定条件下会提升钢的回火脆性，降低钢的耐腐蚀性能。Cr元素是中等碳化物形成元素，在各类碳化物中，铬碳化物是最细小的一种，均匀分布在钢的基体中，能够提升钢的强度硬度以及耐磨性能；同时能细化组织，提升钢的塑性和韧性。当C元素含量为1%、Cr含量约为18%时，是获得单一的奥氏体组织所需的最低Ni含量。随着Cr元素含量的增加，金属间化合物σ的析出倾向加剧，降低钢的塑性和韧性，对材料的性能产生负面影响。一般情况下不希望金属间化合物出现在奥氏体钢的最终组织中。在奥氏体钢中常见的铬化合物有$Cr_{23}C_6$、Cr_7C_3等。

范吉富[7] 就含铝奥氏体耐热钢中的Cr元素含量对第二相的影响进行了模拟，Cr元素含量对$M_{23}C_6$相和Laves相的影响如图1-1所示。

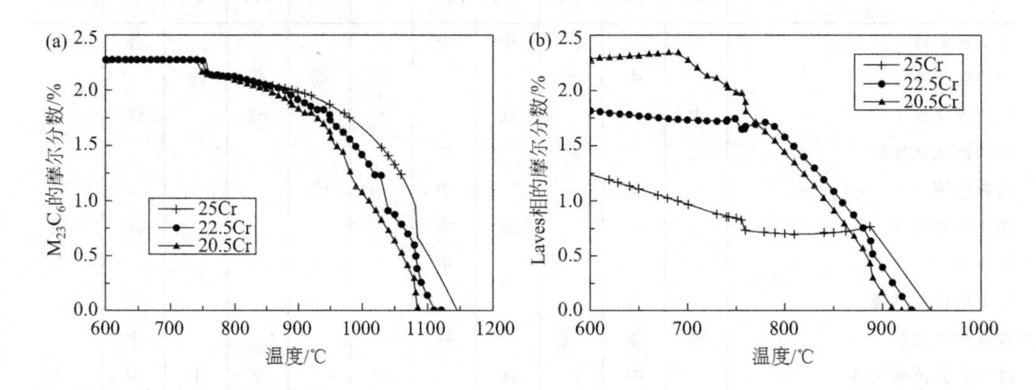

图 1-1 Cr元素含量对第二相的影响[7]

(a) $M_{23}C_6$相；(b) Laves相

由图1-1可知，$M_{23}C_6$相的析出量与合金中Cr元素的含量基本无关，但其析出温度随合金中Cr元素增加而升高。而合金中Cr元素含量随Laves相析出量的增加而减少，随Laves相析出温度的升高而增加。

(2) Ni元素的作用

Ni是奥氏体耐热钢中主要的元素之一，是一种强奥氏体形成元素，其作用主要是稳定奥氏体组织，扩大奥氏体区，获得完全的奥氏体组织，使耐热钢具有良好的强度、硬度，塑韧性以及热力学稳定性。在奥氏体钢中，随着Ni元素含量的增加，合金基体中残余铁素体的含量逐渐减少至消失，且能显著降低金属间化合物σ析出的倾向。

Ni元素还可以显著降低奥氏体耐热钢的冷加工硬化倾向，能改善Cr的氧化膜成分和性能，从而提高奥氏体耐热钢的抗氧化性能。如图1-2所示，Ni含量的增加会使C、N元素的溶解度下降，从而增强C、N化合物脱溶析出的倾向，同时会使金属间化合物σ析出量逐渐减少，钢的热力学稳定性增加。另外，Ni 含量的增加会使 NiAl 相的析出倾向增加，当 Ni 含量大于 30%时，配合冷加工可析出 Ni_3Al 相。需要指出的是 Ni 元素的价格比较昂贵，Ni 元素的加入会使合金的价格大幅提升。

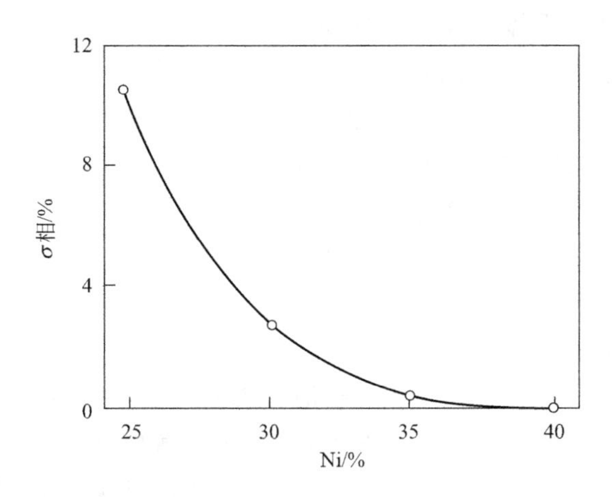

图 1-2 Ni 含量对 AFA 钢 σ 相的影响[6]

对含铝奥氏体耐热钢而言，随着 Ni 元素的含量不断增加，合金基体具有更强的耐蚀性和耐还原性介质性能，还会不断改善 Cr_2O_3 氧化膜的成分和结构，从而使材料的高温抗氧化性能得到提升。

(3) Al 元素的作用

Al 元素与氧和氮之间有很强的亲和力，常用作脱氧定氮剂。Al 作为合金元素加入奥氏体钢中，促进合金表面连续 Al_2O_3 氧化膜的形成，可显著提高钢的抗氧化性能，使钢表面氧化膜从 Cr_2O_3 向 Al_2O_3 转变。但当 Al 元素含量过高时，对铁素体相的生成产生促进作用，会形成奥氏体铁素体双相结构（铁素体与奥氏体各占 50%），使材料的高温蠕变强度下降。若向合金中继续添加 Al 元素，Al 元素可能会与基体中的 N、Ni 元素结合，形成 AlN 相，引起 Al 的内氧化效应，影响合金表面连续氧化膜的形成，对材料的抗氧化性能产生负面影响。

(4) Si 元素的作用

Si 元素是 Cr-Ni 系奥氏体耐热钢中不可或缺的一种合金元素，能强烈形成铁素体，Si 在奥氏体耐热钢中能形成 SiO_2 氧化膜，改善耐热钢的氧化性能，同时对 Cr_2O_3 和 Al_2O_3 氧化膜的形成产生促进作用。对于含铝奥氏体钢耐热钢而言，Si 元素的添加量一般不宜超过 0.3%，因为当 Si 元素的含量超过 0.3%时，会加剧 B2-NiAl 相的形成速度，减小 Al 元素在基体内部的偏聚，导致材料的抗腐蚀性能下降。且 Si 元素是强铁素体形成元素，随着 Si 元素含量的增加，合金基体中的铁素体含量和一些金属间化合物的含量也会不断增加，从而对钢的性能产生负面影响。为了保持含铝奥氏体耐热钢所追求的单一奥氏体相，在 Si 元素加入量不断增加的情况下，也要相应的不断提高奥氏体形成元素的加入量。

Si 元素还能有效提高耐腐蚀性能和力学性能，可通过加入其他合金元素如 N、Cu 等来进行平衡。Si 元素的另一个重要作用是能显著提升奥氏体耐热钢在浓硫酸中的高温耐蚀性能，其主要机制是在耐热钢表面形成了大量稳定的富硅氧化膜，具有良好的耐强酸腐蚀性能。除此之外 Si 元素还对降低合金基体中奥氏体层错能具有突出贡献，能够诱发马氏体相变和加热过程中的逆转变。

(5) Ti 元素的作用

Ti 元素主要是以稳定化元素加入奥氏体耐热钢中，形成碳化物，以防止晶间腐蚀的发生。Ti 元素可以有效提高奥氏体耐热钢的高温强度。值得注意的是在添加时应严格控制加入量，以免破坏氧化膜的致密性，降低材料的抗氧化性能。Ti 元素可以保护奥氏体耐热钢的 Al_2O_3 保护膜，有效提升奥氏体耐热钢的高温力学性能。但 Ti 元素的添加量应控制在 0.2%以下，以避免产生铁素体 δ 相或其他脆性相降低奥氏体耐热钢韧性。

(6) Nb 元素的作用

Nb 元素属强碳化物形成元素，可与 C 结合形成 NbC 型碳化物，在基体中呈弥散分布，有效提高奥氏体耐热钢的蠕变性能。当合金基体中 Nb 元素的含量约为 1%时，成分组成为 Fe20Ni(12-14)Cr(2.5-4)Al 含铝奥氏体耐热钢，在 750℃、170MPa 时的蠕变性能最好，最长蠕变寿命可达到 450h。当 Nb 元素含量增加至大于 1%时，该奥氏体耐热钢的高温蠕变性能下降，其主要原因是固溶处理时 NbC 和 Laves 相未溶及发生粗化，对纳米级别的 MC 型碳化物的析出产生了阻碍作用。当含铝奥氏体钢耐热钢中的 Nb 元素含量较高时，基体中易析出细小的 Laves 相，可在短时间内有效提升高温蠕变性能。

(7) C 元素的作用

C 元素在奥氏体耐热钢中是强烈形成并稳定奥氏体且扩大奥氏体区的元素，C 形成奥氏体的能力极强，约为 Ni 元素的 30 倍。随着 C 元素的浓度增加，奥氏体耐热钢的强度也不断提升。除此之外，C 元素的加入还能提升奥氏体耐热钢在高浓氯化物（如 42% $MgCl_2$ 沸腾溶液）中的耐腐蚀能力。C 通常被视为有害元素，因为高温时，C 元素可以和 Cr 元素形成 $Cr_{23}C_6$ 碳化物，C 含量越高，Cr 被消耗的就越多，$Cr_{23}C_6$ 碳化物的析出量就越大，导致局部的铬贫化，从而使钢的晶间耐腐蚀性能下降。

范吉富就含铝奥氏体耐热钢中的 C 元素含量对第二相的影响进行了模拟，C 元素对 $M_{23}C_6$ 相和 Laves 相的影响如图 1-3 所示[7]。由图可知，$M_{23}C_6$ 相受 C 元素的添加量的影响极为明显，C 元素的质量百分比由 0.01%升高到 0.1%，$M_{23}C_6$ 相的固溶温度由 843℃增加到 1110℃。$M_{23}C_6$ 相主要出现在晶界附近，C 元素可以和 Cr 元素形成 $Cr_{23}C_6$ 碳化物，产生晶界附近的铬贫化现象，导致材料的力学性能下降。由此可知，适当降低合金中 C 元素的含量可以获得更优异的高温力学性能。与 $M_{23}C_6$ 相相比，C 元素含量对 Laves 相的影响则没有那么明显，当 C 元素的质量百分比为 0.01%时，其固溶温度为 955℃，C 元素的质量百分比为 0.05%时，其固溶温度下降至 945℃，而当 C 元素的质量百分比为 0.1%时，Laves 相的固溶温度下降至 928℃。总的趋势是 Laves 相在基体中完全溶解所需的温度随着合金中 C 含量的增加而降低。但当温度低于 800℃时，合金中含 C 量越高，Laves 相的析出量越多；而当温度高于 800℃时则呈现相反的结果。

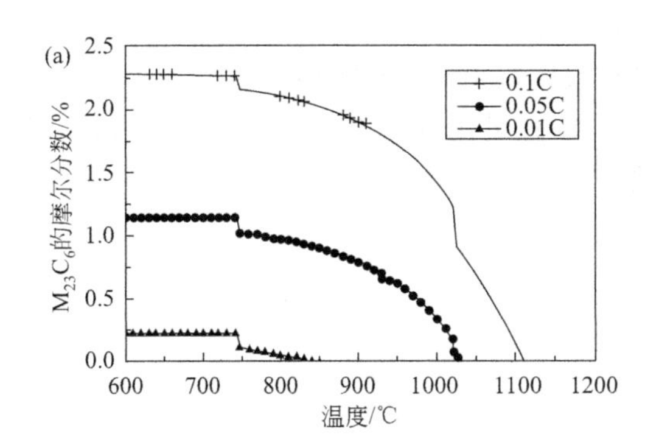

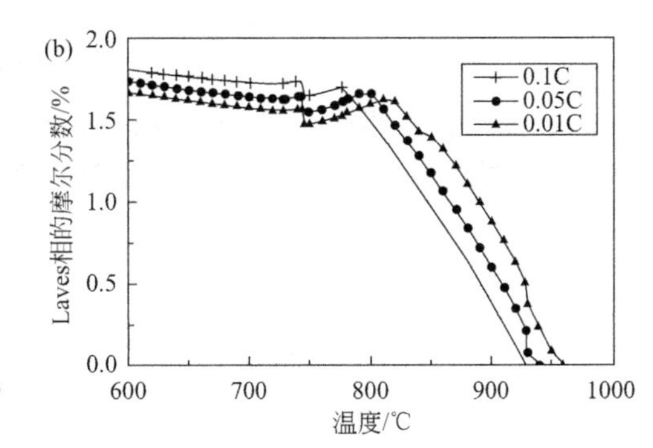

图 1-3 C 元素含量对第二相的影响[7]

(a) $M_{23}C_6$ 相；(b) Laves 相

(8) Mo 元素的作用

Mo 元素的主要作用是提高钢在还原性介质中的耐蚀性，并提高奥氏体耐热钢的耐点蚀性能，强化能力约为 Cr 元素的 3 倍，其主要原因是可以提高奥氏体耐热钢表面钝化膜的强度。随着 Mo 含量的增加，奥氏体耐热钢的高温蠕变强度提高。另外 Mo 元素还是中碳化物形成元素，可与 C 结合生成碳化物，弥散分布在合金基体中，提升钢的蠕变性能。

(9) Cu 元素的作用

Cu 元素作为奥氏体形成元素加入材料中，能显著降低其冷作硬化倾向，提高冷加工成型性能。Cu元素在基体中分布会形成富Cu相，以纳米级尺寸存在且弥散均匀分布于基体中，具有极佳的弥散强化效果，对钢的冷成型性能有良好的作用，Cu元素可以使奥氏体耐热钢的热加工性能显著降低，并与Ni元素有协同作用，可以形成$L1_2$(Ni-Cu-Al)相。当钢中含铜量较高时，应相应的增加Ni元素的含量，$L1_2$相与MC碳化物协同作用可以提升含铝奥氏体耐热钢的蠕变强度。

(10) Mn元素的作用

对于含铝奥氏体耐热钢而言，虽然Mn元素是较弱的奥氏体形成元素，但Mn元素能够强烈的稳定奥氏体组织。同时Mn元素还是弱碳化物形成元素。

图1-4为Fe-Cr-Mn系合金的组织图，从图中可以看出，随着合金基体中Mn元素含量的增加，奥氏体相的含量不断增加。但当铬元素的含量大于14%时，为了节约价格昂贵的Ni元素，仅靠单一添加Mn元素不能获得单一的奥氏体组织，且当合金处于高温条件时，会产生一些铁锰氧化物，对材料的高温性能产生负面影响。于是在此基础上进一步研究发现，当Mn元素和N元素共同加入时可以弥补Mn元素单一加入时的不足，如图1-5所示，随着N元素的加入，γ/γ+α相界线向高Cr含量偏移。这种Fe-Cr-Mn-N系合金能够取代Fe-Cr-Mn系合金，具有更优异的高温抗氧化性能和高温抗腐蚀性能，具有更广阔的发展前景。

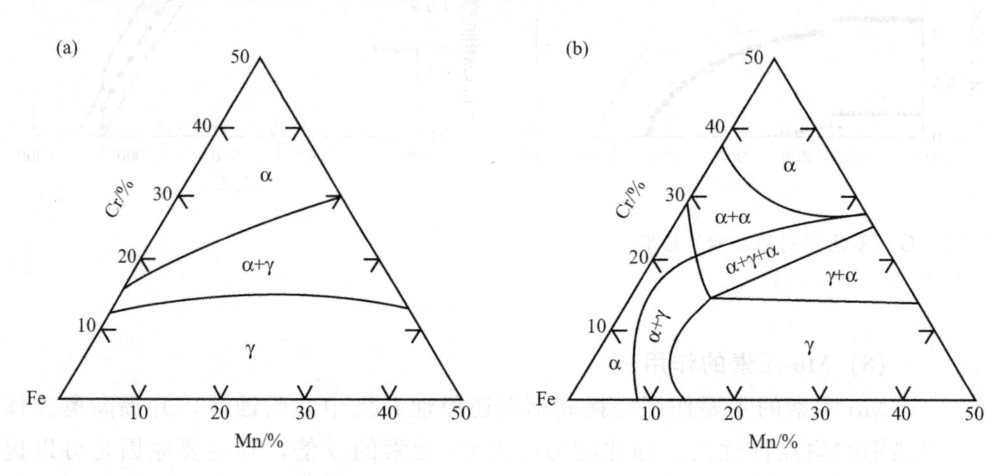

图1-4 Fe-Cr-Mn系合金的组织图[6]

(a) 1100℃等温截面；(b) 650℃等温截面

(11) N元素的作用

在早期研究中，N元素的加入主要用于节约价格昂贵的Ni元素，而近些年随着技术的不断发展，N 元素成为含铝奥氏体耐热钢中重要的合金元素之一，能够起到稳定奥氏体组织、提高钢的强度及塑韧性、增加奥氏耐热钢的腐蚀抗力等作用。

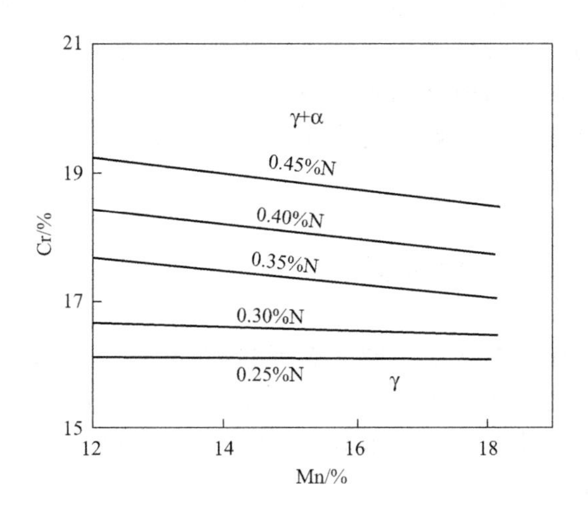

图 1-5 Fe-Cr-Mn-N 系合金组织图（1260℃水冷）[6]

与向合金基体中添加的其他合金元素相比，N 元素能极为强烈地形成、稳定奥氏体组织并扩大奥氏体相区。与 C 原子相比，N 原子的排斥分布现象较为严重，所以在奥氏体基体中分布非常均匀，对于稳定奥氏体组织有积极作用。当工作温度低于 1195℃时，N 元素对抑制铁素体的形成现象不太明显；但当工作温度高于 1195℃时，N 元素能够强烈地稳定奥氏体组织，抑制铁素体组织的形成，稳定奥氏体组织的能力约为 Ni 元素的 30～40 倍，这种性能对于合金形成单一奥氏体组织有突出贡献。

N 元素可以降低 Cr 元素在合金基体中的活性，随着合金基体中 N 元素含量的增加，材料的应力腐蚀开裂倾向减小，$Cr_{23}C_6$ 的析出量下降，合金基体内部晶界附近的贫铬现象减弱，从而改善奥氏体钢表面膜的抗拉性能。

除此之外，N 元素的加入还能有效改善奥氏体钢抗晶间腐蚀的性能，主要原理是 N 元素对 Cr_3C_2 的析出过程产生影响，能够起到提高晶界附近贫铬区域的 Cr 元素浓度。而对于单一奥氏体相耐热钢而言，基体中不会析出 Cr_3C_2 相，这种情况下 N 元素的作用主要是增加材料表层钝化膜的稳定性，从而降低材料的腐蚀速率。

但值得注意的是，向奥氏体耐热钢中添加 N 元素时应注意 Al 元素的含量，在高温条件下两种元素容易结合生成 AlN，导致合金表面生成 Al_2O_3

氧化膜所需的 Al 元素不足，严重破坏材料的抗氧化性能。

(12) 稀土元素的作用

稀土元素 Y、Ce、Hf 的加入可以起到细化晶粒和提高 AFA 钢高温抗氧化性能的作用，在奥氏体耐热钢基体中的存在形式为脱硫、脱氧产物稀土复合夹杂物，有效提升合金的强度和韧性。除此之外，稀土元素还会偏聚于晶界附近，起到净化晶界的效果。稀土元素的氧化物能起到增加金属基体与氧化物之间的附着力的作用，可以有效提高奥氏体耐热钢的高温力学性能和持久强度。

1.2.2 合金元素设计原则

关于奥氏体耐热钢中不同合金元素的作用，相关研究人员进行了许多实验，美国橡树岭国家实验室首先提出了新型含铝奥氏体耐热钢的概念。在原高温超细沉淀强化奥氏体不锈钢的基础上添加 2.5% 的 Al 和一定含量的奥氏体稳定化元素 Ni 及少量 Nb 元素，减少 Ti 元素和 V 元素的添加量，成功开发出新型含铝奥氏体耐热钢，其表面形成的致密 Al_2O_3 薄膜显著提高了钢的抗氧化性[8]。其中 Nb 以稳定的纳米级 NbC 相析出，加上 Ni 元素的作用，保证了基体组织的稳定性。

Brady 等人[9] 以成分为 Fe20Ni14Cr2.5Al1.7Nb 的钢为基，添加 Ti、V 等元素以进一步提高奥氏体耐热钢的高温抗蠕变性能。Ti、V 元素使合金外层形成聚集的氧化层，基体内部出现 Al 的氧化，取代之前的 Al_2O_3 氧化保护膜，显著提升合金的氧化速率，降低抗氧化性能，反之若大量的 Nb 元素和微量的 Ti、V 同时加入，Al_2O_3 氧化膜形成的倾向则不会下降。经过初步的实验表明，这种材料具有良好的高温蠕变性能及抗氧化和抗腐蚀性能。

在向合金基体中添加的众多合金元素中，对 AFA 钢高温氧化性能影响最大的是 Al 元素。Yamamoto 等人[10] 就此做了一系列实验，以 Fe20Cr15Ni 合金为基，通过向合金基体中加入不同含量的 Al 元素制备出三种不同的 AFA 钢：Fe20Cr15Ni、Fe20Cr15Ni5Al 和 Fe20Cr15Ni8Al，并对其进行性能的对比。经过高温氧化试验后（800℃，1000h）发现由于 Al 元素的加入，Fe20Cr15Ni5Al 氧化后质量变化不大，与原始 Fe20Cr15Ni 相比具有优异的抗氧化性能，证明了适量 Al 元素的加入有助于合金表面产生致密连续的氧化铝保护膜，能够有效地提升 AFA 钢的高温抗氧化性能。虽然 Al 元素对 AFA 提升抗氧化性能有良好效果，但它是一种强烈的铁素体形成元素。对于 Fe20Cr15Ni8Al 合金而言，由于 Al 元素的加入量过多，合金基体中有铁素体相析出，对合金的高温蠕变性能产生了负面影响。在此基础上，徐向棋[11] 以合金 Fe18Cr25Ni 为基，缩小了 Al 元素添加量的间距进行对比实验，以添加量 0.5%为一间隔，Al 元素的添加量从 1.5%～3.5%，制备了五组不同成分的 AFA 钢。在 800℃高温水蒸气环境下进行氧化试验，五种合金相较于原始合金的质量增加都显著减小，说明 Al 元素的加入有效地提升了合金的抗氧化性能。在这五种含铝奥氏体耐热钢中，Al 元素加入量为 3%的钢种具有最优异的抗氧化性能，说明对于含铝奥氏体耐热钢而言，Al 元素的加入存在一个最优范围，在此范围内既能保证合金基体中奥氏体的稳定性，又能使合金获得良好的高温抗氧化性能和高温蠕变性能。

除 Al 元素添加量会对 AFA 钢的性能产生影响之外，Cr 元素和 Ni 元素的添加量也会对 AFA 钢的高温性能产生影响。Brady 等人[12] 以合金 Fe15Cr25Ni3Al2.5Nb 为基，调整 Cr 元素的加入量至 17%，在 900℃高温水蒸气环境下进行氧化试验后，合金的质量变化不大，抗氧化性能较好。合金基体中 Cr 元素的含量能有效提升 B2-NiAl 相的析出，为合金基体表面形成氧化铝保护膜源源不断地提供 Al 元素。Jozaghi 等人[13] 通过向含铝奥氏体耐热钢基体中添加 Cr 元素作为能产生“第三元素效应”的第三元素，在 AFA-SS 钢的基础上将 Cr 元素控制在 10%～20%范围内，在尽可能保持室温奥氏体结构完整的条件下调整 Cr 元素的加入量。以基体中 Al 元素含量为纵坐标，Cr 元素含量为横坐标的第三元素效应函数关系如图 1-6 所示。根据图中结果显示，当合金基体中含有足量的铝元素和铬元素时，合金表面能形成稳定的氧化铝层和氧化铬层，从而表现出协同作用以显著增强合金的高温抗氧化性能。

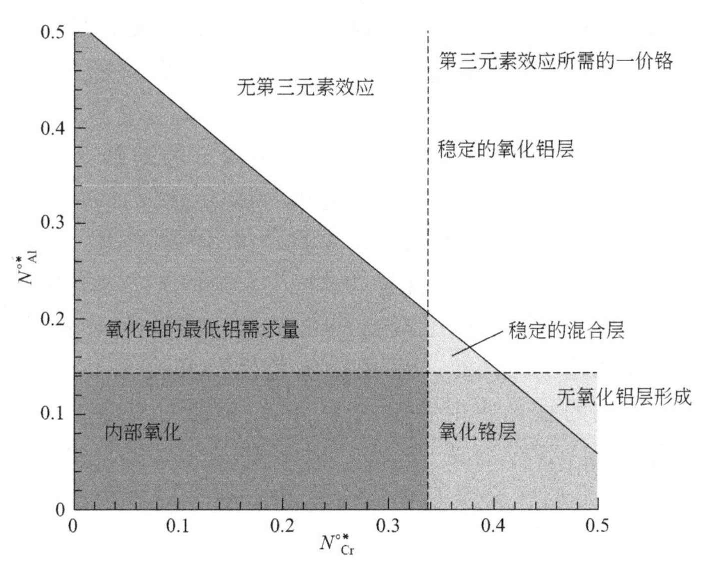

图 1-6 Fe-Al-Cr 合金体系中第三元素效应函数关系图[13]

Yamamoto 等人的研究出了改性 HT-UPS 的化学成分表，如表 1-2 所示[1]。随着 Al 元素的加入，相应地不断提高 Ni 元素的加入量以保持基体组织为单相奥氏体钢，对其他碳化物形成元素含量进行调整，进行对比实验，获得了最好的高温蠕变性能的一种元素配比方法。经过实验表明 HT-UPS 4 在水蒸气环境中能生成致密的氧化铝薄膜，具有良好的高温抗氧化性能，且具有最优秀的高温抗蠕变性能。

表 1-2　改性 HT-UPS 的化学成分[1]　　单位：%（质量分数）

元素	HT-UPS*(15)	HT-UPS 1	HT-UPS 2	HT-UPS 3	HT-UPS 4
Fe	64.27	60.25	57.73	56.58	57.78
Ni	16	19.97	20.00	19.98	19.95
Cr	14	14.15	14.20	14.21	14.19
Al			2.40	3.67	2.48
Si	0.15	0.15	0.15	0.10	0.15
Mn	2	1.95	1.95	1.92	1.95
Mo	2.5	2.47	2.46	2.46	2.46
Nb	0.15	0.14	0.14	0.14	0.86
Ti	0.3	0.28	0.31	0.31	—
V	0.5	0.49	0.50	0.49	—
C	0.08	0.068	0.076	0.079	0.075
B	0.01	0.007	0.011	0.011	0.01
P	0.04	0.042	0.044	0.04	0.043

虽然适量的 Ni 元素有助于析出 B2-NiAl 相，稳定的产生氧化铝保护膜，但当 Ni 元素含量过高时，合金基体中会析出 NiAl 相，导致合金基体中 Al 元素的含量减少，影响氧化铝保护膜的生成，从而损害合金的高温抗氧化性能。

此后 Brady 等人[14] 在 HT-UPS 4 合金成分的基础上，根据 Ni 元素加入量的不同对新型含铝奥氏体耐热钢进行了成分设计，制备出了 Ni 含量为 12%（质量分数）的低 Ni 量 AFA 钢、Ni 含量为 20%～25%（质量分数）的中 Ni 量 AFA 钢和 Ni 含量为 32%（质量分数）的高 Ni 量 AFA 钢，并在 800℃高温水蒸气环境下进行氧化试验。实验结果表明低 Ni 量 AFA 钢的使用临界温度为 650℃，高温抗氧化性能和高温蠕变性能都较优异；中 Ni 量 AFA 钢的临界使用温度为 800℃，其性能较低 Ni 量 AFA 钢更为优异；而高 Ni 量 AFA 钢在 900℃环境下具有优异的抗氧化性能，但当使用温度高于 700℃时，合金基体中会析出 σ 相，对材料的高温蠕变性能造成负面影响。

能普遍应用于超超临界火电机组的含铝奥氏体耐热钢不仅要具有优异的性能，还需要具备价格低廉的特点，于是向合金基体中添加 Mn 元素以代替部分 Ni 元素以节约制作成本的方法引起了学者们的注意。Yamamoto 等人[15] 通过向合金基体中加入适量的 Mn 元素代替合金基体中半数的 Ni 元素，分别开发出了成分为 Fe14Cr2.5Al3Cu5Mn12Ni 和 Fe14Cr2.5Al3Cu9Mn10Ni 的两种 AFA 钢。这两种奥氏体耐热钢都具有价格低廉且高温综合性能优异的特点，但后者的 Mn 元素含量过高，在 650℃高温水蒸气环境下进行氧化试验后质量增加明显，合金表面出现锰的氧化物而非氧化铝薄膜，从而显著降低钢的高温抗氧化性能。

董楠等人[16] 对含铝奥氏体耐热钢中硅元素的加入量做了一系列研究，以 Fe18Cr25Ni3Al 合金为基，分别调整 Si 元素的含量为 0%、0.15%、0.3%、0.5%和 0.8%五种进行对比实验。在 800℃高温水蒸气环境下进行氧化试验后，实验结果表明，Si 元素加入量低于 3%的几组合金表面生成了连续致密的氧化铝保护膜，对含铝奥氏体耐热钢的高温抗氧化性能做出积极贡献；而 Si 元素加入量高于 3%的合金基体中析出了较多的 B2-NiAl 相，对合金的高温抗氧化性能和高温蠕变性能产生负面影响。其中 Si 元素含量为 8%的奥氏体耐热钢恶化现象最为严重。

除了上述合金元素之外，在进行合金元素成分及含量设计时还要考虑作为强碳化物形成元素的 Nb 元素。Brady 等人[9] 在合金 Fe14Cr20Ni2.5Al 的基础上，分别调整 Nb 元素的含量为 0.16%、0.86%、1.50%和 3.31%制备出四种不同的 AFA 钢。在 800℃高温水蒸气环境下进行 300h 氧化试验后，结果表明，Nb 元素的加入能够显著改善含铝奥氏体耐热钢的高温抗氧化性能。Nb 元素作为第三种元素，通过第三元素效应，提升合金基体中铬元素的溶解度，从而促进合金基体表面氧化铝保护膜的形成。随着合金基体中 Nb 元素含量的增加，B2-NiAl 相的体积分数也不断增加，这种第二相能够为合金表面形成的氧化铝薄膜源源不断地提供铝元素，从而有效提升 AFA 钢的高温抗氧化性能。

综上所述，在对新型含铝奥氏体钢耐热钢进行成分设计时，首要的考虑因素是保证单一的奥氏体相和在氧化环境下能生成氧化铝保护膜，在控制成本的条件下还要综合考虑合金的高温力学性能、高温抗氧化性能和抗蠕变性能，即从强化机制的角度，以提升材料的强度作为合金元素的设计原则。

1.3 新型含铝奥氏体耐热钢的强化机制

在奥氏体耐热钢的基础上，通过多元复合强化的方式，向合金基体中添加 W 元素和 Mo 元素等置换固溶元素形成固溶强化，添加 V 元素和 Ti 元素等强碳化物形成元素的第二相强化，添加 B 元素等达到晶界强化作用，以实现提升材料高温持久强度的目的。

新型含铝奥氏体耐热钢的高温强度来源按照强化机理的不同大致可以分为：固溶强化、位错强化、晶界强化、第二相强化、细晶强化和弥散强化。而对含铝奥氏体耐热钢而言，单一的强化机制所产生的强化效果非常有限，大多数情况下都是几种强化机制共同作用从而产生复合强化的效果，从而使含铝奥氏体耐热钢具有良好的高温抗蠕变性能。

1.3.1 固溶强化

固溶强化是指纯金属中溶质原子和基体点阵原子之间具有尺寸差异，经过适当的合金化后，使基体点阵局部出现弹性晶格畸变，产生一定的应力场，溶质原子和位错产生交互运动，从而增加位错移动的阻力以达到强化材料的效果。

奥氏体耐热钢的固溶强化主要是由 Cr、Mo、Co、V 等置换型固溶元素提供。固溶强化的效果会受到溶质原子和基体点阵原子之间的电子空位数差异的影响。能提升原子间结合力、提高再结晶温度的高熔点金属元素对合金的强化作用具有帮助。向金属基体中同时加入多种合金元素，随温度的提升晶格畸变能显著提升，再结晶温度提高，由此多种合金元素共同作用能使合金的强化效果更为显著，这种多种合金元素共同作用的强化被称为复合固溶强化。除此之外，层错能也是不可忽略的影响因素之一。

通常情况下，整个位错在自发分解为两个位错分量的同时，会在这两个位错分量之间形成一种堆垛层错的结构。层错能越高，堆垛层错的范围越小，位错的运动越容易；而层错能越低，堆垛层错的分布范围越广，位错的运动越困难。因此在奥氏体耐热钢中，使堆垛层错能降低的合金元素固溶强化效果越好，越能有效提升奥氏体钢的高温强度。

溶质原子可根据其发生固溶后使晶体产生晶格畸变的对称性进行分类，可分为强固溶强化组元和弱固溶强化组元两种，前者主要指发生固溶后使晶体产生非对称的晶格畸变的溶质原子，而后者则是指发生固溶后使晶体产生对称的晶格畸变的溶质原子。就奥氏体耐热钢而言，只有 C、N 元素属于强固溶强化组元，其余的大部分金属元素都属于弱固溶强化组元。这两种组元所产生的固溶强化增量可用公式进行计算，其中强固溶强化组元所产生的固溶强化增量可表达为[17]：

$$YS_C = k_c [C]^{1/2} \tag{1-1}$$

而弱固溶强化组元所产生的固溶强化增量可表达为：

$$YS_{M}=k_{M}[M] \tag{1-2}$$

式中 [C]——合金呈固溶状态时C组元的质量的分数；

[M]——合金呈固溶状态时M组元的质量分数；

k_c、k_M——强度增量因子。

可以将一定范围内的强固溶强化组元的强化效果看作和固溶原子质量分数成正比以简便计算，统一使用式(1-2) 进行计算。强度增量因子通常通过实验进行测定。

1.3.2 位错强化

位错强化是指由于金属基体中的位错密度较高，位错发生运动时易出现相互交割的现象，导致位错缠结，对位错运动产生阻碍作用，从而对材料产生了强化作用。位错强化机制可以通过屈服强度增量YS_D和位错密度ρ之间的函数关系表示[18]：

$$YS_{D}=2\alpha Gb\rho^{1/2} \tag{1-3}$$

式中 α——比例系数（对于含铝奥氏体耐热钢而言一般取0.5）；

G——弹性切变模量；

b——柏氏矢量。

在实际生产工作中，位错强化是金属材料中最有效的强化方式之一。金属塑性变形的元过程是位错的运动，作为冷变形强化来讲，其目的在于提高金属的塑性变形抗力。因此，从微观角度来讲，对位错运动进行阻碍是提高金属强度的本质。强度的提高需要位错阻力的增加，这种阻力主要来自位错塞积、位错割阶以及位错林。

1.3.3 晶界强化

晶界强化通常是指晶界对材料强度的影响既取决于晶界本身，更大程度上与晶界对位错运动的阻碍作用有关。相同条件下，晶粒尺寸越小，晶界所占体积越大，对位错运动的阻碍作用越明显，材料的强度、硬度越高。且晶界越多，对塑性变形的约束作用越强，材料的塑性变形越均匀，合金的塑性越好。同时晶界具有阻碍裂纹扩展的作用，减小晶粒尺寸可以有效提升材料的韧性。晶界强化是几种主要强化方式中唯一一种既能提升材料强度、硬度又能提升材料塑性、韧性的强化方式。

一般来说，晶粒内部原子呈周期性排列，但晶界和附近区域的原子则会偏离周期性排列。当温度较低时，晶界会通过阻碍位错的运动，从而产生位错塞积的方式对金属基体产生显著强化作用。而当温度较高时，晶界对位错的阻碍作用能被回复作用抵消，容易发生晶界附近的位错塞积与晶界附近的缺陷相互作用而消失的现象，从而使晶界强度发生明显下降。由此，当温度较高时晶界一般被看作是弱化部位，但可以通过向金属基体中加入适量的微合金元素消除杂质元素的方法提高晶界的纯净度，使晶界强化。除此之外还可以采用定向凝固技术和消除单晶技术来控制晶界，在熔炼过程中使金属材料在一定方向产生温度梯度，减少甚至消除金属基体中的横向（与外应力垂直的方向）晶界，从而有效提高合金的高温强度和高温抗蠕变性能。通过工艺手段使原本平直的晶界发生弯曲，能增加晶界对位错的阻碍作用，这也是有效的强化手段之一。

1.3.4 第二相强化

第二相强化是指合金基体中除基体相之外还存在如碳化物、金属间化合物、亚稳相和与基体相成分相同但点阵排列不同的同素异构相等微小颗粒；当第二相微小颗粒均匀弥散分布在合金基体中时能显著提升合金的强度；当第二相为可变形微粒时，第二相强化又被称作沉淀强化，是奥氏体耐热钢中最主要的强化方式之一。

第二相强化的实质是向合金基体中加入某些固溶度和温度呈正相关的合金元素，经高温处理后形成过饱和固溶体，时效后发生分解，合金元素以某些第二相的形式析出后弥散分布在基体中。由于这些除基体相之外的第二相细小弥散地分布在基体之中，与位错产生交互作用，使位错运动受到阻碍，提高合金的变形抗力，从而产生了显著的强化作用。对于奥氏体耐热钢而言，按照位错交互作用机制的不同，第二相强化可以分为位错缺陷绕过第二相颗粒的 Orowan 机制、位错缺陷切过第二相颗粒的切过机制和第二相颗粒通过位错的攀移机制。

(1) 位错缺陷绕过第二相颗粒并留下位错环的 Orowan 机制

其主要机理是当位错缺陷在移动过程中遇到第二相颗粒时，与第二相颗粒接近的位错最前端受到第二相颗粒的阻碍作用，强烈地降低了位错前端的移动速度直至位错静止；而与第二相颗粒不相接近的位错另一端则基本不受影响，仍以遇到第二相颗粒前的速度移动，这导致位错的前后两端移动速度不同，即位错缺陷在第二相粒子附近发生弯曲现象，位错的总能量提升，长度增加。随着时间的推移，位错缺陷的弯曲程度不断增加，当其曲率半径与第二相颗粒的半径相当时，位错缺陷发生断裂，位错受到阻碍的部分会脱离整体，在第二相粒子附近留下一个位错环，如图 1-7 所示。

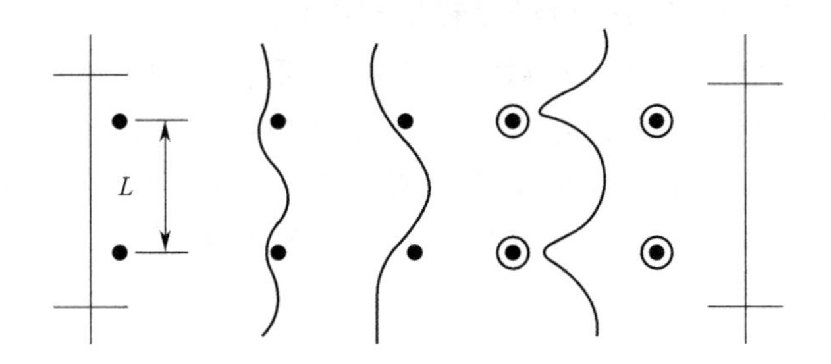

图 1-7　位错与强化相交互作用形成位错环

当位错缺陷以 Orowan 机制绕过第二相颗粒时，只有外力达到其断裂临界应力时，位错缺陷才能脱离第二相颗粒的阻碍继续移动，这种断裂临界应力被称作门槛应力，此时断裂的临界应力可以用公式表示如下[19]：

$$\sigma_{Oro}=0.8MGb/\lambda \tag{1-4}$$

式中　M——Taylor 因子；

G——弹性模量；

b——柏氏矢量值；

λ——第二相颗粒之间的间距。

当 M、G、b 均为定量时，断裂临界应力 σ_{Oro} 与第二相颗粒间距呈负相关，λ 越小，断裂临界应力的值越大，对位错缺陷移动产生的阻碍作用越大，位错缺陷移动越困难，越有利于合金的强度提升。

（2）位错缺陷切过第二相的切过机制

当第二相粒子与基体间呈共格关系时，位错缺陷在移动过程中受到第二相颗粒的阻碍作用，在外力作用下，位错缺陷在移动过程中遇到第二相颗粒后通过切割第二相粒子的方式来克服第二相颗粒的阻碍继续移动。

这种机制下第二相颗粒的强化效果主要来源如下。

1）当位错线在切割第二相粒子时，第二相颗粒会发生一个微小弯曲，增加位错线的长度从而提高第二相颗粒的表面能。

2）在位错线切割第二相颗粒时，会增加第二相颗粒的表面积，从而使其表面能增大。

3）当被位错切割的第二相粒子为有序相时，第二相颗粒的两个界面之间会产生反向筹界，破坏第二相颗粒的有序性，导致总能量提升。

4）往往第二相颗粒与金属基体的晶格参数不同，这导致界面附近会产生弹性应力场，位错的移动也会受到这个弹性应力场的阻碍作用。

5）往往第二相颗粒与金属基体的弹性模量不同，随着外力的持续作用，外力在第二相颗粒和金属基体之间的分配不同，导致材料的整体强化。

(3) 第二相粒子通过位错攀移机制强化

在高温蠕变条件下，扩散在材料的变形强化过程中发挥重要作用。就奥氏体耐热钢而言，其位错滑移主要是面滑移形式，当位错的运动被第二相颗粒阻碍时，由于其变形速率相对较慢，为受到阻碍的部分提供了充足时间通过攀移来越过第二相颗粒，这种攀移机制是第二相粒子强化中重要的一种。

1.3.5 细晶强化

顾名思义，细晶强化就是通过细化晶粒从而达到提升材料的强度的目的，是奥氏体钢最主要的强化方式之一。其本质是在大角度晶界附近，相邻的晶粒发生塑性变形时，由于其取向不同，其中一部分大施密特因子的晶粒内位错源优先开动，发生滑移现象，至晶界处受到晶界的阻碍作用，造成了位错塞积现象，产生一个应力场激活相邻晶粒内的位错源开动。

关于晶粒尺寸对合金屈服强度的贡献有经典的 Hall-Petch 公式：

$$\sigma_G = k_y D^{-1/2} \tag{1-5}$$

式中 σ_G——合金的屈服强度；

k_y——常数；

D——平均晶粒尺寸。

细晶强化的主要机制是随着合金基体中晶界数目的增加，对位错运动的阻碍作用不断增强，晶界处的位错密度增加，从而导致合金的强度增加。常温下较细的晶粒尺寸具有更高的强度硬度以及塑性韧性。在实际生产过程中细化晶粒的方法主要有加快合金凝固速度（过冷度）、变质处理（加入形核剂）以及振动和搅拌的方法。

在合金基体中，晶粒的尺寸越细小，单位体积内晶粒的体积分数越大，在更多晶粒内部可以产生更加均匀的变形量，从而合金材料因局部集中应力而产生的局部开裂现象的可能性减小，材料在断裂之前能承受更大的应力。

1.3.6 弥散强化

弥散强化是指通过向均质材料基体中加入硬质颗粒，将不溶于金属基体中的超细第二相作为强化相的一种强化方式，是提升材料高温强度最有效的一种强化方式。可通过控制合金基体中的第二相的尺寸和体积分数来调整合金的性能。当向合金基体中添加的合金元素超过溶解度时，组织中会析出第二相颗粒，第二相在合金基体中呈弥散分布，既能提升材料的强度硬度，又能维持材料的塑性和韧性。弥散强化的效果随着第二相颗粒尺寸的减小而增强，随弥散程度的增强而增强。

对于奥氏体钢而言，弥散强化实质上是基体相与第二相的相界面对位错的滑移具有阻碍作用，能有效地钉扎位错从而使材料的强度得以提升。因此具有弥散强化作用的合金中往往具有两种及以上的相，体积分数大且呈连续分布的相通常称为基体相，体积分数较小的相则被称作强化相。

由于第二相粒子的晶体结构与基体相不同，当位错发生滑移时，位错切过第二相粒子导致滑移面上出现原子排列错配现象，使第二相粒子产生与位错柏氏矢量等宽的台阶，增加位错滑移阻力和位错所需能量。强化相粒子附近的弹性应力场与位错产生交互作用，增大微粒的尺寸和体积分数等都能增加位错滑移的阻力，有利于材料的强化。

1.4 新型含铝奥氏体耐热钢中的第二相

新型含铝奥氏体耐热钢具有面心立方结构，其服役温度高于铁素体耐热钢和马氏体耐热钢的本质原因是在高温条件下，面心立方结构与体心立方结构和密排六方结构相比稳定性更高，因此理想情况是得到单一的奥氏体组织，以获得最优性能的材料。在实际生产和应用当中，许多种高温结构材料都是依靠向钢中加入大量的合金元素的方法，使得各合金元素之间、合金元素和基体之间相互作用形成第二相，通过第二相强化实现强化的效果。对新型含铝奥氏体耐热钢来讲，其常见的第二相如下。

1.4.1 MC型碳化物

在MC型碳化物中，M表示Nb、Ti等强碳化物形成元素，这种碳化物具有面心立方结构，尺寸一般在纳米级别，碳原子在晶体点阵立方中占据八面体的中心。MC型碳化物的析出大量地消耗了合金基体中的碳元素，但尽管如此，奥氏体耐热钢中仍会析出少量的$M_{23}C_6$型碳化物。就目前的研究和实验表明，向新型奥氏体耐热钢中添加Nb元素可以形成细小的纳米级别NbC第二相，从而达到沉淀强化效果。在合金元素含量不同的奥氏体钢中所发生的碳化物转变类型也不同，一般来讲，长期时效会使Ti元素含量较高的奥氏体耐热钢中的一部分TiC相转变为$M_{23}C_6$型碳化物，而在Nb元素含量较高的奥氏体耐热钢中，则是一部分$M_{23}C_6$型碳化物转化为NbC相。

在高温蠕变过程中，MC型碳化物呈弥散析出，能够对位错产生钉扎作用，有效提升奥氏体钢的高温蠕变强度。另外值得注意的是，纯Nb金属本身熔点较高，约为2500℃，材料在高温下制备时可能会出现大尺寸的NbC颗粒，与奥氏体基体的晶格错配度达到25%，影响材料的蠕变性能。一般来说，NbC第二相优先在位错等缺陷处析出，应尽可能避免NbC第二相以形核析出的机制形成，以降低形核造成的畸变能。

1.4.2 Laves相

Laves相是一种化学式主要为A_2B型的密排立方结构的金属间化合物，每个晶胞中有12个原子，是奥氏体耐热钢中最具潜力的一种强化相。大致分为三种类型：六方晶系的C14、立方晶系的C15和六方晶系的C36。通常在AFA钢中析出的Laves相为具有六方结构的C14类型，具体构成为Fe_2Nb或Fe_2Mo，而仅当两种原子的半径之比小于1.225时，Laves相才有可能析出。与含铝奥氏体耐热钢中其他第二相相比，Laves相的析出速度较缓慢，多出现于晶体内部，与奥氏体基体存在一定的位向关系。值得注意的是，高温下Laves相具有较高的粗化速率，通常认为Laves相会损害奥氏体耐热钢的高温持久性能，合金设计和热处理过程中应尽量避免Laves相的形成。

但与前面提及的大尺寸NbC第二相颗粒相比，Laves相与奥氏体基体间的晶格错配度要小得多。以六方结构为例，其与奥氏体基体间的错配度为：{111}密排面内扩张错配度为9%[1]，而垂直于{111}密排面时收缩错配度为5%。在一定条件下，第二相与合金基体的错配度越低，对合金塑性方面的改善贡献越突出。这样看来，虽然Laves相这种金属间化合物常被认为是有害相，但通过引入该类低错配度的第二相，可以作为稳定的弥散强化相对强度高但塑性较差的材料的力学性能有所改善，Laves相在提高材料塑性方面的作用也吸引了一些学者的注意。

对牌号为Fe-20Cr-30Ni-2Nb（数字为原子百分含量）的合金进行研究的结果表明，Laves相作为强化相可以在奥氏体基体中均匀形核，且在800℃长期时效的条件下长久保持较小尺寸。在1473K下绘制了三元等温截面图如图1-8所示[20]。图中的富Ni区域主要由Ni_3Al和Ni_3Nb构成，这种具有 GCP 结构的金属间化合物为材料的主要强化相，而图中的富 Fe 区域主要是以过渡族金属的碳化物作为主要的强化相，以这种碳化物作为主要强化相的奥氏体钢普遍应用于商业化生产。

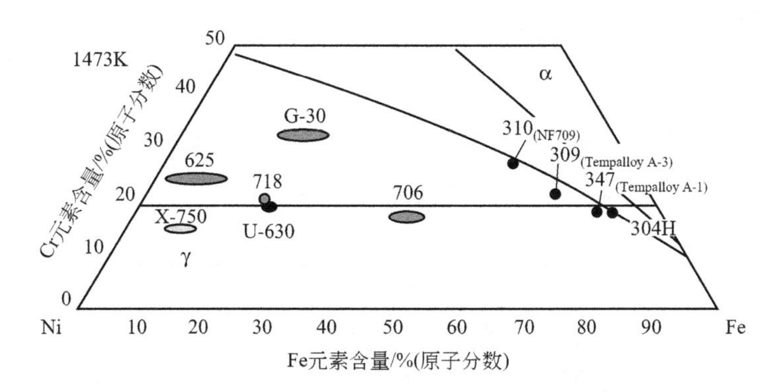

图 1-8　Laves 相强化奥氏体钢 Fe-Ni-Cr 合金在 1473K 时的等温截面图[20]

Yamamoto 等人就 Laves 相在含铝奥氏体耐热钢中作为强化相进行了研究，研究表明其单独强化的效果非常有限，但当 Fe_2Nb 相与纳米级别的 NbC 相共同析出时，能产生非常显著的强化效果[21]。含铝奥氏体耐热钢在高温蠕变过程中会二次析出大量微米级别的 Fe_2Nb 相和纳米级别的 Ni_3Nb 相，阻碍位错的移动，对位错产生钉扎作用，有效提升合金的高温蠕变强度。且在高温工作环境下，晶界是最为薄弱的部分，当 Laves 相在晶界上析出时，可以有效地抑制位错的运动，从而抑制晶界的变形行为，以提升材料的高温持久强度和抗蠕变能力。

1.4.3 B2-NiAl 相

向新型含铝奥氏体耐热钢中加入 Al 元素，通过形成 Al_2O_3 氧化膜来提高其抗氧化性能，随着 Al 元素的加入，不仅在机体表面生成了 Al_2O_3 氧化膜，还在基体内部析出了 B2-NiAl 金属间化合物。B2-NiAl 相是一种点阵常数为 0.289nm、具有面心立方结构的金属间化合物相，与奥氏体基体之间无共格关系。当工作环境温度在 500～750℃时，达到 B2-NiAl 相的韧脆转变温度，因此 B2-NiAl 相在高温下易发生粗化，由于韧脆转变失去强化作用，但在室温时具有明显的强化作用[22]。Bei 等人[23] 的实验表明，虽然 B2-NiAl 在高温时失去了强化作用，但可作为塑性相改善材料的塑韧性，可以有效地应用于利用金属间化合物强化的材料中。除此之外，B2-NiAl 相对提升含铝奥氏体耐热钢的高温抗氧化性能也有很大贡献，新型含铝奥氏体耐热钢的抗氧化性能好坏与否主要取决于合金表面氧化铝薄膜，Al_2O_3 保护膜由合金基体中的 Al 元素含量决定，而 B2-NiAl 相能为材料生成 Al_2O_3 保护膜不断提供 Al 元素，由此在 Al_2O_3 保护膜与金属表面之间会出现贫 B2-NiAl 区域，如图 1-9 所示。

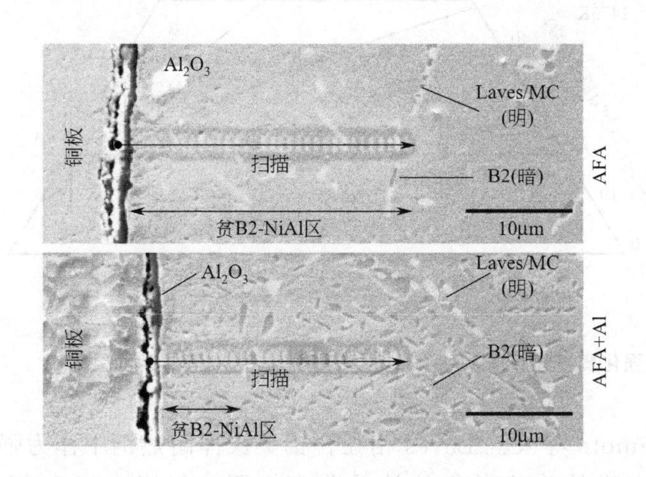

图 1-9 合金 Fe-25Ni-15Cr-(3-4) Al-2.5Nb-Mn 在含 10% 水蒸气的空气中氧化 1000h 后截面图[12]

1.4.4 γ′相

新型含铝奥氏体耐热钢中的 γ′相化学式为 Ni_3Al，是一种具有 $L1_2$ 结构的几何密堆相（GCP），是一种长程有序的金属间化合物，当温度接近其熔点时，仍能保持高度有序。在面心立方点阵中，Ni 原子位于面心位置，Al 原子位于顶点位置，点阵常数约为 0.3567nm，与奥氏体点阵常数相似，γ′相一般与金属基体呈共格关系。向含铝奥氏体钢中加入某些合金元素，如 Cr、Pt、Hf、Y 等，能有效提高 Ni_3Al 金属间化合物的抗氧化性能。W 元素和 Mo 元素的同时加入能有效地提高材料的高温强度和抗蠕变性能。

Brady 等人[9] 就各种合金元素对第二相的影响进行了研究，研究表明 Zr 元素对 γ′相的形成具有稳定作用，Ti 元素的加入可以增加 γ′相的体积百分数。但一般在 Ni 元素含量高于 32%时，合金基体中才会析出 γ′相。但由于 Ni 元素的含量极高，显著提升了含铝奥氏体耐热钢的成本。而 Trotter 等人[24] 的研究表明通过冷变形加工可以有效地促进 Ni_3Al 的析出，将合金经过 90%的冷加工后在 700℃下进行时效处理，起到了增加形核位置、促进元素扩散的作用，有效地提升了材料的高温蠕变强度。

1.4.5 σ 相

在奥氏体钢中，σ 相即为 FeCr 相，具有体心立方结构，是一种优先在三叉晶界处析出、其次在晶界析出的金属间化合物，当经过长时间的高温时效后，也会出现在非共格的孪晶界或晶粒内部。σ 相的粗化速率较高，不能稳定的存在于奥氏体耐热钢基体中，一般被认定为有害相。另外随着钢中 Cr 含量的增加会促进 σ 相的形成，Al、Ti、Mo、Nb 等元素也对 σ 相的形成有促进作用，而 C、N 元素可对 σ 相的形成产生抑制作用。

在奥氏体耐热钢中，σ 相的析出温度一般在 650～1000℃，析出温度随着奥氏体合金化程度的增加而升高。其形成机制一般主要可归纳为以下三点：a. 在铁素体与奥氏体各占 50%的双相不锈钢中（例如 Fe-18Ni-12Cr），由于钢中 Cr 元素的扩散速率在铁素体与奥氏体中不同，在体心立方的铁素体中的扩散速率约为在面心立方的奥氏体中的一百倍，因此在高温时铁素体易于发生共析反应，σ 相晶核在铁素体中形成和长大成为 σ 相[25]。b. 当温度达到 450℃以上时，会发生 $Cr_{23}C_6$ 的相变反应，生成 σ 相，造成贫铬现象[26]。c. 奥氏体相在高温下组织较为不稳定，其发生共析反应在恒温下同时析出奥氏体新相和 σ 相[27]。

1.4.6 $M_{23}C_6$ 相

当合金基体中存在 Ni 元素和 Mo 元素等置换型元素时，$Cr_{23}C_6$ 中的 Cr 元素常被置换出来，所以 M 一般代指 Cr 元素。但 Cr 元素能够被 Fe、W 和 Mo 元素等置换型元素取代，于是通常将 $Cr_{23}C_6$ 碳化物称作 $M_{23}C_6$ 相。$M_{23}C_6$ 相具有面心立方结构，每个晶胞中含有 92 个金属原子和 24 个碳原子，晶格常数为 1.055～1.067nm，其晶格常数为奥氏体基体晶格常数的 3 倍左右。$M_{23}C_6$ 相通常的析出温度范围在 400～950℃。

当向合金中添加碳化物形成元素后，$M_{23}C_6$ 相首先出现在晶界上，后依次出现在非共格的孪晶晶界、共格的孪晶晶界，直至在晶粒内部析出。$M_{23}C_6$ 相多呈多边形出现，经过长时间的时效后，晶界上的碳化物发生粘连，呈带状组织。一般情况下，$M_{23}C_6$ 相沿晶界析出会发生局部贫铬效应，造成晶间腐蚀现象的发生，严重削弱材料的抗腐蚀性能。只有当 $M_{23}C_6$ 相在晶粒内部析出颗粒很细小时，才会对合金基体的高温蠕变性能有正面影响。

1.5 本章小结与展望

随着环境污染和能源短缺问题日益加剧，在传统火电机组向超超临界火电机组发展的趋势下，由于新型含铝奥氏体耐热钢具有优异的高温抗蠕变性能给和高温持久强度，成为了新一代超超临界火电机组最有发展潜力的材料。本章从新型含铝奥氏体耐热钢的发展历程、各种合金元素的作用机制及设计原则、高温强化机制和合金基体中的第二相等方面对新型含铝奥氏体耐热钢进行了详细的介绍和总结。

1）新型含铝奥氏体耐热钢最初是由高温超细沉淀强化奥氏体不锈钢（HTUPS）为基，向合金基体中添加2.5%Al元素，并调整了Nb、Ni、Ti、C等元素的含量得到的。后国内外学者通过调整基础合金以及合金元素的加入量，不断研发出了许多种具有优异高温蠕变性能和高温持久强度的新型含铝奥氏体耐热钢。目前用于超超临界火电机组的AFA钢的主要发展方向和调控思路是以Super304H、HR3C和TP347HFG等合金为基，进一步调整Al、Si、N、Ni等合金元素含量，以获得更加优异的高温蠕变性能、高温持久强度和高温抗氧化性能。

2）向新型含铝奥氏体耐热钢合金基体中添加不同合金元素，对合金的性能具有不同的影响。向合金中加入Ni、C、Mn、N等强奥氏体形成元素，能有效地稳定奥氏体组织，扩大奥氏体区，获得完全的奥氏体组织。从而使新型含铝奥氏体耐热钢具有良好的强度、硬度、塑韧性以及热力学稳定性。向合金基体中加入Al、Si、稀土元素等能提升抗氧化性能的合金元素，能促进合金表面氧化膜的形成，可显著提高钢的抗氧化性能和高温耐蚀性能。而向合金基体中添加Nb、Ti、V等强碳化物形成元素时，这几种合金元素与C元素结合形成MC型碳化物，弥散分布在合金基体中，能够有效地提升新型含铝奥氏体耐热钢的高温蠕变性能。因此在对AFA钢进行成分设计时，在尽量控制成本的前提下，通过调控各种合金元素的加入量，使合金获得优异的高温力学性能、高温抗氧化性能和高温蠕变性能。

3）新型含铝奥氏体耐热钢的强化机制大致分为：固溶强化、位错强化、晶界强化、第二相强化、细晶强化和弥散强化。通常情况下几种强化机制共同作用，产生多元复合强化效果使合金获得优异的高温性能。

4）新型含铝奥氏体耐热钢中的第二相通常有：MC型碳化物、Laves

相、B2-NiAl 相、γ'相、σ 相和 $M_{23}C_6$ 相等。这些第二相细小弥散地分布在合金基体中，与位错产生交互作用，对位错运动产生阻碍，从而提高合金的变形抗力，提升合金在高温下的持久强度和蠕变性能。第二相能够有效阻碍位错运动，而对位错运动的阻碍程度与第二相的析出位置、尺寸和体积分数等息息相关。第二相的尺寸越小、分布越弥散、体积分数越大，对位错运动的阻碍作用越明显，越能提升材料的高温持久强度和高温蠕变性能。

新型含铝奥氏体耐热钢高温蠕变是一个较为复杂的过程，在涉及新型含铝奥氏体耐热钢的合金成分设计、工艺参数和强化机制等方面仍需做出大量研究。未来关于改善新型含铝奥氏体耐热钢的高温蠕变性能方面的研究，需要在成分优化、合金元素和制作工艺方面做出更深入的研究，还需要更加明确新型含铝奥氏体耐热钢的高温变形行为及强化机制、第二相及其变化规律对新型含铝奥氏体耐热钢性能的影响。

参考文献

[1] Yamamoto Y, Brady M P, Lu Z P, et al. Creep-resistant, Al_2O_3-forming austenitic stainless steels [J] . Science, 2007, 316 (5823): 433-436.

[2] Brady M P, Magee J, Yamamoto Y, et al. Co-optimization of wrought alumina-forming austenitic stainless steel composition ranges for high-temperature creep and oxidation/corrosion resistance [J] . Materials Science and Engineering: A, 2014, 590: 101-115.

[3] Trotter G, Baker I. The effect of aging on the microstructure and mechanical behavior of the alumina-forming austenitic stainless steel Fe-20Cr-30Ni-2Nb-5Al [J] . Materials Science and Engineering: A, 2015, 627: 270-276.

[4] 吴晓东，吴刚，朱晶晶，等．含铝奥氏体耐热钢的高温抗氧化性能 [J] ．金属热处理，2016，41 (08)：1-5.

[5] Zhou D Q, Zhao W X, Mao H H, et al. Precipitate characteristics and their effects on the high-temperature creep resistance of alumina-forming austenitic stainless steels [J] . Materials Science and Engineering: A, 2015, 622: 91-100.

[6] 孙胜英．合金成分设计对含铝奥氏体耐热钢组织和性能的影响 [D] ．北京：北京科技大学，2019.

[7] 范吉富．一种 700℃以上等级超超临界电站锅炉用奥氏体耐热钢的研究 [D] ．上海：上海交通大学，2016.

[8] Yamamoto Y, Brady M P, Lu Z P, et al. Alumina-forming austenitic stainless steels strengthened by Laves phase and MC carbide precipitates [J] . Metallurgical and Materials Transactions A, 2007, 38 (11): 2737-2746.

[9] Brady M P, Yamamoto Y, Santella M L, et al. Effects of minor alloy additions and oxidation temperature on protective alumina scale formation in creep-resistant austenitic stainless steels [J] . Scripta Materialia, 2007, 57 (12): 1117-1120.

[10] Yamamoto Y, Brady M P, Lu Z P, et al. Alumina-forming austenitic stainless steels strengthened by laves phase and MC carbide precipitates [J] . Metallurgical and Materials Transactions: A,

2007, 38A (11): 2737-2746.

[11] 徐向棋，吕昭平．新一代新型抗高温氧化奥氏体耐热钢的研究进展 [J]．中国材料进展，2011，30 (12)：1-5.

[12] Brady M P, Unocic K A, Lance M J, et al. Increasing the upper temperature oxidation limit of alumina forming austenitic stainless steels in air with water vapor [J]. Oxidation of Metals, 2011, 75 (5-6): 337-357.

[13] Jozaghi T, Wang C, Arroyave R, et al. Design of alumina-forming austenitic stainless steel using genetic algorithms [J]. Materials & Design, 2020, 186: 16.

[14] Brady M P, Magee J, Yamamoto Y, et al. Co-optimization of wrought alumina-forming austenitic stainless steel composition ranges for high-temperature creep and oxidation/corrosion resistance [J]. Materials Science and Engineering: A, 2014, 590: 101-115.

[15] Yamamoto Y, Santella M L, Liu C T, et al. Evaluation of Mn substitution for Ni in alumina-forming austenitic stainless steels [J]. Materials Science and Engineering: A, 2009, 524 (1-2): 176-185.

[16] 董楠．合金化元素对新型含 Al 奥氏体耐热钢/氧化层界面结构形成及结合能力的影响 [D]．太原：太原理工大学，2017.

[17] 高秋志．新型高 Cr 铁素体耐热钢相变行为及焊接性 [D]．天津：天津大学，2012.

[18] 雍岐龙，孙新军，郑磊，等．钢铁材料中第二相的作用 [J]．科技创新导报，2009，(08)：2-3.

[19] Hayakawa H, Nakashima S, Kusumoto J, et al. Creep deformation characterization of heat resistant steel by stress change test [J]. International Journal of Pressure Vessels and Piping, 2009, 86 (9): 556-562.

[20] Takeyama M. Novel Concept of Austenitic Heat Resistant Steels Strengthened by Intermetallics [J]. Materials Science Forum, 2007, 539-543: 3012-3017.

[21] Yamamoto Y, Takeyama A, Lu Z P, et al. Alloying effects on creep and oxidation resistance of austenitic stainless steel alloys employing intermetallic precipitates [J]. Intermetallics, 2008, 16 (3): 453-462.

[22] Zhou D Q, Zhao W X, Mao H H, et al. Precipitate characteristics and their effects on the high-temperature creep resistance of alumina-forming austenitic stainless steels [J]. Materials Science and Engineering: A, 2015, 622: 91-100.

[23] Bei H, Yamamoto Y, Brady M P, et al. Aging effects on the mechanical properties of alumina-forming austenitic stainless steels [J]. Materials Science and Engineering: A, 2010, 527 (7-8): 2079-2086.

[24] Trotter G, Rayner G, Baker I, et al. Accelerated precipitation in the AFA stainless steel Fe-20Cr-30Ni-2Nb-5Al via cold working [J]. Intermetallics, 2014, 53: 120-128.

[25] Wang M, Sun Y-D, Feng J-K, et al. Microstructural evolution and mechanical properties of an Fe-18Ni-16Cr-4Al base alloy during aging at 950℃ [J]. International Journal of Minerals, Metallurgy, and Materials, 2016, 23 (3): 314-322.

[26] Asteman H, Spiegel M. A comparison of the oxidation behaviours of Al_2O_3 formers and Cr_2O_3 formers at 700 degrees C - Oxide solid solutions acting as a template for nucleation [J]. Corrosion Science, 2008, 50 (6): 1734-1743.

[27] Boulesteix C, Gregoire B, Pedraza F. Oxidation performance of repaired aluminide coatings on austenitic steel substrates [J]. Surface & Coatings Technology, 2017, 326: 224-237.

第2章

新型含铝奥氏体耐热钢的冷变形组织及性能

冷变形是指将金属在再结晶温度以下进行变形或加工，例如轧制、挤压拉拔、锻造和冲压等。其中冷轧是一种使金属发生可控塑性变形的工艺，发展时间久，更为成熟，不仅可以改变材料的外形尺寸，对其组织性能也会产生很大的影响。通过冷轧变形可以有效地细化晶粒，人为向材料中引入位错缺陷来改变材料中位错的形式、分布和数量，诱导第二相在位错处形核长大，并且可以产生强化织构，实现材料强化的新思路。

自AFA钢被开发以来，对于其冷变形的研究甚少，大部分将其作为后续处理的基础步骤，而没有直接对冷变形之后的组织结构进行分析。本节采用典型的Al含量为3.96%的AFA钢，通过控制不同的冷轧变形量，研究该4Al-AFA钢的组织结构演变情况，重点探究了其组织变化对力学性能、高温蠕变行为以及高温氧化行为的影响。

2.1 冷变形对金属显微组织的影响

金属在发生冷变形时，晶体在切应力的作用下发生滑移，即其中一部分晶体沿着一定的晶面（滑移面）上的一定方向（滑移方向）相对于另一部分发生滑移。多晶体金属材料在发生变形过程中，位错在晶界塞积，产生应力集中，导致相邻晶粒位错源开动，逐渐使晶粒发生变形。整体上看来，金属在发生变形时，需要各晶粒之间相互协调，而实际上，晶粒之间由于位向不同使得变形具有非同时性。晶粒的滑移面和滑移方向接近于最大切应力方向称为软取向；反之，相差较大则称为硬取向。受到外力作用时软取向晶粒先开始发生滑移，当晶界受到堆积位错阻碍时，其他晶粒发生滑移。理论上，金属中的各晶粒至少能在5个独立的滑移系上进行滑移时，才能保证滑移系之间的协调，产生良好的塑性变形[1]。已知面心立方金属中有4个滑移面{111}，其上又分别有3个滑移方向<110>，因此12个滑移系可以充分满足晶粒组织滑移时的空间取向。晶粒组织在冷变形后，显微结构会发生显著变化，具体如下。

(1) 晶界变化

在冷轧变形时，随着变形程度的增大，晶粒逐渐沿着轧制方向延伸，并且由等轴晶粒变为长条状。晶粒被拉长的程度取决于变形程度。轧制变形量越大，晶粒的伸长就越明显，当变形程度很大时，晶粒则会被拉长呈纤维状，形成纤维组织，此时晶界变得模糊，甚至晶粒发生破碎。此时在外力作用下，晶界或晶内第二相也会沿着轧制方向呈长链状分布。

(2) 亚结构细化

在金属中，晶格缺陷的类型、数目和排列构成了晶粒内部结构的特征。冷变形后的金属材料中，晶粒由存在一定位向差的胞块组成，这些胞块由亚晶界划分开来。亚晶界的形状、尺寸、取向差角以及亚晶界的长度都可以体现金属亚结构的特征。亚晶中含有大量位错，有的形成规则组态，有的则处于无序状态，这主要取决于材料本身的特性。通常，在小变形量下，位错主要集中于滑移面。当冷变形量逐渐增大，胞块的尺寸减小，数量增多，位错发生交互作用而产生位错缠结，形成复杂的网络结构，进而大量聚集形成胞状亚结构。因此亚结构边界的特征为存在高密度的位错。随着冷变形量的增大，位错密度也逐渐增加。经过大的冷轧变形后，金属中的位错密度甚至可以达到$10^{18}m^{-2}$。

(3) 形变织构

形变织构是由于冷变形直接在发生变形的金属中产生的晶粒择优取向。经过塑性加工的金属材料，如经拉拔、挤压的线材或经轧制的金属板材，在塑性变形过程中常沿着晶体中原子的密排面发生滑移。滑移过程中，晶体及其滑移面将发生转动，从而引起多晶体中晶粒方位出现一定程度的有序化。在不同的受力情况下，材料中出现的形变织构的类型也不同，具体有以下几种。

① 纤维织构　也称为丝织构。经过轴向拉拔或挤压的金属中的晶粒通常以某个或者多个结晶学方向平行于轴向或者近似平行于轴向择优取向。理想的纤维织构通常用与纤维轴平行的晶向指数<uvw>表示。

② 面织构　经过锻压或压缩的金属中的晶体通常以同一晶面法向平行于外力轴向，形成面织构。通常用垂直于外力轴向的晶面指数 $\{hkl\}$ 表示。

③ 板织构　板材在轧制过程中受到拉力和压力的同时作用后，大多数晶粒以同一晶面 $\{hkl\}$ 与轧面平行或近似平行，以同一晶向 $<uvw>$ 与轧向平行或近似于平行。一般用 $\{hkl\}<uvw>$ 表示。

面心立方金属，例如金、银、铜、铁、铝等，在常温下发生变形时通常沿着密排面和密排方向发生滑动。晶体中晶粒的取向各不相同，在发生滑移变形的过程中，晶粒之间相互作用，最终形成不同的择优取向。立方晶系中常见的重要取向及对应角度关系如表 2-1 所示。

表 2-1　立方晶系中常见的重要取向及对应角度关系

织构类型	$\{hkl\}<uvw>$	φ_1	Φ	φ_2
立方	{001}<100>	0°	0°	0°
旋转立方	{001}<110>	45°	0°	0°
铜型	{112}<111>	90°	35°	45°
黄铜型	{011}<211>	35°	45°	0°
高斯	{011}<100>	0°	45°	0°
S	{123}<634>	59°	37°	63°
R	{124}<211>	57°	29°	63°
黄铜 R	{236}<385>	79°	31°	33°
	{025}<100>	0°	22°	0°
	{111}<112>	90°	55°	45°
	{111}<110>	0°	55°	45°

大量实验研究表明，织构会对材料的物理性能和力学性能产生很大的影响，例如强度、塑性、韧性、磁性和电导性能等，且织构的存在有利有弊。通常材料冷轧变形后，轧制方向的强度明显升高，而塑性降低。此外高冷轧钢板冲压后会出现“制耳”缺陷，而退火硅钢片中的高斯织构则能够减小磁损。铝箔中的立方织构比 R 织构耐侵蚀效果好，有利于提高其电容量。所以应当选择恰当的处理方法，控制材料中的织构的形成，充分利用织构的效应，才能使其成为有利地强化材料的组织结构。

2.2 EBSD 技术及其原理概述

电子背散射衍射（electron backscatter diffraction，EBSD）技术是基于扫描电镜（SEM）中入射电子束在倾斜试样表面激发并形成的衍射菊池带以确定晶体结构、取向及相关信息的方法。电子背散射衍射的形成是由于入射电子束会在进入样品后产生非弹性散射，在入射点附近发散并在出射时与晶体晶格发生布拉格衍射。

2.2.1 EBSD的工作原理

EBSD工作系统由EBSD探头、计算机系统和图形处理器三部分组成。探头部分包括外表面的磷屏幕和屏幕后面的CCD（charge coupled device）相机。CCD相机具有稳定、不随工作条件变化、菊池衍射花样不易畸变、不怕可见光和使用寿命长等优点。现今在扫描电镜工作系统中使用的EBSD探头可与EDS探头进行配合，可在样品倾转的条件下同时分析。

图2-1为EBSD分析系统的构成示意图。试样在放入样品室经过65°～75°的大角度倾转后，入射电子束沿一定方向进入试样晶体中，在试样表层（几十纳米内）发生非弹性散射，导致部分散射角度大的电子从表层逸出而形成背散射电子。当这些电子在离开试样的过程中与某些晶面之间的角度满足布拉格衍射条件 $2d\sin\theta=n\lambda$ 时，就会发生衍射，形成线状花样——菊池带，它由后面的衍射摄像系统，即CCD相机接收。经过图像处理器进行放大信号和扣除背底等操作后，由计算机进行采集图像信息，再通过Hough变换，自动确定菊池线的位置、宽带、强度和夹角等，与晶体学库中的理论值进行对照，标定出相应的晶面指数和晶带轴，最终确定出晶体坐标系相对于样品坐标系的取向。

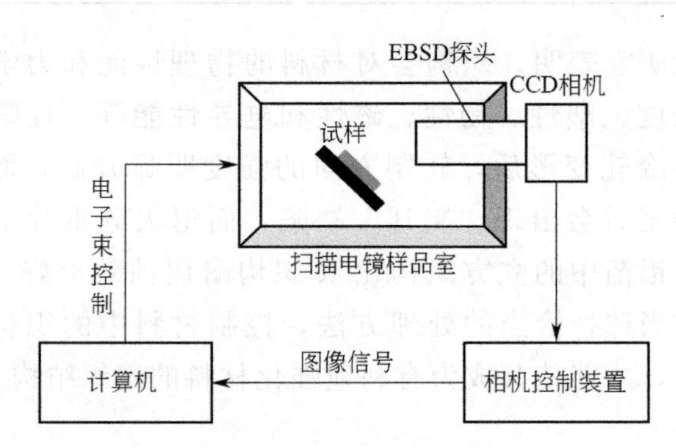

图2-1 EBSD分析系统的构成

2.2.2 EBSD技术的应用

在多晶体材料领域，如金属及合金、陶瓷、半导体和矿石等，EBSD技术已经得到了广泛的应用，在晶体微区取向和晶体结构分析方面取得了较大的发展[2]。使用取向成像显微技术能够通过控制扫描过程获取以下材料内部信息。

(1) 晶粒尺寸及形状分析

使用侵蚀方法对试样进行处理后，可以使晶界显现出来，但是一些孪晶界和小角度晶界试样，普通的显微呈现方法仍然难以进行观察，因此利用显微组织图像，使用传统的晶粒尺寸测量方法便不能反映真实的晶粒样貌，与实际情况产生较大的误差。EBSD 技术可以自动快速地横穿样品进行逐点线扫描，根据试样中晶粒组织特征不同可以对扫描步长进行调节，确定花样的变化，精确勾画出晶界和孪晶界，同时对晶粒尺寸进行统计分析，并且在穿过晶界时可以测量两侧取向的变化。由于从晶体学取向出发，最终获得的测量结果更加符合晶粒的本质。

(2) 物相分析

EBSD 可以自动取向测量和标定七大晶系任意试样的物相。由于不同的物相具有不同的晶体参数结构，因此其菊池花样具有唯一性，不同物相对应各自的菊池花样。使用 EBSD 和 EDS 技术相结合，可以准确有效地鉴定材料中的物相结构，例如钢中的铁素体和奥氏体，化学成分相近的碳、氮化物等。根据分析的数据和最终的取向成像图，也可以很方便地对材料中的相百分含量进行计算。

(3) 织构及取向差分析

通过 EBSD 可以直接获得不同晶界和不同相界之间的取向差异，这些取向差数据也可以构成取向差分布函数。试样在冷变形后，晶体组织出现择优取向，形成大量小角度晶界，表明样品内部出现了形变织构。EBSD 不仅能够检测出显微织构的分布，而且可以测量不同取向在样品中所占的比例。测得的织构可以通过极图、反极图和取向分布函数（ODF）等多种形式表示。极图是试样中所有晶粒的同一选定晶面的晶面极点在空间分布的状态的极射（或极射赤面）投影。使用极图可以表示出织构的类型、强弱以及散漫程度偏离情况，此外它是计算取向分布函数的原始数据的基础，因此对于织构的研究具有很大的重要性。

目前，EBSD 可应用于取向关系测量的范例有[3]：确定第二相和基体间的取向关系、穿晶裂纹的结晶学分析、单晶体的完整性、微电子内连使用期间的可靠性、断面的结晶学、高温超导体沿结晶方向的氧扩散、形变研究以及薄膜材料晶粒生长方向测量。

2.3 冷变形新型含铝奥氏体耐热钢的微观组织

新型 4Al-AFA 钢采用高纯度的金属（Fe、Ni、Cr、Al 和 Nb 等）通过真空感应熔炼而成，其化学成分如表 2-2 所示。为了消除偏析和缩孔等缺陷，将铸锭在 1180℃均匀化处理 5h，之后将其热轧成厚度为 10mm 左右的板材。之后将准备的样品进行冷轧，分别减薄 5%、10%、30%、60%和 80%。其中将冷轧 5%、10%和 30%的试样在 1150℃退火 30min。

表 2-2 新型 4Al-AFA 钢的化学成分 单位：%（质量分数）

Fe	Cr	Ni	Al	Si	Mo	Nb	C	Mn	W	Cu	Ti	P
Bal	11.16	20.54	3.96	0.14	2.25	2.02	0.06	2.06	0.05	0.05	0.013	0.04

表 2-3 显示了 AFA 钢样品经过多道次冷轧后达到或接近了预期的压下量（压下量=轧制后厚度变化值/轧制前厚度），压下量的变化体现了样品变形程度的大小。所有样品的初始厚度为 10.5mm。实验中，在常温下（25℃左右）轧制，样品在轧制方向、轧制面横向、轧制法向这三个方向上均发生了不同程度的变形，宽展变化较小，总体在 10%～30%以内，轧制减小的厚度在体积上多转化为伸长量。

表 2-3 新型 4Al-AFA 钢冷轧道次及参数表

样品厚度/mm	道次 1	2	3	4	5	6	7	8	9	预计压下量	实际压下量
1号	9.91									5%	5.6%
2号	10.20	7.30								10%	11.43%
3号	7.80	7.28								30%	30.67%
4号	7.80	7.28	6.60	5.70	4.80	4.30				60%	59.05%
5号	7.80	7.28	6.60	5.70	4.80	4.30	3.90	2.90	2.10	90%	80.0%

随着轧制道次的增多，样品变形程度增加，AFA 钢产生了加工硬化使轧制力增加而变形量减小的趋势。轧制过程中，压下量从 5%～80%的四份样品，变形量增大而表面状况良好，无裂纹的产生，但发生了扭曲变形，呈现波浪形。冷轧压下量达到 80%时，再减小轧辊间隙已经不足以使其厚度减少、压下量增加，变形程度已经接近极限，再进行轧制可能导致缺陷扩散，裂纹衍生。新型奥氏体耐热钢整体冷加工性能良好，容易引发裂纹的粗大颗粒和显微裂纹等缺陷较少。

所有试样的组织结构采用徕卡光学显微镜、JSM—7800F 型场发射扫描电镜

(SEM-EBSD) 和 JEOL—JSM7001F 型透射电镜 (TEM) 进行分析。其中物相分析采用 Smartlab (9) 型 X 射线衍射仪 (Cu 靶 Kα 射线; 扫描速度 4°/min)。

2.3.1 冷变形 AFA 钢中的组织分布

图 2-2 依次为 200 倍金相显微镜下观察到的原始样品与轧制后的 AFA

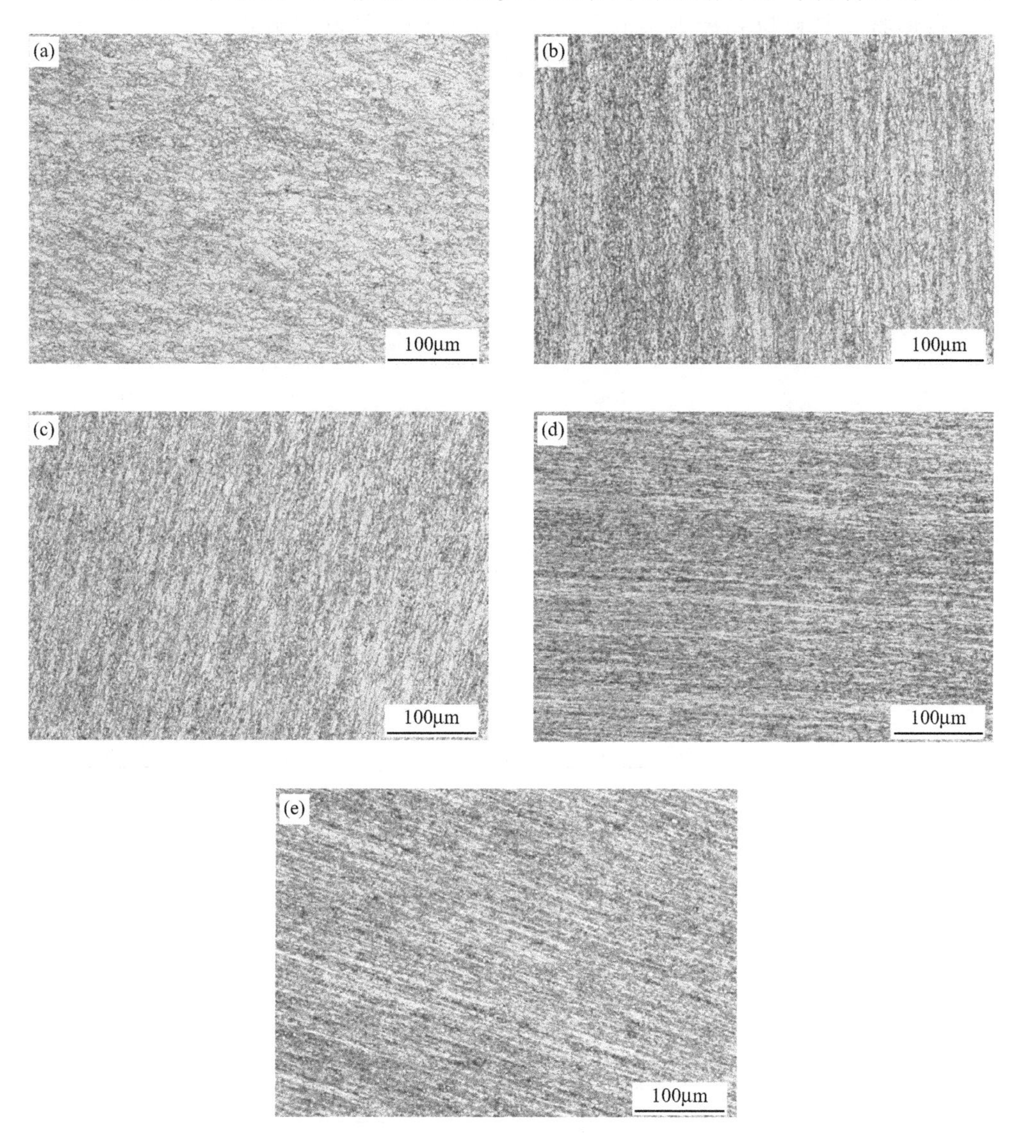

图 2-2 不同压下量试样的 200 倍金相显微组织
(a) 原始试样; (b) 冷轧 10%; (c) 冷轧 30%; (d) 冷轧 60%; (e) 冷轧 80%

钢样品组织。可以看出，原始样品的晶粒大小分布较为均匀，无特定的取向。经过轧制后，晶粒的取向与轧制方向一致，轧制程度越高、压下量越大，晶粒的整体取向性越明显。晶粒在轧制过程中，产生了沿轧向变形拉长的趋势，压下量越大，这种晶粒整体拉长程度越明显。对比压下量为10%和80%的样品，10%压下量的样品还可以看清晶粒的整体形状，80%压下量样品的晶粒拉长变形程度已经很剧烈，无法清楚地观察到晶粒的大致形状，晶粒拉到极细长的程度，甚至有些已经发生破碎。

图 2-3 为轧制后不同压下量样品 1000 倍下观察到的金相显微组织，更

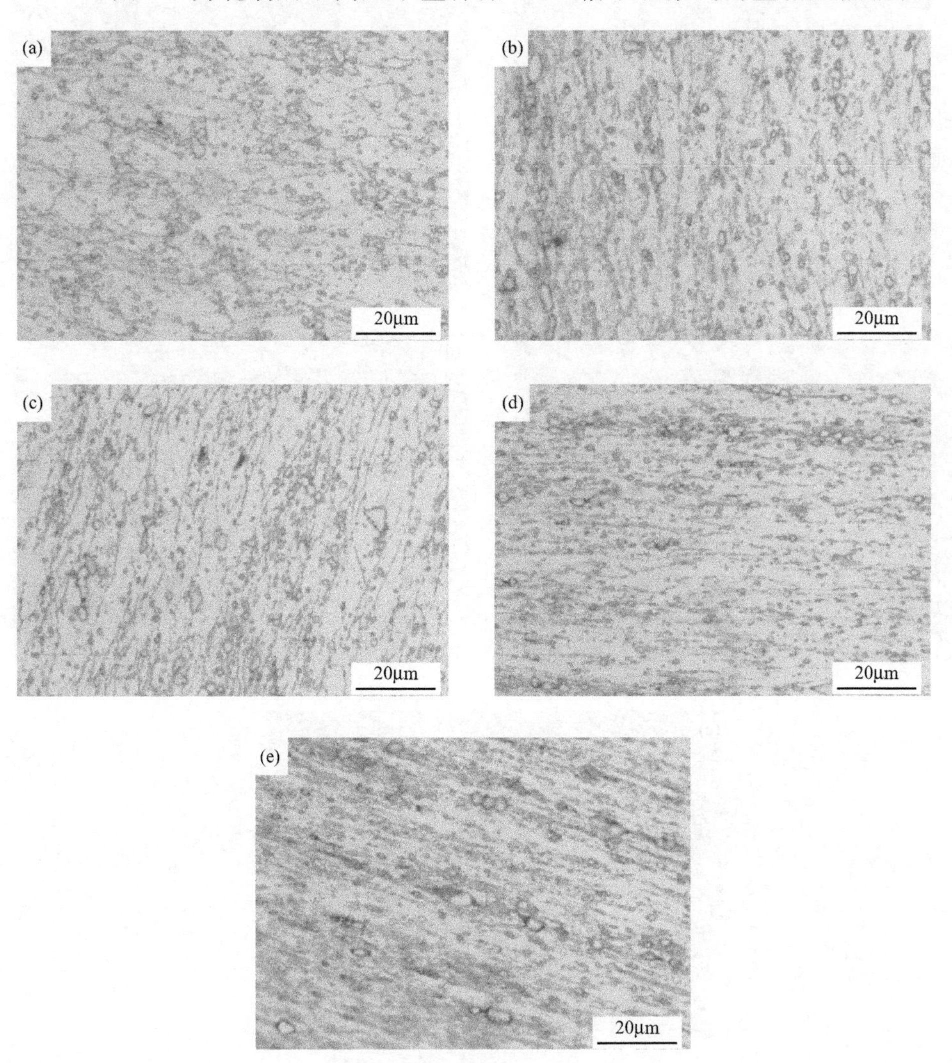

图 2-3 不同压下量试样的 1000 倍金相显微组织

(a) 原始试样；(b) 冷轧 10%；(c) 冷轧 30%；(d) 冷轧 60%；(e) 冷轧 80%

加清晰地反映了局部晶粒尺寸与晶界的变化。以奥氏体基体晶粒尺寸的大致数值来比较，压下量为10%的样品，沿轧制方向晶粒长度接近原始样，大致为直径15～20μm的不规则形状，稍有拉长，但程度不高；30%压下量的样品晶粒变形程度稍大，向纺锤形发展，晶粒长度在30～40μm；压下量为60%的样品晶粒呈纺锤形，长度大多在40μm以上；压下量为80%的样品已经极为细长，晶界难以分清，拉长的晶粒部分产生断裂，这表明在不衍生大裂纹的情况下，样品接近冷轧的极限值，晶体承受的应力达到了晶粒破碎的值。经查阅资料，奥氏体基体上分布的尺寸较小的相可能是NbC相以及Laves相[4]。这些第二相并未随着冷变形压下量的增加而产生变化。

使用电子背散射衍射（electron backscatter diffraction，EBSD）技术可以有效地观察到试样发生大塑性变形的过程中晶粒尺寸、晶界和晶体取向的变化。压下量为60%和80%的试样由于在变形过程中产生较大的应变，导致无法产生电子背散射衍射。图2-4为试样的OIM（orientation imaging map，简称OIM）图及取向方向示意图，实验中所观察的方向为TD向。从图中可以看到试样中晶粒沿着轧制方向延伸拉长，发生明显细化。大量变形晶粒在轧制剪切力的作用下，发生滑移变形，出现锯齿状边界，晶粒取向也逐渐发生变化。扫码查看彩图，图中蓝色代表晶体取向为＜111＞方向，绿色代表晶体取向为＜101＞方向，红色代表晶体取向为＜001＞方向。OIM图中晶体取向和取向示意图中的颜色及方向对应，同色晶粒即代表一致的取向。轧制前的样品取向以＜111＞、＜001＞两个方向为主，随着轧制程度的加深冷轧试样中晶粒的取向逐渐以＜101＞、＜111＞两个方向为主，晶粒逐渐出现择优取向，冷轧30%试样可以清晰地观察到这一现象。随着压下量增大，晶粒在拉长的同时晶粒取向也会越来越趋向于与轧制方向一致。

试样在冷轧过程中压下量对晶粒组织的影响如图2-5所示。相关晶粒尺寸信息使用EBSD进行统计示。图2-5(a)为试样的平均晶粒尺寸，随着冷轧压下量的增加，各试样的平均晶粒尺寸变化较大，原始试样的晶粒尺寸为3.41μm。压下量为5%时试样晶粒为5.79μm，而10%和30%冷轧试样的晶粒尺寸有所下降，分别为3.26μm和2.7μm。结合金相组织图，冷轧变形量增加，晶粒被拉长且尺寸将下降。由于冷轧5%试样变形量较小，存在个别较为粗大的晶粒，导致晶粒尺寸稍有增大。试样变形程度越大，晶粒尺寸越小，长径比会逐渐增加。图2-5(b)显示了冷轧试样的晶粒长径比。原始样品由于经过热轧加工，其长径比为1.82；5%冷轧试样与原始试样相比，晶粒长径比增加至1.96；之后10%和30%冷轧试样中晶粒的长径比分

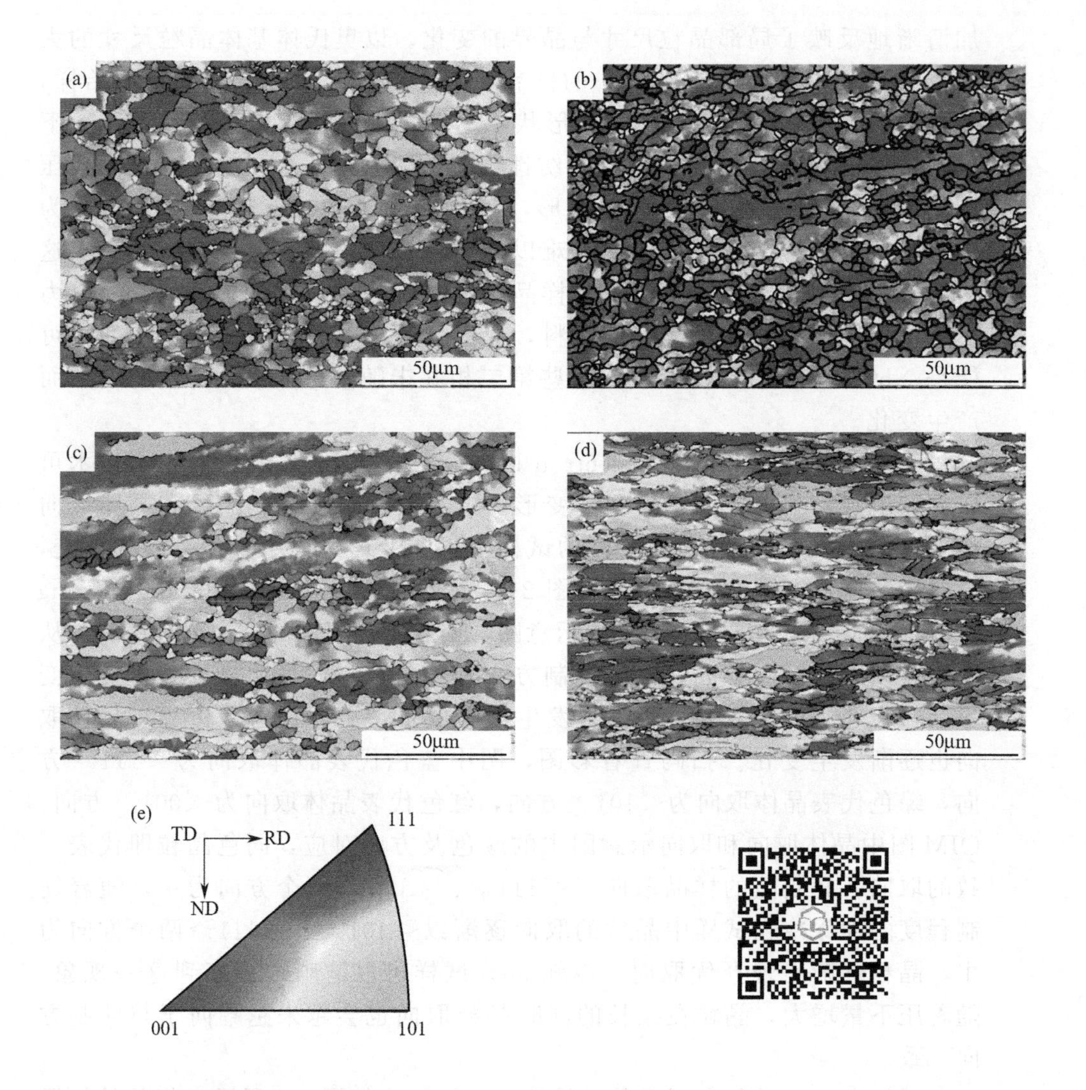

图 2-4　不同压下量试样 OIM 图

(a) 原始试样；(b) 冷轧 5%；(c) 冷轧 10%；(d) 冷轧 30%；(e) 取向示意图

(TD 为轧制面的横向，RD 为轧制方向，ND 为轧制面的法线方向)

别为 2.1 和 2.81，说明晶粒变形程度较大。整体分析试样的晶粒组织，可知冷轧压下量继续增大情况下，晶粒逐渐发生破碎，推测其晶粒尺寸是下降的，且长径比将增加。

图 2-6 为不同压下量试样的大小角度晶界分布图，扫码查看彩图，可以发现，图中黑色线条表示大角度晶界，绿色线条表示小角度晶界。大小角度晶界是一个相对的概念，以相邻两个晶粒间的位向差大小来区分，通常

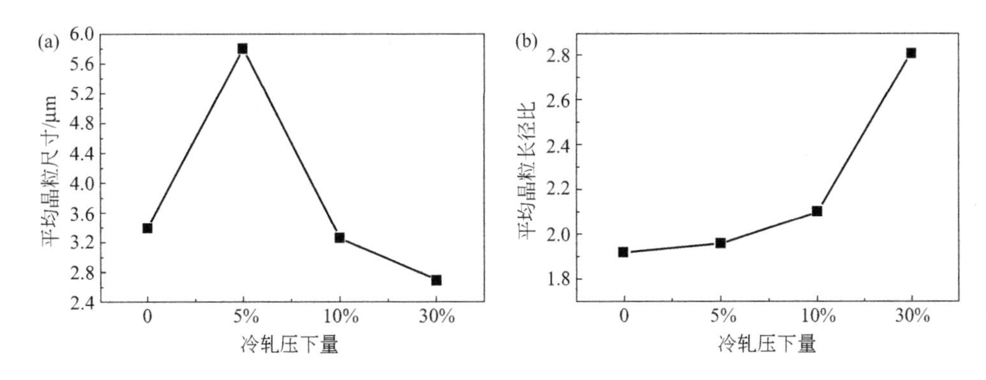

图 2-5 冷轧压下量对晶粒组织的影响

(a) 平均晶粒尺寸；(b) 平均晶粒长径比

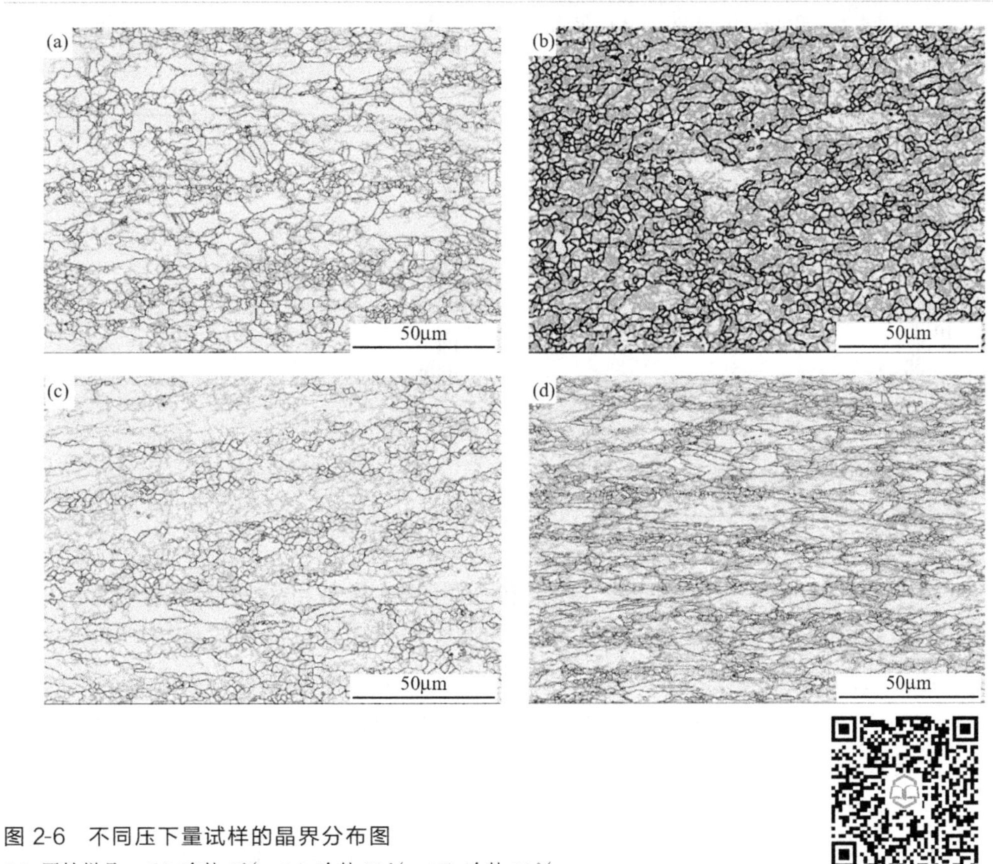

图 2-6 不同压下量试样的晶界分布图

(a) 原始样品；(b) 冷轧 5%；(c) 冷轧 10%；(d) 冷轧 30%

定义 15°及以上的角度为大角度晶界，以下为小角度晶界。同时原始和冷轧样品的晶界取向差分布图如图 2-7 所示。很明显，原始试样中大角度晶界和小角度晶界均占有一定的比例，而试样冷轧后小角度晶界的比例迅速上升，且占据优势。图 2-7 中所有试样晶界的平均取向差分别为 32.49°、21.96°、9.46°和 10.49°。冷轧试样在变形过程中晶粒不断被拉长，产生大量亚结构，分割并细化晶粒。当变形很大时亚晶不断吸收位错，形成晶粒边界，且由于产生破碎晶粒，导致大角度晶界的比例略微上升。

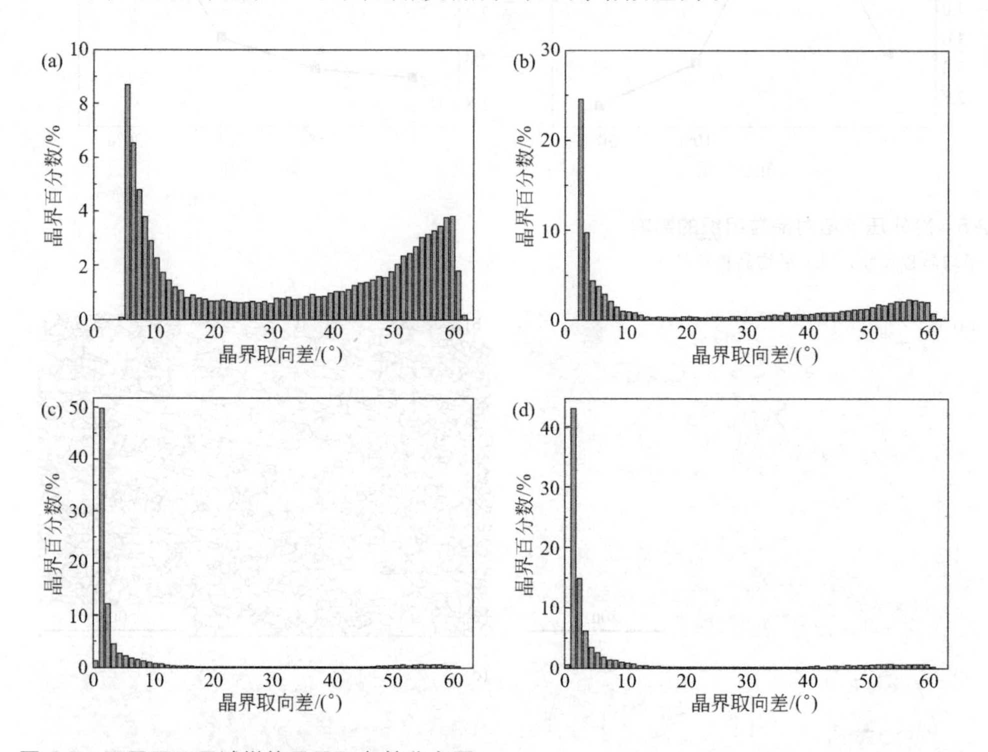

图 2-7 不同压下量试样的晶界取向差分布图

(a) 原始样品；(b) 冷轧 5%；(c) 冷轧 10%；(d) 冷轧 30%

冷轧压下量分别为 5%、10%和 30%的试样进行退火后的晶粒组织和晶界的取向差分布如图 2-8 所示。退火后大量变形晶粒消失，相应产生了细小的再结晶晶粒，根据图 2-4(e) 发现三个取向方向的晶粒均存在，但仍主要<101>和<111>为主。对图中试样的晶粒尺寸进行了统计，随着变形量的增加，试样的晶粒尺寸减小，分别为 48.46μm、46.5μm 和 45.67μm，并且晶粒的长径比均降低至 1.57 以下。冷轧变形量增大，为试样再结晶提供更多的驱动力，形成了更多的再结晶核心，使再结晶数目增多，晶粒尺寸下降。退火试样的晶界取向差分布图显示，退火后小角度晶界的数量极大减少，大角度晶界的数量增加，并在大约 60°处形成了峰值，说明试样中形成了大量的特殊的 Σ3 CSL 晶界，即退火孪晶界。在再结晶过程中，由于层错的存在，晶界迁移形成共格或者半共格孪晶界，降低晶界的总体能量。

退火后试样中晶界的平均取向差随压下量增加，由 48.63°减小至 45.67°，冷轧 5%试样中的大角度晶界含量最高，说明在热激活的作用下，发生了充分的再结晶。

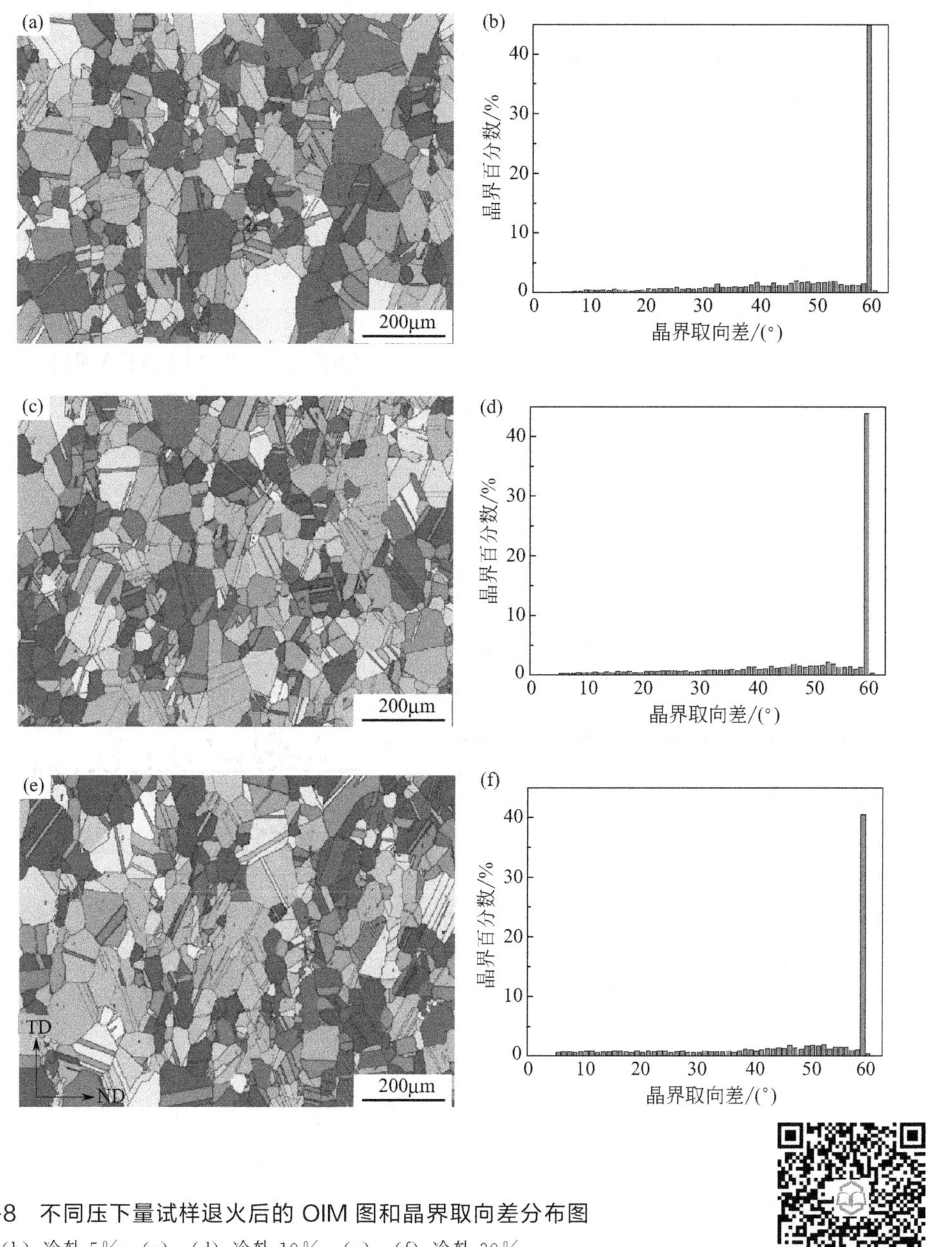

图 2-8　不同压下量试样退火后的 OIM 图和晶界取向差分布图

(a)、(b) 冷轧 5%；(c)、(d) 冷轧 10%；(e)、(f) 冷轧 30%

2.3.2 冷变形 AFA 钢中的第二相

使用 X 射线衍射对冷轧试样进行物相分析，图 2-9（a）为原始试样和冷轧试样的 XRD 图谱。从图中可以看出，较为明显的衍射峰均为奥氏体，第二相的衍射峰则不太明显。关于 AFA 钢中的第二相的分析本课题已经进行了多次研究[5,6]。对于冷轧试样，变形前后的物相种类并未发生变化，均由奥氏体基体、NbC 相、Laves 相和 B2-NiAl 相组成。其中 NbC 相与奥氏体相结构相同，均为立方结构；Laves 相为密排六方结构；而 B2-NiAl 相为简单有序的体心立方结构。与原始试样相比，冷轧后的衍射峰出现明显增强，并且随着压下量的增加，最强衍射峰的强度逐渐增加，说明试样中的晶粒逐渐偏向于（111）方向生长。图 2-9（b）为一种 3Al-AFA 钢长期退火后的 XRD 衍射图谱，主要第二相的种类与该 4Al-AFA 钢一致，并且在长期高温下是热力学稳定的，但略微较高的铝含量，使 4Al-AFA 钢析出了更多的 B2-NiAl 相。

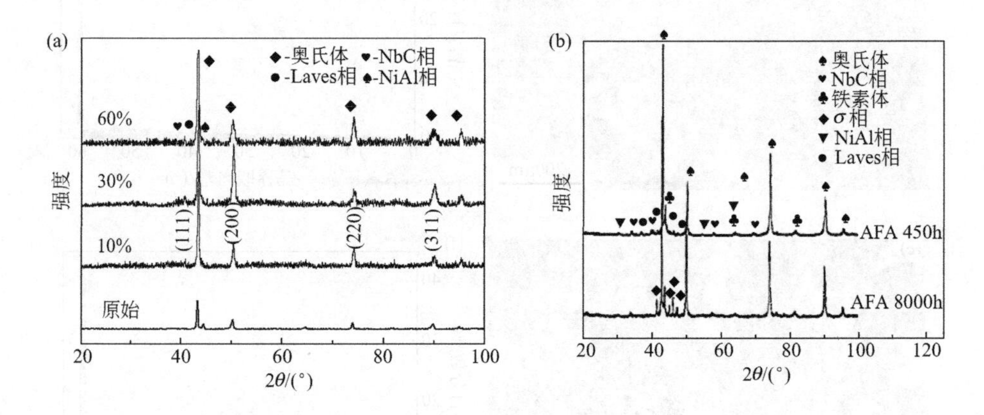

图 2-9 AFA 钢试样的 XRD 图谱[7]

（a）冷轧试样；（b）退火试样

图 2-10 为 4Al-AFA 钢冷轧前后试样的 SEM 图像。可以清楚地看到奥氏体基体上弥散分布着第二相，由于变形量增加晶粒不断被拉长，第二相越来越趋向于沿着晶界分布。整体上看原始试样和冷轧试样中的第二相的数量还是较少的，图中较为明显的粗大的球状颗粒可能为 Laves 相和一次 NbC 相。

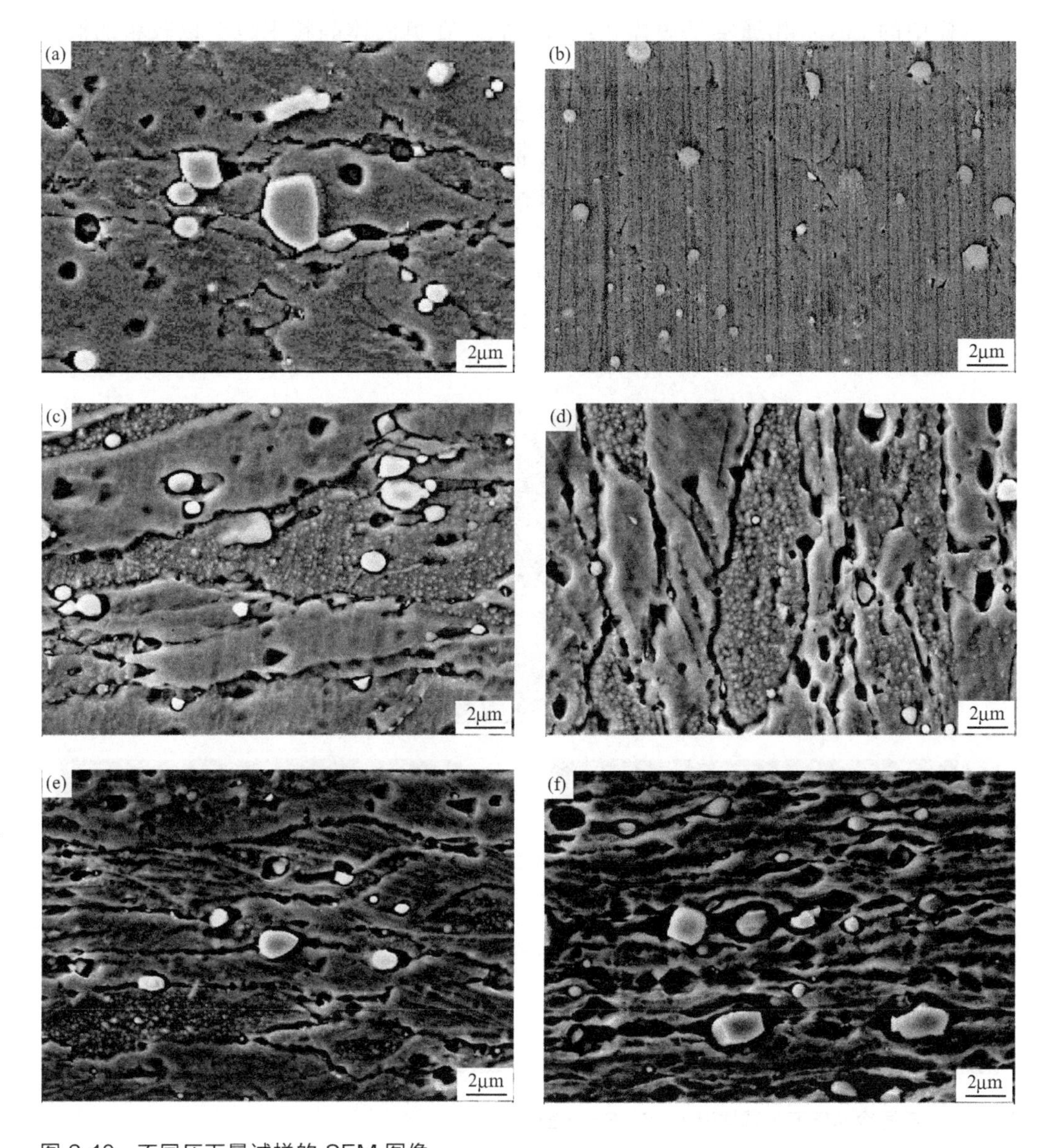

图 2-10　不同压下量试样的 SEM 图像

(a) 原始样品；(b) 冷轧 5%；(c) 冷轧 10%；(d) 冷轧 30%；(e) 冷轧 60%；(f) 冷轧 80%

为了更清晰地观察试样中的第二相，将冷轧压下量为 5%、10%和 30%的试样在 1150℃下进行退火 30min。退火后试样的 SEM 图像如图 2-11 所示。退火试样的晶界与第二相和未退火的冷轧试样相比更加清晰。晶粒内部与边界沉淀析出了大量细小的第二相，尤其是呈链状在奥氏体晶界析出。这些第二相的尺寸大致分布在 50nm～3μm 之间。如图 2-11（a）所示，试样中的 Laves 相通常呈短棒状或长条状，在奥氏体晶粒中也会以较粗的椭圆形颗粒析出。根据能谱扫描结果，Laves 相中一般含有含量相当的 Nb 元素和 Mo 元素，因此该 4Al-AFA 钢中的 Laves 相为 Fe_2（Nb，Mo）相。图 2-11（b）中所标记的为 NiAl 相，通常在晶界上与 Laves 相相间析出，在二次电子图像下呈现灰色。而 NbC 颗粒则通常呈球形在晶粒内析出[图 2-11（c）]。冷轧后适当退火处理促进了 Laves 相和 NiAl 相的沉淀析出。此外，随着冷轧压下量的增加，基体上第二相的总体积分数也呈增多趋势。冷轧后在试样中引入了大量位错缺陷，位错周围能量高且不稳定，因此退火过程加速并促进了第二相在位错缺陷处大量形核析出。

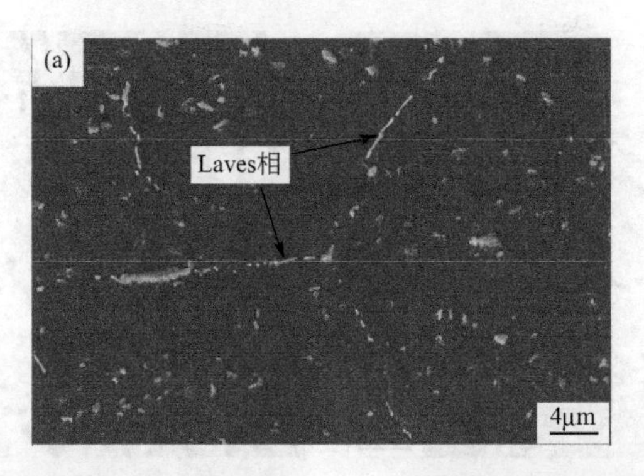

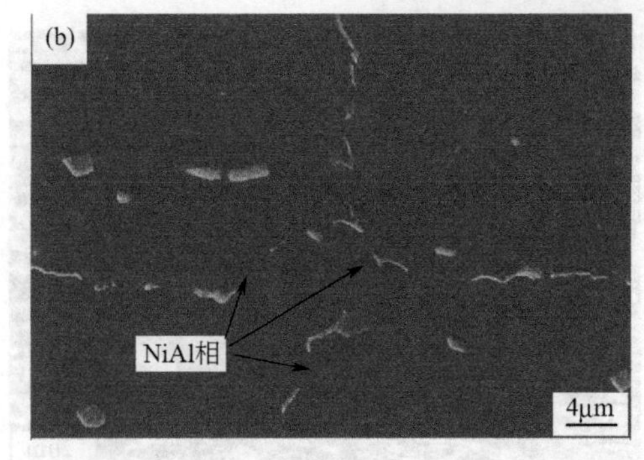

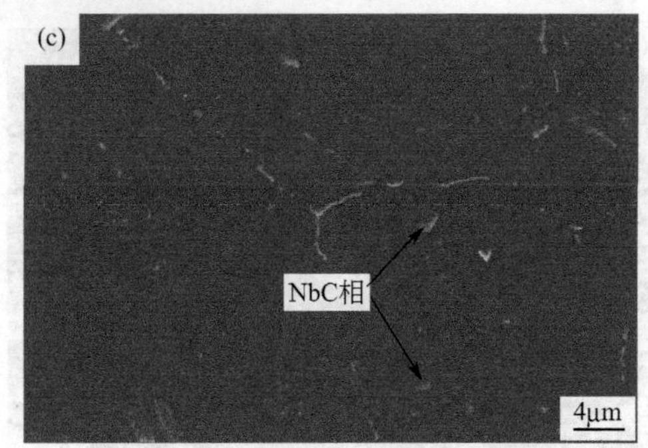

图 2-11　不同冷轧压下量试样退火后的 SEM 图像

(a) 冷轧 5%；(b) 冷轧 10%；(c) 冷轧 30%

2.3.3　冷变形 AFA 钢中的位错

通过 EBSD 扫描获得的局部取向差分布图可以评估试样变形晶粒中相对位错密度的大小，结果如图 2-12 所示。在冷轧和退火样品中扫描步长分布为 0.3μm 和 2μm。在实际实验中，为了避免小角度晶界引起的误差，设置的扫描角度阈值为5°。从图中可以看到对试样施加不同的冷轧压下量后，晶粒中的局部取向呈现不均匀分布，变形程度大的晶粒的取向差较大，尤其在晶界周围（被黄色所覆盖，扫码看彩图），但是整体上主要分布在3.5°以下。Kamaya[8] 认为，晶界周围较大的取向差可能是由塑性变形过程中形成几何必须位错而导致的。图2-12（d）为冷轧30%的样品退火后的局部取向差分布图，其局部取向差大致分布在1°以下。由于退火后大量晶粒发生了再结晶，促进原子扩散填补空位，位错发生正攀移而消失，导致位错密度下降。

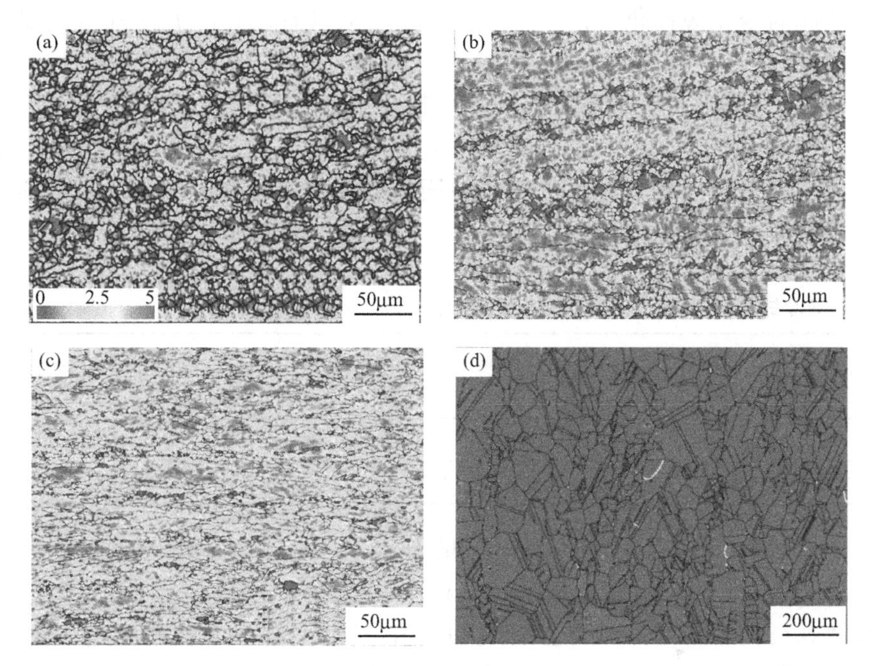

图2-12 不同冷轧压下量试样的局部取向差分布图

(a) 冷轧5%；(b) 冷轧10%；(c) 冷轧30%；(d) 退火试样

试样的位错密度可以通过XRD进行定量分析，从图2-9（a）可以看出，试样中较为清晰的衍射峰分别为奥氏体的（111）、（200）、（220）和（311）晶面，这可以视为位错的主要来源。根据Gay等人[9,10] 的模型，考虑了微观应变的影响，认为材料变形会引起X射线的衍射线展宽的变化。后来通过改进，获得了更为精确的Willianson-Hall方程。基于该方法，以衍射峰的半高宽（FWHM）来代表衍射线的峰宽，可以通过积分法求得，即在衍射峰的底部做一条切线来测量峰面积和高度，然后将两者相除。本文中利用MDI Jade软件对XRD结果进行分析，所获得的相关信息列在表

2-4 中。因此，试样中的位错密度用ρ表示，则其计算公式为［ckwx］：

$$\rho=\frac{\beta^2}{2\pi\ln 2b^2} \tag{2-1}$$

式中 β——衍射峰半高宽的值；

b——柏氏矢量。

对于具有面心立方结构的 AFA 钢，柏氏矢量 $b=a/\sqrt{2}$，其晶格常数 $a=0.36$nm。虽然 XRD 衍射峰表征的宏观位错密度会存在一定的误差，但其整体的变化规律仍可以参考。从表 2-4 可以看出，随着冷轧压下量由 5% 增加至 30%，试样的位错密度也逐渐增加，由 $3.2\times10^{14}\text{m}^{-2}$ 增加至 $8.02\times10^{14}\text{m}^{-2}$。而退火后试样的位错密度整体下降，但仍随着压下量的增加而增加，整体由 $8.54\times10^{13}\text{m}^{-2}$ 增加至 $1.25\times10^{14}\text{m}^{-2}$。10%与 30%冷轧后退火试样的位错密度仍与冷轧试样在相同的数量级。由于冷轧引入了大量位错，使得试样退火后虽然部分位错湮灭，但仍有大量位错保留。

表 2-4 不同冷轧压下量试样的微应变和位错密度

试样	冷轧			退火		
	5%	10%	30%	5%	10%	30%
ε	0.12	0.13	0.19	0.062	0.07	0.129
$\rho/10^{14}\text{m}^{-2}$	3.2	3.76	8.02	0.854	1.08	1.25

图 2-13 和图 2-14 为冷轧压下量为 30%和冷轧压下量为 30%并退火后试样的 TEM 图像，清楚地显示了试样中位错的特征结构及局部变化，可以解释微观结构的差异。试样在冷轧过程中产生了复杂的位错结构。由于位错的交滑移，位错在变形的晶界附近堆积甚至产生胞状亚结构［图 2-13(a)和(c)］。此外，在图 2-13（b）中可以观察到一些位错脉和位错缠结交织在一起并相互作用。这些特征是由不同取向晶粒之间的不协调塑性变形引起的。图 2-13（d）为晶界附近位错的高分辨图像以及区域 A 和 B 经过滤波处理和反傅里叶变换（inverse feat Fourier transform，IFFT）的图像，显示了原则杂乱的排列方式。退火后，冷轧 30%试样中的位错结构演变为相对简单的平面位错结构，其结构特征由平面线位错、第二相钉扎位错和层错构成。图 2-14（d）中 IFFT 图显示退火后试样的原子排列更为有序，相较于冷轧试样位错的密度有所下降。在退火过程中，冷轧形成的大量高位错密度的亚结构中，位错逐渐向边界滑移，异号位错抵消，逐渐形成能量较低的位错网络，同时亚晶界发生迁移，吸收位错逐渐长大，最终使位错密度降低。

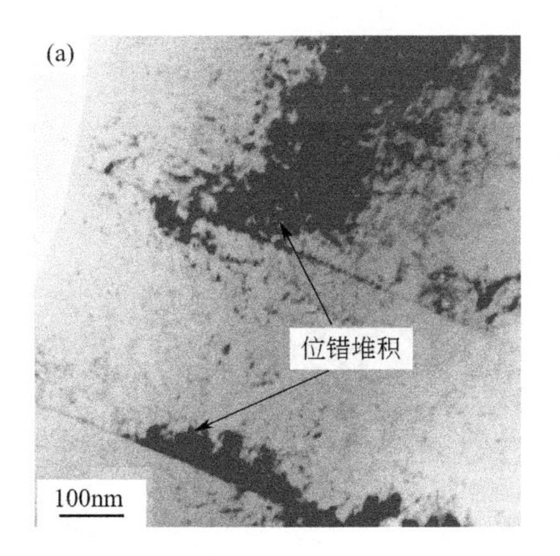

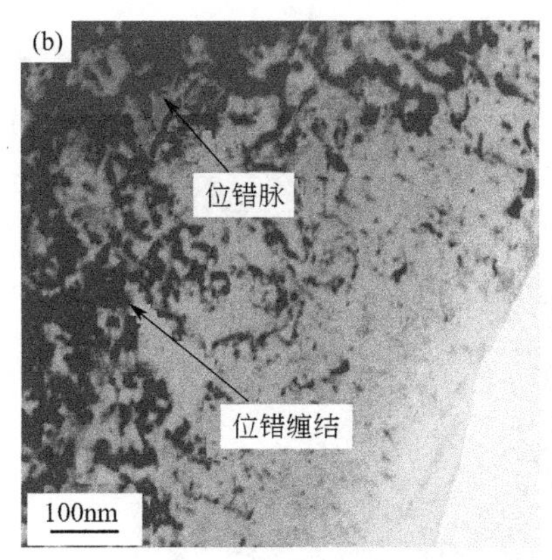

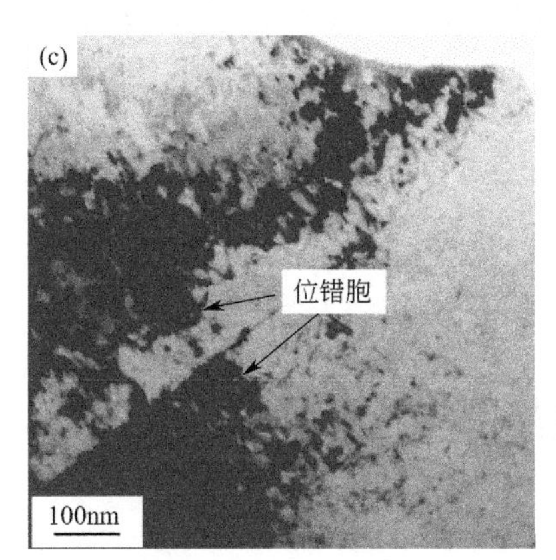

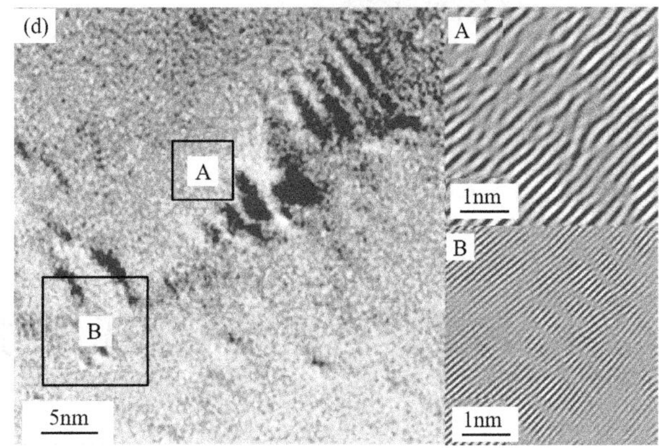

图 2-13 冷轧压下量为 30%的试样的 TEM 图像

(a) 位错堆积；(b) 位错脉和位错缠结；(c) 位错胞；(d) 图 (c) 中晶界的高分辨图像及区域 A 和 B 经反傅里叶变换的图像

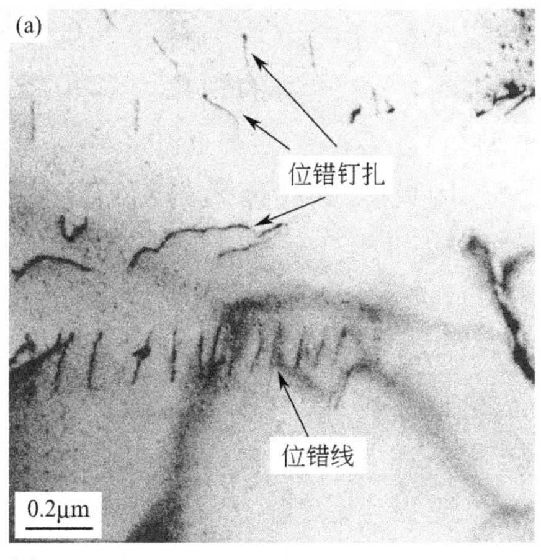

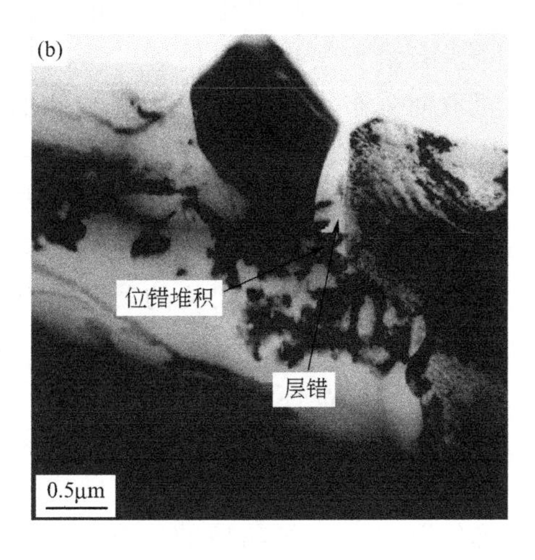

图 2-14

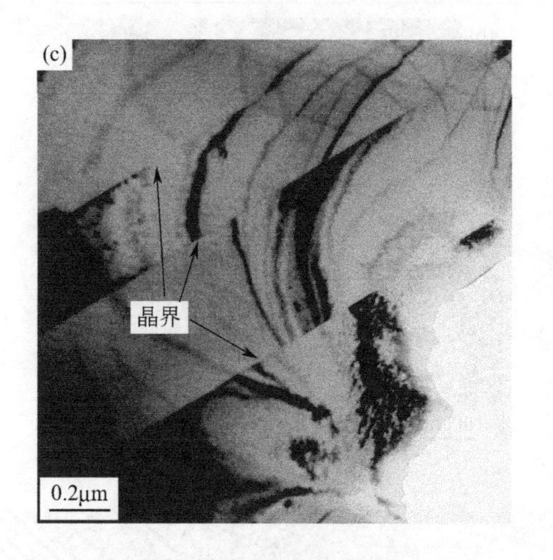

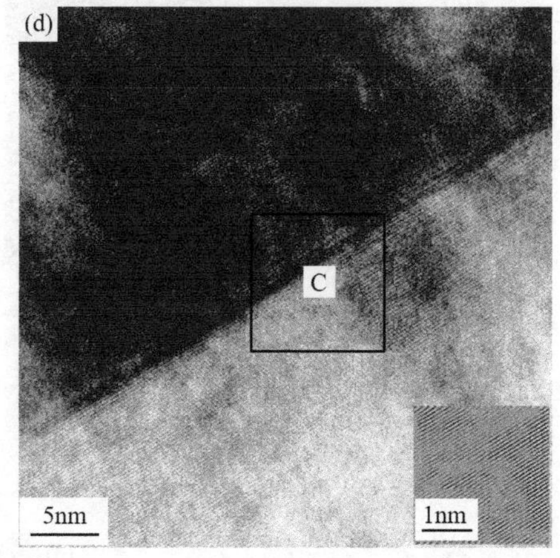

图 2-14　冷轧压下量为 30%的试样退火后的 TEM 图像

(a) 位错钉扎和位错线；(b) 位错堆积和层错；(c) 晶界；(d) 图 (c) 中晶界的高分辨图像及区域 C 经反傅里叶变换的图像

2.4 冷变形新型含铝奥氏体耐热钢的织构演变

一般情况下，多晶材料的晶粒是无序均匀分布的，在不同方向上具有相同的取向概率，因此多晶材料的性能在宏观方向上表现一致，也即各向同性。此时材料中相邻晶粒的晶体学取向是随机且不同的。而多晶体材料中晶粒沿着某些方向排列，呈现出或多或少的统计不均匀分布，即偏离随机取向分布状态、围绕某些特殊的取向进行聚集排列的现象，称为择优取向。具有择优取向的多晶体取向结构称为织构。

择优取向几乎存在于所有多晶材料，因此大多数金属材料普遍存在织构，例如铸造织构、形变织构、再结晶织构和相变织构等。其中与冷轧及其后退火材料息息相关的就是形变织构和再结晶织构。金属材料经过冷塑性加工后产生形变织构，再进行退火和再结晶处理后，仍然具有择优取向，这种织构通常称为退火织构或者再结晶织构。再结晶织构的形成受到再结晶过程的影响，可分为一次再结晶结构和二次再结晶织构。关于再结晶织构的形成有两种理论，即定向成核理论和选择生长理论[11]。再结晶晶粒的择优取向由一些晶核的取向所决定，这最早由伯格斯（W. R. Burgers）提出，后又根据马氏体切变模型提出了关于形成立方织构的定向成核理论。

定向成长理论是由贝克（P. A. Beck）提出，在形变基体上存在各种取向的晶核，由于其中部分晶核取向合适，晶界最易发生移动，在退火过程中生长最快，最后形成再结晶织构。

2.4.1 AFA钢的冷轧变形织构

图2-15为不同冷轧压下量试样的极图。其中图2-15（a）所示为未进行轧制的原始试样，从图中可以看出热轧处理后的原始试样主要由立方（Cube）织构{100}<001>和高斯（Goss）织构{011}<100>以及部分S织构{123}<634>组成，这主要是由于热轧过程中发生了动态再结晶造成的。当试样发生冷轧变形时，试样中的立方织构的取向减弱，几乎已经观察不到。5%冷轧试样中主要存在为高斯织构{011}<100>和S织构{123}<634>。此外除了高斯织构{011}<100>外，产生了较强的黄铜R织构{111}<110>。冷轧10%试样中的织构组分主要为高斯织构{011}<100>和铜织构{112}<111>。当冷轧压下量为30%时，试样中高斯织构{011}<100>和铜织构{112}<111>的取向较强，仍存在一定量的S织构{123}<634>，此时铜织构的取向强度高于10%冷轧试样。AFA钢以位错滑移为主要的塑性变形机制，随着冷轧压下量的增加，晶体的取向逐渐向β线（$\varphi_2=45°\sim90°$，Φ和φ_1不定）上聚集，晶粒取向逐渐向C取向和S取向或者B取向附近聚集。C取向和B取向的晶粒均具有稳定性。

2.4.2 AFA钢的退火织构

冷轧试样在退火过程中主要发生回复、形核和晶粒长大的再结晶过程，使得基体中位错缺陷的密度下降，显微结构发生变化，产生再结晶织构。图2-16为不同冷轧压下量试样退火后的极图。退火后，不同压下量的冷轧试样都主要含有三种织构，分别为立方织构{100}<001>、黄铜（Brass）织构{011}<211>和黄铜R型织构{111}<110>。立方织构是面心立方金属再结晶退火后的典型织构。可以看到随着冷轧变形量的增大，立方织构的取向是呈减弱趋势的。图2-16（a）中显示退火后的极密度线的强度为2.38，与变形量为5%和30%的冷轧试样相比较低，说明冷轧5%试样再结晶过程充分进行，削弱了再结晶织构。冷轧时形成的高斯织构{011}<100>是一种亚稳态织构，在退火后会分别转化为B取向{011}<211>和R取向{111}<110>。

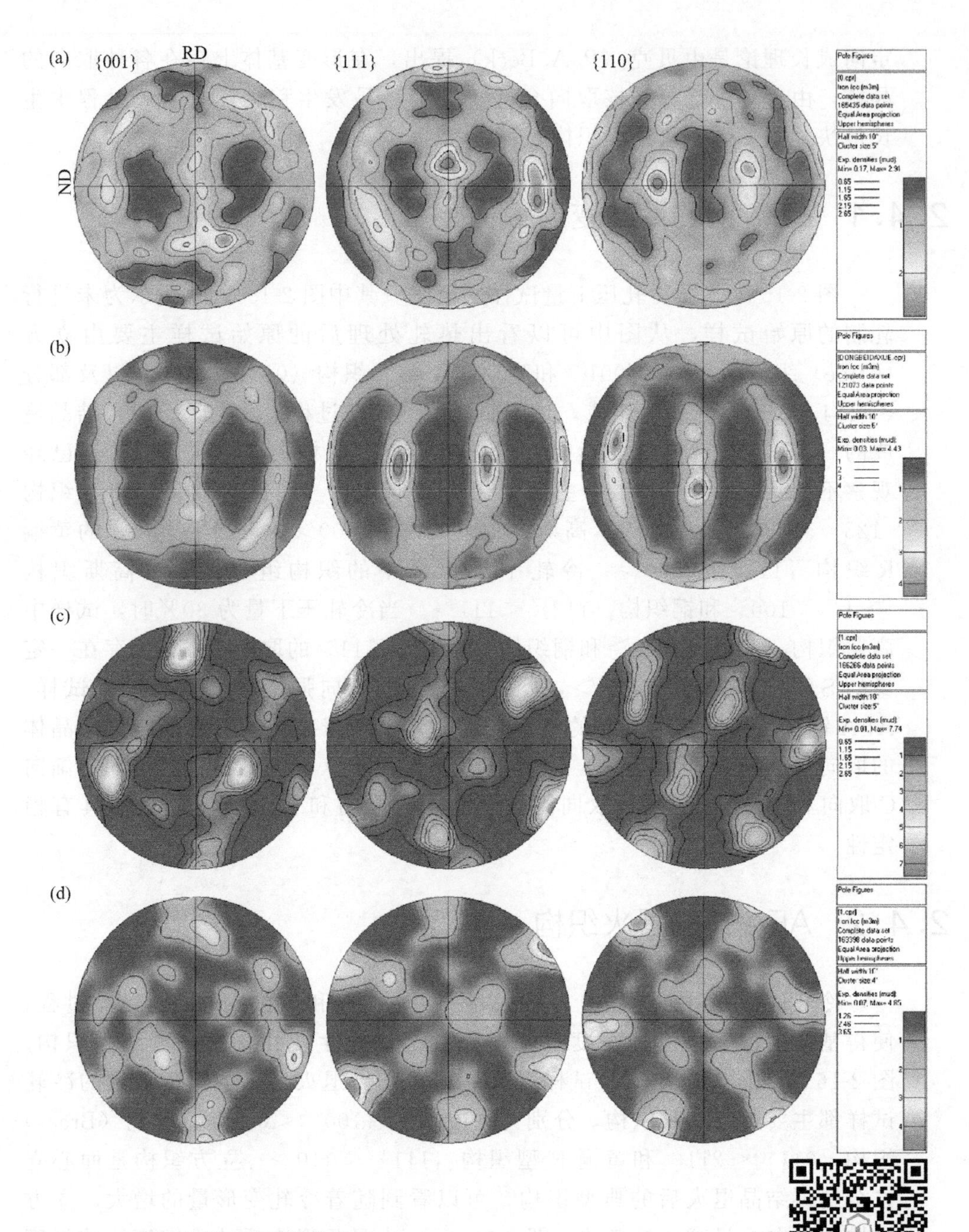

图 2-15 不同冷轧压下量试样的极图

(a) 原始试样；(b) 冷轧 5%；(c) 冷轧 10%；(d) 冷轧 30%

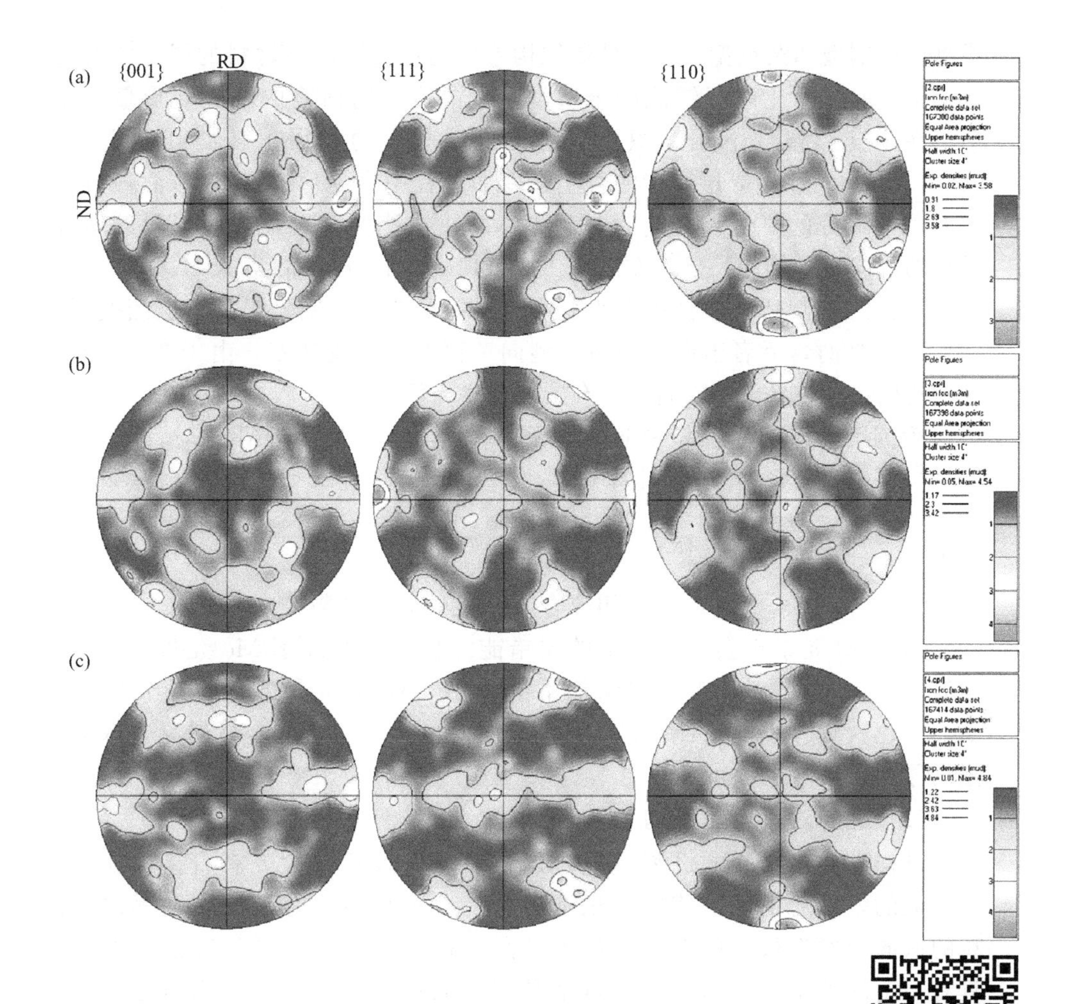

图 2-16　不同冷轧压下量试样退火后极图

(a) 冷轧 5%；(b) 冷轧 10%；(c) 冷轧 30%

2.4.3　影响轧制织构和再结晶织构的因素

(1) 层错能对轧制织构的影响

金属材料在发生塑性变形的过程中，通常由剪切带变形、孪晶切变和位错滑移三种变形机制控制。不同的变形机制与金属层错能的大小有很大关系。当金属的层错能较低时，位错的交滑移难以进行，晶体则会发生非晶体学切变，在切变区域形成能量很高的剪切带变形。而当层错能较高时，金属的变形主要通过位错的交滑移进行。面心立方金属的轧制织构基本上主要有两种类型，即铜型和黄铜型。造成轧制织构差异的主要原因与材料的层错能有关。低层错能的金属比高层错能的金属发生孪晶变形时所需的临界变形量更小，所以在冷变形条件下铜型织构容易在机械孪生的作用下转向其孪生组分{225}＜554＞。中等层错能的合金在变形过程中容易形成机械孪晶，从而造成C取向成分的降低。在轧制过程中，高层错能的金属随着变形量的增加，晶体的取向更易转向稳定性更高C取向和B取向。Kumar等人[12]发现304L SS和316L SS奥氏体不锈钢在小变形时形成了典型的铜型织构，但当变形量增加到90%时，后者出现织构由铜型向黄铜型的急剧转变。由于304L SS不锈钢的层错能较低，C取向并没有出现明显降低。

传统奥氏体钢的层错能通常小于100mJ/m²，新型4Al-AFA钢的层错能可以根据式（2-2）进行计算[13]：

$$\gamma=-53+6.2w_{Ni}+0.7w_{cr}+3.2w_{Mn}+9.3w_{Mo} \quad (2-2)$$

式中　γ——能错能，mJ/m²；

w_{Ni}、w_{cr}、w_{Mn}、w_{Mo}——相应合金元素的质量分数。

由于Al元素也会增加合金的层错能并且含量要高于Mo元素，所以根据表2-1估算出AFA钢的层错能不低于109mJ/m²，属于较高层错能的金属。这也就解释了AFA钢冷轧后C取向{112}＜111＞含量较高且取向较强的原因。

（2）轧制对再结晶织构的影响

试样发生再结晶的过程是通过形核后晶界迁移长大或者直接由亚晶长大完成的，最终由低位错密度的非变形晶粒取代变形晶粒。再结晶之后晶粒的取向会发生很大的变化，而再结晶织构与原始的冷轧形变晶粒的取向具有一定的关系。目前，关于再结晶织构的形成机理最早提出也是最为广泛认同的是定向成核理论和选择生长理论。

定向成核理论认为再结晶核心与形变织构之间存在有一定规律的晶体学取向关系。冷变形过程中晶粒取向发生转动，使其逐渐由离散区转向聚集区，则位于过渡带内的亚晶的取向梯度较大，再结晶过程中可以快速形核，这些特定取向的核心通过吞并变形晶粒生长，最终形成再结晶织构。Hjelen等人[14]在冷轧后退火的铝金属的过渡带内观察到了立方取向的晶粒，这证明了该理论。

选择生长理论认为再结晶初始阶段是存在有任意取向的晶核的，但在生长过程中那些与变形基体间构成特定取向关系、晶界迁移速度最快的再结晶晶核占据继续加速生长的优势，最后以其形成择优取向。例如面心立方金属铝冷轧后的S织构{123}＜634＞与退火后形成的立方织构{100}＜001＞之间的取向关系约为40°＜111＞。

由图 2-15 可以看到，冷轧后试样中均出现了高斯织构｛011｝＜100＞，而在退火后高斯取向消失，转向黄铜织构｛011｝＜211＞和黄铜 R 织构｛111｝＜110＞生长（图 2-15）。压下量增大的冷轧试样在退火后重新形成了立方织构｛100｝＜001＞，说明该取向的晶粒在退火后具有生长优势，但是大变形量试样中立方织构的强度减弱，又表明了黄铜和黄铜 R 的取向优势更加明显。这恰好说明在 AFA 钢再结晶织构形成的过程中，并不是单一地符合一种理论，而是定向成核与选择生长联合进行，但是不同的核心的生长速度不同，整个过程受到原始织构组分和变形量的控制。

2.5 冷变形新型含铝奥氏体耐热钢的室温力学性能

金属材料发生冷变形时，外力做的功只有大约 1%以能量的形式存储于材料内部，位错是这部分储存能的主要表现形式。正如图 2-17 所示，通常随着变形程度的增加，金属的强度和硬度增加，而塑性下降，这种现象叫做加工硬化。金属在发生塑性变形的过程中，位错密度增加，位错之间的交互作用增强，相互缠结，造成位错的运动阻力增大，引起塑性变形的抗力升高。另一方面，冷变形使得金属晶粒细化，强度也得以升高。此外，金属在变形后的不同方向上显示出各向异性，沿着变形方向强度升高，在垂直于变形方向强度降低。金属材料在进行退火后将发生再结晶。在这个过程中，位错中储存的能量将作为再结晶的驱动力，促使变形金属中的第二相粒子和晶粒发生快速形核，从而使位错密度降低，强度和硬度下降，塑性和韧性升高。Trotter 等人[15] 将 AFA 钢进行了 50%和 90%的不同量变形，发现时效后析出了大量第二相，使得硬度随着变形量的升高而增加。Hu 等人[16] 发现经过大应变处理（减薄 90%）的 AFA 钢，其晶粒尺寸减小到纳米级（约 100nm），室温下的屈服强度升高到 1000MPa 以上，但在退火后有所下降。Xu 等人[17] 将 3Al-AFA 钢冷轧 20%～30%后进行再结晶处理，发现其屈服强度在 750℃下可以达到 310～335MPa。通过分析发现，冷轧变形对于提高 AFA 钢的力学性能具有重要作用，因此有必要对其进行研究。

2.5.1 材料室温力学性能的测试方法

材料的力学性能是指材料在不同环境（温度、介质、湿度）下，承受各种外加载荷（拉伸、压缩、弯曲、扭转、冲击、交变应力等）时所表现出的力学特征。材料力学性能受到显微组织结构的影响。在钢材中，不同的钢组织（包括晶粒、第二相颗粒和位错等）决定着钢的硬度、塑性及强度等力学性能的变化。

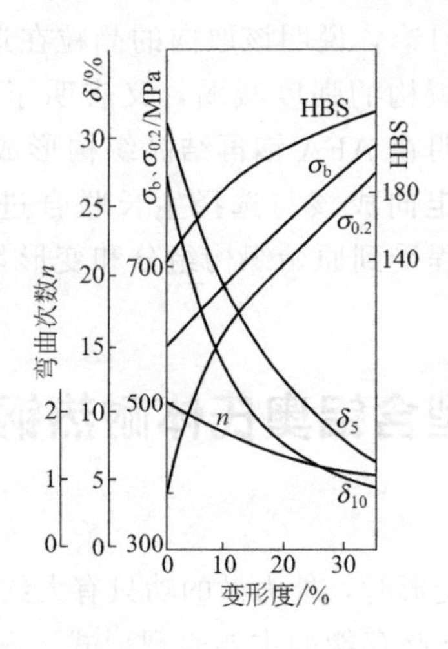

图 2-17　45 号钢冷变形时力学性能的变化

室温力学性能指标主要包括三个方面：屈服强度（$\sigma_{0.2}$）、抗拉强度和硬度（维氏硬度、洛氏硬度、布氏硬度等）。

(1) 屈服强度

屈服强度是金属材料发生屈服现象时的屈服极限，亦即抵抗微量塑性变形的应力。对于无明显屈服的金属材料，规定以产生 0.2% 残余变形的应力值为其屈服极限，称为条件屈服极限或屈服强度。在大于此极限的外力作用下，将会使零件永久变形，无法恢复。计算屈服强度时，需要考虑晶粒大小、溶质元素以及第二相等内部因素以及应变速率等外部因素的影响。细小的晶粒会使晶界延长，产生晶界强化，溶质元素和第二相也会对基体起到强化作用，而应变速率增大会导致加工硬化。

(2) 抗拉强度

抗拉强度是金属由均匀塑性变形向局部集中塑性变形过渡的临界值，也是金属在静拉伸条件下的最大承载能力。抗拉强度即表征材料最大均匀塑性变形的抗力，符号为 R_m（GB/T 228—1987 旧国标规定抗拉强度符号为 σ_b），单位为 MPa。拉伸试样在承受最大拉应力之前，变形是均匀一致的，但超出之后，金属开始出现缩颈现象，即产生集中变形；对于没有（或很小）均匀塑性变形的脆性材料，它反映了材料的断裂抗力。伸长率是指在拉力作用下，密封材料硬化体的伸长量占原来长度的百分率，一般用 δ

表示（单位：%），可以用来衡量材料的塑性和韧性。

(3) 硬度

硬度是指材料抵抗变形，特别是压痕或划痕形成的永久变形能力，是一个综合反映材料弹性、强度、塑性和韧性的力学性能指标。硬度试验设备简单，操作方便，不用特制试样，可直接在原材料、半成品或成品上进行测定。对于脆性较大的材料，如淬硬的钢材、硬质合金等，只能通过硬度测量来对其性能进行评价，而其他如拉伸、弯曲试验方法则不适用。对于塑性材料，可以通过简便的硬度测量，对其他强度性能指标做出大致定量的估计，所以硬度测量应用极为广泛，常把硬度标注于图纸上，作为零件检验、验收的主要依据。这里介绍几种常用的硬度测量方法。

1）布氏硬度　布氏硬度是用直径为 D 的淬火钢球或硬质合金球在载荷 P 的作用下压在试样上一定时间，压入一定深度 h 通过压痕直径 d 来计算硬度的一种压痕硬度试验法，如式（2-3）所示。

$$HB=\frac{P}{S} \tag{2-3}$$

式中　P——加载载荷；

S——压痕球形表面积。

根据图 2-18 可以求得压痕球形表面积，如下式所示：

$$S=\frac{\pi D\left(D-\sqrt{D^2-d^2}\right)}{2} \tag{2-4}$$

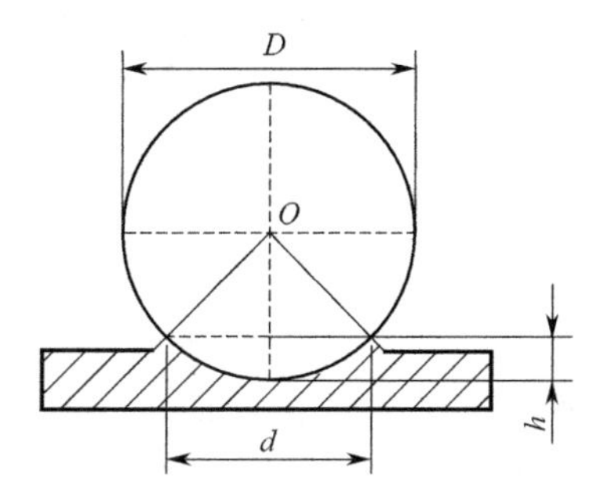

图 2-18　布氏硬度压头示意图

因此，布氏硬度的表达式为：

$$HB=\frac{P}{S}=\frac{2P}{\pi D\left(D-\sqrt{D^2-d^2}\right)} \tag{2-5}$$

式中　D——钢球直径；

d——球冠直径；

P——施加的压力。

当力的单位用 kgf 时，HB 单位是 kgf/mm^2，当力的单位用 N 时，HB 后面通常不带单位。

当压头为淬火钢球时，测得硬度为 HBS，适用于布氏硬度在 450 以下的材料；压头为硬质合金球时，测得硬度为 HBW，适用于布氏硬度在 450～650 的材料。

2）洛氏硬度

洛氏硬度是以一定形状压头（120°圆锥金刚石压头或直径为 1.588mm 淬火钢球）压入材料表面，以压入深度来计算材料硬度的一种压痕硬度试验法，洛氏硬度压头如图 2-19 所示。洛氏硬度用硬度值、符号 HR、使用的标尺字母和球压头代号（钢球为 S，硬质合金球为 W）来表示。例如，60HRBW 表示用硬质合金球压头在 B 标尺上测得的洛氏硬度值为 60。

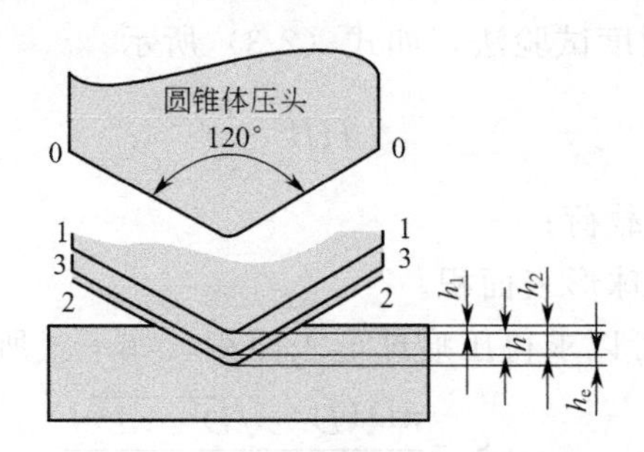

图 2-19　洛氏硬度压头示意图

1—加上初载荷后压头的位置；2—加上初载荷＋主载荷后压头的位置；3—卸去主载荷后压头的位置；h_e：卸去主载的弹性恢复；h_1—加上初载荷后的压入深度；h_2—卸去主载荷后的压入深度；h_3—残余压入深度

洛氏硬度试验的优点是压痕面积较小，可检测成品、小件和薄件；测量范围大，从很软的非铁金属到极硬的硬质合金均可；测量简便迅速，可直接从表盘上读出硬度值。缺点是由于压痕小，对内部组织和性能不均匀的材料，测量不够准确，需要在材料表面的不同部位测量三点，然后取其平均值作为该材料的硬度值。

3）维氏硬度

维氏硬度的实验原理和布氏硬度相似，通过压痕面积计算硬度值，如图 2-20 所示。用符号 HV 表示，单位为 kgf/mm^2 或 GPa。

维氏硬度压头为金刚石的正四棱锥体，压头两相对面间夹角为 136°，在规定试验力 F 的作用下将压头压入被测金属表面，保持一定时间后卸除载荷，然后测出压痕投影的两对角线平均长度 d，计算出压痕表面积 S，再用试验力 F 除以压痕表面积 S，所得的硬度值即为维氏硬度值 HV。维氏硬度可以通过下列公式计算：

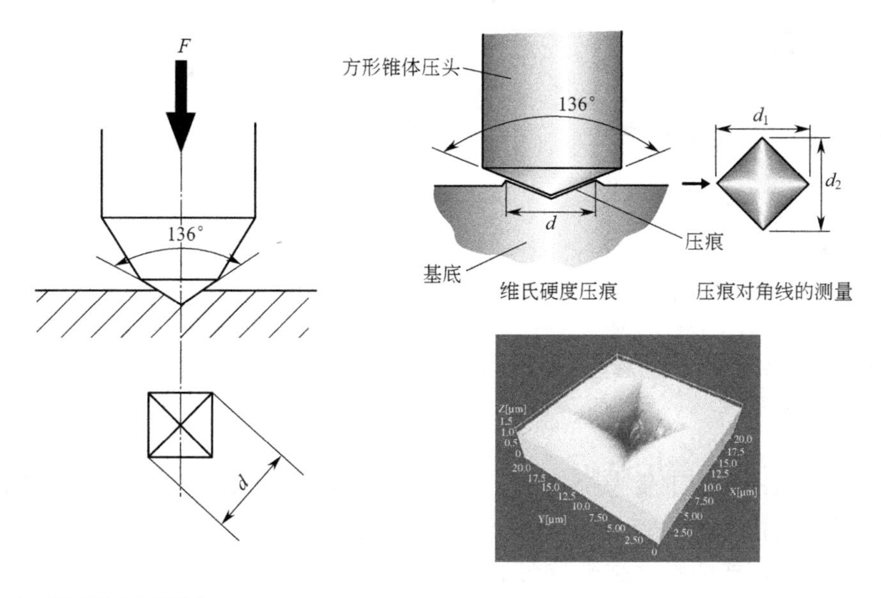

图 2-20 维氏硬度示意图

$$HV=1.8544F/d^2 \tag{2-6}$$

式中 F——载荷；

d——压痕对角线长度平均值。

维氏硬度测试方法的优点是，载荷大小可以任意选择，最后所得的压痕具有几何相似性，所得硬度值均相同；压痕清晰，d 值易于精确测量计算；测量范围较宽，软、硬材料均可。

2.5.2 冷变形 AFA 钢的拉伸性能

图 2-21 显示了不同的冷轧压下量（0%、5%、10%、30%、60%和80%）对试样拉伸性能的影响。其中图 2-21（a）为试样的抗拉强度和屈服强度随着冷轧压下量的变化折线图，可以看到，随着压下量的增加试样的强度也逐渐增加。冷轧后试样的抗拉强度分别为 733.3MPa、803MPa、879.5MPa、916.2MPa、1044.2MPa 和 1335.9MPa。屈服强度的变化规律与试样的抗拉强度一致，在压下量达到 80%时，屈服强度也增加至最大值 1062.3MPa。同时由图 2-21（b）可以观察到随着变形程度的不断增加，试样的延伸率呈下降趋势，由原始试样的延伸率 32%下降至 5.2%，表明了脆性不断增加。

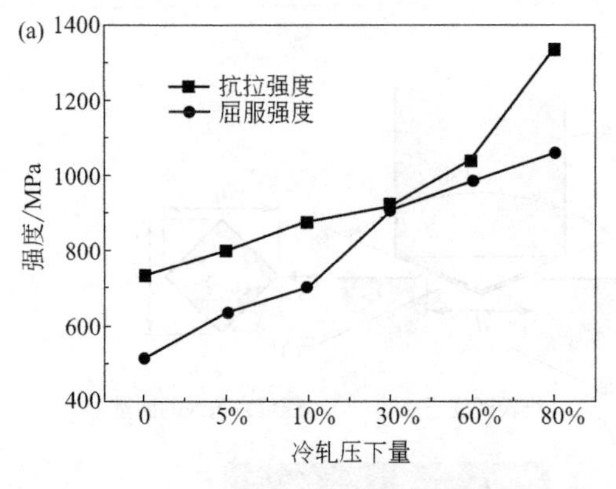

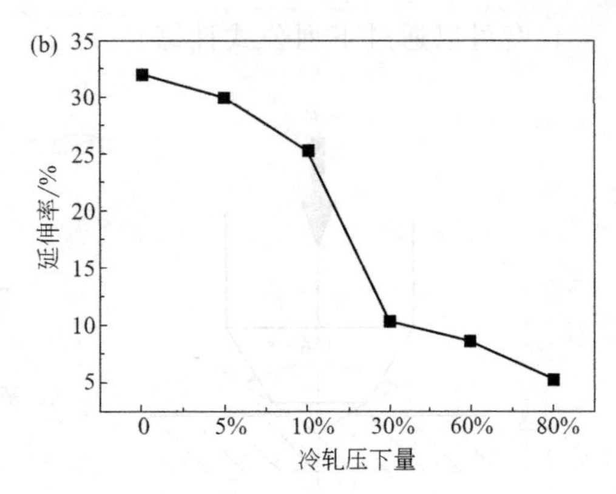

图 2-21　不同冷轧压下量对试样拉伸性能的影响

(a) 抗拉强度和屈服强度；(b) 延伸率

选取冷轧压下量为5%、10%和30%的试样，研究了拉伸变形过程中试样性能的变化。图 2-22 为不同压下量试样的拉伸性能曲线。由于冷轧变形量不断增加，试样的脆性越来越明显，试样的屈服现象越来越不明显。当外加应力达到试样的抗拉强度后，快速发生断裂。试样在拉伸变形过程中可以分为两个阶段。一是屈服阶段，试样在此阶段加工硬化速率迅速下降，如图 2-22（b）所示。之后试样进入第二个阶段，发生宏观塑性变形，加工硬化速率缓慢下降。在初始变形阶段，应力和应变较小，处于有利取向的滑移系逐渐开动。由于冷轧变形晶粒的变形导致位错密度增加，使得在应变增大后，位错迅速增殖，数量不断增多并相互作用，产生了大量的位错缠结和位错塞积，导致试样的加工硬化速率较大。而当应变继续增加，由于试样塑性迅速下降，变形困难，试样中的显微裂纹迅速拓展，最终发生断裂。

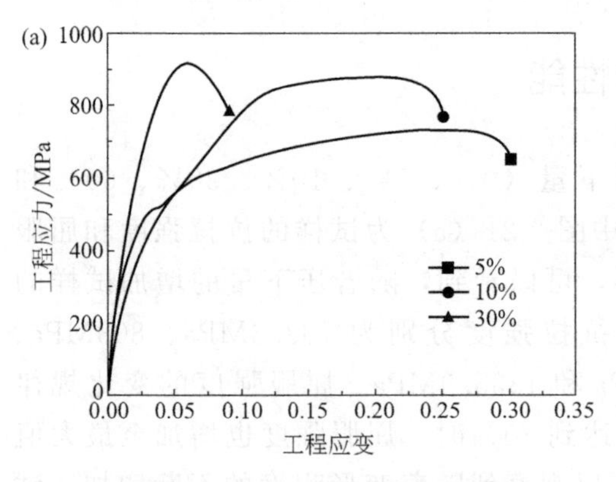

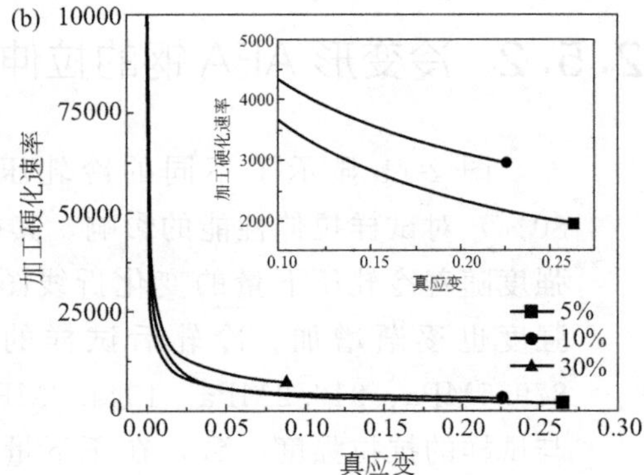

图 2-22　不同压下量试样的拉伸性能曲线

(a) 工程应力—应变曲线；(b) 加工硬化曲线

图 2-23 为不同压下量的冷轧试样在退火后的拉伸性能曲线。退火后试样的强度也随着冷轧变形量的增加而增加。压下量为 5%的冷轧试样的抗拉强度和屈服强度分别为 680.1MPa 和 321.6MPa。压下量增加至 30%时，试样的抗拉强度和屈服强度分别为 755MPa 和 396MPa。但与未进行退火处理的冷轧试样相比，试样的强度整体下降。原因在于试样退火过程中发生了再结晶，大量位错分解，融于晶界中，位错数量下降，导致在拉伸变形过程中退火试样的加工硬化速率不及冷轧试样。但是在退火过程中位错同样可以为第二相的析出提供大量的形核位置，使得退火后第二相的数量增加，在变形过程中阻碍位错和晶界的移动，最终 30%冷轧试样的强度不低于原始试样，且拥有更高的延伸率，为 56%。

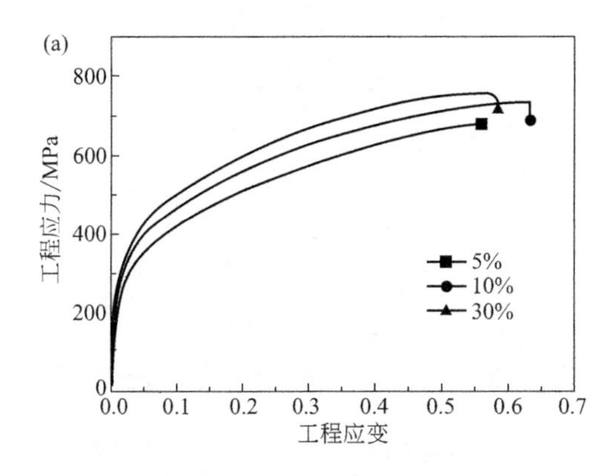

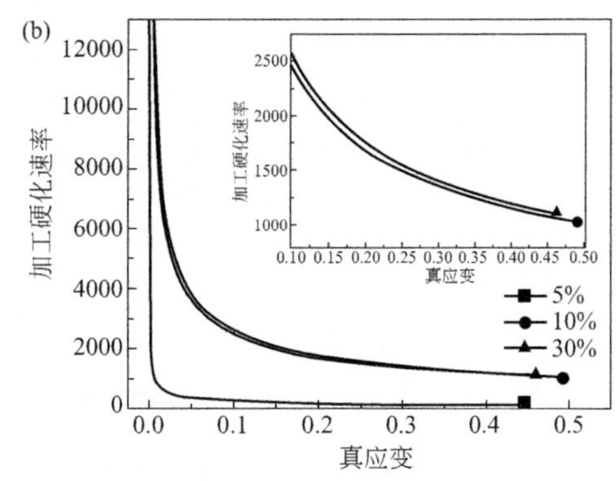

图 2-23　不同压下量试样退火后的拉伸性能曲线

(a) 工程应力—应变曲线；(b) 加工硬化曲线

在拉伸试验中，试样在外力的作用下发生塑性变形，施密特因子可以用来分析材料的变形抗力。一般地试样的屈服强度与施密特因子成反比，施密特因子越接近 0.5，临界分切应力越接近最大值，屈服强度越小。图 2-24 为冷轧试样退火前后的施密特因子分布图。扫码看彩图可以发现图中变形晶粒的颜色接近于黄色，而小的等轴晶粒则几乎被红色覆盖，代表施密特因子较大，为软取向，容易发生变形。考虑到试样拉伸变形过程中的整体加载状态，统计并计算了不同压下量试样的平均施密特因子。冷轧后试样的平均施密特因子分别为 0.4403、0.4391 和 0.4336[图 2-24(a)、(c)和(e)]。试样退火后显示出更大的施密特因子，均在 0.45 以上。但是整体上随着冷轧变形量的增加，试样的平均施密特因子呈下降趋势，这说明了冷轧变形量越大，试样的强度越高的原因。

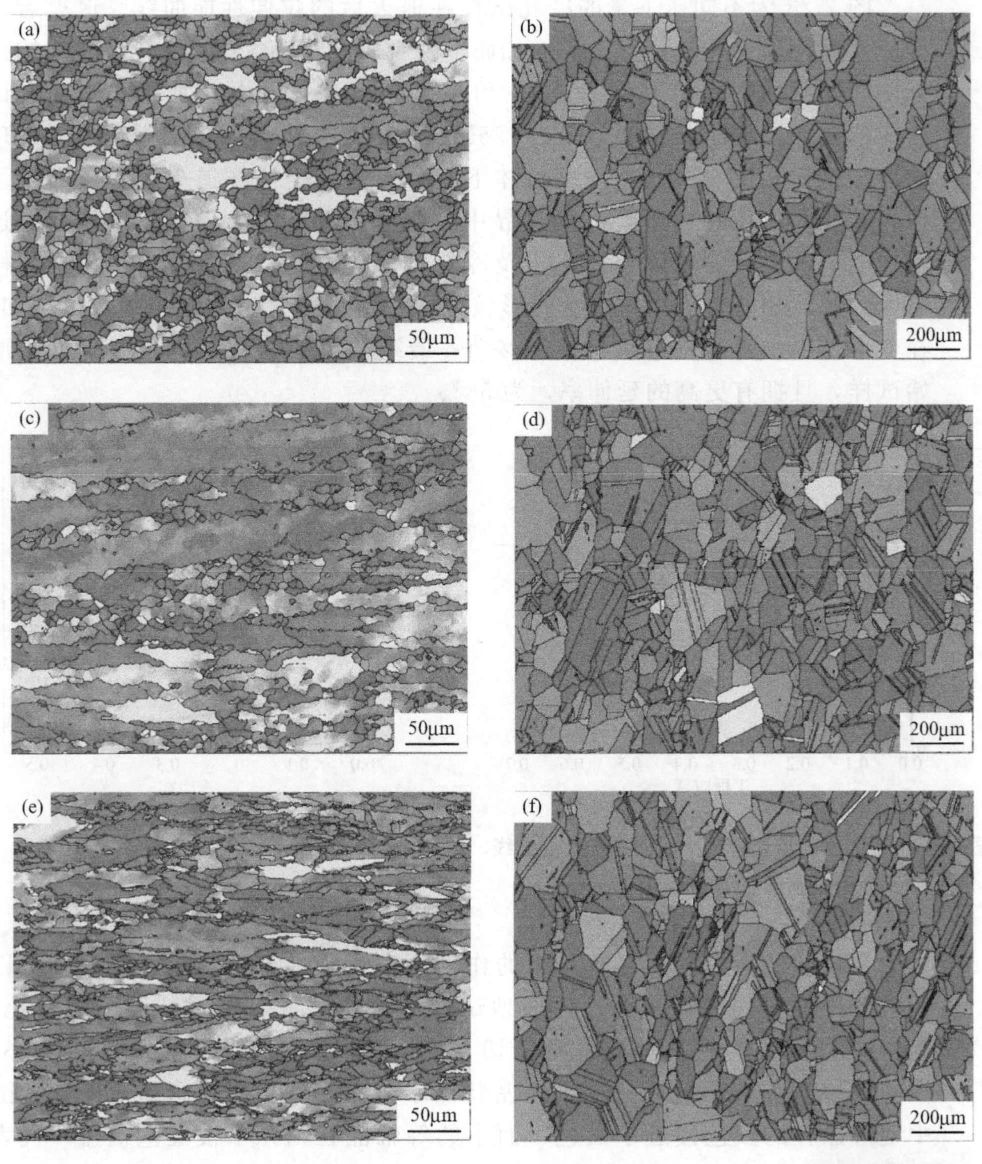

图 2-24　不同压下量样品的施密特因子分布图

(a) 冷轧 5%；(b) 冷轧 5%后退火；(c) 冷轧 10%；(d) 冷轧 10%后退火；
(e) 冷轧 30%；(f) 冷轧 30%后退火

2.5.3 冷变形AFA钢的维氏硬度

图2-25所示为不同压下量冷轧试样（0、5%、10%、30%、60%和80%）的维氏硬度的变化。试验力为5kgf（1kgf=9.8N），即49N。图中冷轧试样的硬度值随着冷轧变形量的增加而增加。未进行冷轧处理的原始试样的硬度为272.2HV，之后硬度值由5%冷轧试样的300.8HV增加至80%冷轧试样的390.9HV。可以看出，原始样品经过轧制后，硬度的上升非常剧烈，硬度的变化趋势较为陡峭。相比之下，退火后试样的硬度整体较低。试样退火后硬度值虽然也随着冷轧压下量的增加而增加，但是硬度值的变化相对较缓，由5%冷轧试样的186.4HV增加至30%冷轧试样的194.4HV。很明显可以看出无论试样是否进行退火处理，试样的硬度值均与冷轧压下量呈正相关。Grace等[18]认为，进行硬度测试时，在压痕产生的过程中，位错提供了大量的变形抗力，并给出了位错密度与硬度的关系进行验证。变形过程中位错滑移发生缠结，阻碍试样变形，表现为硬度值升高。硬度的变化是晶粒变形和位错增加两种主要因素的协同作用，当然退火试样中，第二相会在一定程度上阻碍位错运动，使试样的硬度值有所增加。

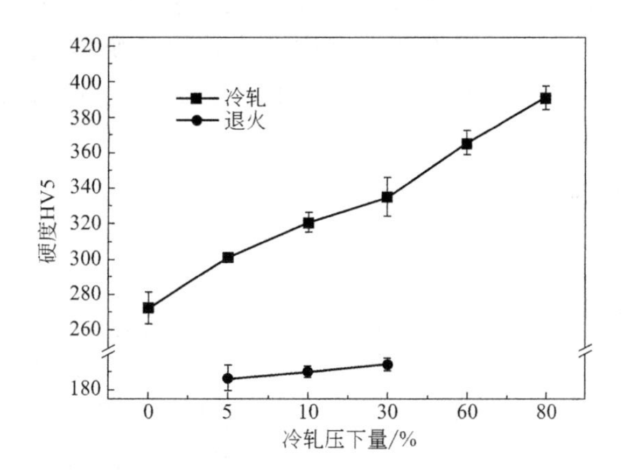

图2-25　不同压下量试样的硬度

2.5.4 冷变形过程中的强化机理

由2.4.3节可知，AFA钢的层错能较高，冷轧塑性变形过程主要受位错滑移所控制。在外加应力的作用下，位错可以发生运动，如滑移、攀移以及交割等相互作用，同时晶界发生剧烈变形，尺寸减小且取向发生变化。变形后晶格畸变能升高，位错密度增加，适当退火处理，可以促进第二相析出。这些组织结构的变化对 AFA 钢的力学性能均会起到强化作用。

(1) 细晶强化

冷塑性变形过程中，在切应力作用下，试样中相邻的两部分晶体会沿着密排面上的密排方向发生滑移变形，这个过程是通过位错的运动实现的。随着冷变形量增大，晶体变形越来越剧烈，并产生大量位错，这些位错不断积累缠结，在晶界附近堆积形成胞状亚结构。最终形成的亚晶界晶粒分割成细小的块区，使晶粒尺寸明显下降。亚晶界属于小角度晶界。由图 2-6 可知，冷轧后试样中形成了大量的小角度晶界。小角度晶界的能量来自于位错的能量。在冷轧变形过程中，消耗的部分能量转移并储存至金属中，形成较高的畸变能，变形量越大，则能量越高。这部分能量在退火过程中成为再结晶的驱动力，促进再结晶的核心形成。因此随着变形量的增大，晶粒退火时形成的再结晶晶粒越多，晶粒尺寸越小。根据 Hall-Petch 公式[19]，金属材料的强度随着晶粒尺寸的减小而增加。轧制变形量增大，导致晶粒尺寸减小，晶界数量增多，能量较高，极大地阻碍了试样拉伸变形时位错的滑移，使试样的强度和硬度随变形量的增加而升高。退火后 AFA 钢的强度变化依旧符合此规律。由于退火过程中形成了大量等轴的再结晶晶粒，使得材料在机械变形的过程中，能够均匀变形，产生的应力集中小，裂纹不易萌生和传播。细晶强化使 AFA 钢在退火后既提高了强度和硬度，又改善了塑性。

(2) 沉淀强化

第二相也可以通过阻碍位错移动和晶界迁移来提高材料的变形抗力。这些第二相对材料性能的影响主要取决于基体上第二相颗粒的大小及其分布。冷轧变形后试样中的第二相数量较少，主要为 Laves 相和一次 NbC 相，因此第二相对冷轧试样的强化效果较弱。适当退火处理后，试样中析出了尺寸较小的第二相，沿着晶界以及在晶内大量弥散分布。冷轧引入的大量位错促进再结晶核心的形成，也为第二相的析出提供了大量有利的位置。随着冷轧压下量的增加，第二相的体积分数增多，使沉淀强化的效果增强。已经有许多研究表明，AFA 钢中弥散析出的细小的 Laves 相和 NiAl 相，均不易被位错切过，可以起到钉扎位错的作用，有效地阻碍位错运动，提高材料的变形抗力。此外，第二相的尺寸和间距都较小，虽然退火后位错密度降低，但这些细小的颗粒可以阻碍位错的重排，也阻碍了晶界的迁移，使材料得到了强化。

(3) 位错强化

当冷轧的变形量增加时，由于位错的增殖机制，试样中的位错由晶内和晶界位错源不断产生，并形成高密度的位错。AFA 钢为面心立方金属，存在多个滑移系，当多个滑移系开动时，不同滑移面上的位错相互作用形成割阶，不仅能够使位错线增长，还可以形成难以运动的固定割阶，阻碍后续的位错运动。位错之间的相互作用，为试样提供了极大的变形抗力。由式（2-7）可知位错对材料强度 σ_d 的贡献[20]：

$$\sigma_d = M\alpha Gb\sqrt{\rho} \tag{2-7}$$

式中 M——泰勒因子；

α——材料常数；

G——剪切模量；

b——柏氏矢量；

ρ——位错密度。

随着位错密度的增加，材料的强度也逐渐增加，试样拉伸变形过程中，产生位错增殖运动，发生位错与位错以及位错与晶界和第二相的交互作用，这些全都会阻碍位错的迁移，使试样发生加工硬化。冷轧变形量大导致位错密度升高，机械变形时位错增殖速度加快，应变硬化能力增强。在变形过程中，大量位错堆积容易产生应力集中，导致微裂纹的形成。随着应力的持续增加，裂纹拓展使试样发生断裂。因此强度和硬度升高的同时表现出塑性的降低。

(4) 织构强化

面心立方金属的滑移系开动时，滑移面为密排面，滑移方向为密排方向。根据施密特（施密特）定律，施密特因子大的位向为软取向，滑移时必然先开动。因此根据不同滑移系统的施密特因子便可判断滑移的难易程度，进而得知不同织构对材料性能的影响。表 2-5 给出了轧制时不同织构在法向、轧向和横向的等效滑移系数（equivalent sliding system number，ESSN）和施密特因子（Schmidt factor，SF）。使用等效滑移系数的首要原则是施密特因子最大的滑移系先发生滑移。可以看出黄铜织构和铜织构的塑性较差，而立方织构的塑性最好。试样冷轧后立方织构逐渐消失，出现铜织构，说明轧制变形量增加导致试样强度升高而塑性降低，铜织构的形成能够提高 AFA 钢的强度。而退火后立方织构的重新出现，表明了试样塑性的提高。根据研究[21]，随着变形量的增加，铝箔中轧制织构（铜、黄铜）的强度增加，导致其抗拉强度也提高。因此，冷轧后 AFA 钢的强度随着铜织构的增强而升高；退火后由于立方织构的强度减弱也使得强度随变形量而升高。

表 2-5 轧制时不同织构在法向、轧向和横向的等效滑移系数[22]

织构	法向 ESSN,SF	轧向 ESSN,SF	横向 ESSN,SF
立方	8,0.41	8,0.41	8,0.41
黄铜	4,0.41	2,0.27	2,0.82
铜	2,0.27	2,0.82	4,0.41

2.6 冷变形新型含铝奥氏体耐热钢的高温蠕变行为

蠕变是指材料在长时间的恒温和恒应力的作用下产生缓慢地塑性变形的现象。很多材料在高温高压的环境下长期服役，例如蒸汽锅炉、高温高压管道和汽轮机等，会发生持续的塑性变形，最终因性能恶化而失效。新型AFA钢由于其优良的性能和较为低廉的成本，具有很大的潜力成为新一代超超临界火电站的候选材料。通过冷变形不仅能够向AFA钢中引入大量位错，提高位错密度，而且由于位错缺陷处的能量较高，能够有效地增加形核位置，促进第二相在高温条件下析出长大，钉扎位错，提高AFA钢的蠕变性能。不少研究发现[7,15,23]，将AFA钢进行大变形量的冷轧处理后，引入的高密度位错加快了Laves相、B2-NiAl相以及MC相的析出，并提高了第二相的体积分数，这些纳米级的第二相显著地提高了AFA钢的蠕变强度。

2.6.1 冷变形AFA钢的蠕变组织演化

对冷轧压下量为30%的试样进行了蠕变行为研究。4Al-AFA钢原始试样和冷轧试样在蠕变实验后的XRD图谱，如图2-26所示。原始试样与冷轧试样出现衍射峰的角度相同，但冷轧试样具有更高的衍射峰强度。其中，具有面心立方结构的奥氏体相的衍射峰强度最大，并且在两种试样中都能检测到一次NbC相的存在，这说明冷变形对一次NbC相的影响很小。冷轧试样中Laves相和B2-NiAl相的衍射峰强度比原始试样的略大，这与冷变形向基体中引入位错、促进Laves相和B2-NiAl相在蠕变过程中形核析出有关。此外，XRD图谱中并未检测到σ相的衍射峰。为了进一步确定冷轧试样在蠕变实验过程中形成的第二相，本文采用TEM技术对冷轧试样的微观组织进行观察，如图2-27所示。根据能谱（EDS）分析结果可知，图2-27

(a) 和 (c) 中箭头所指的第二相分别为 Laves 相和 B2-NiAl 相，并且在 B2-NiAl 相的附近存在着大量位错。进一步观察第二相的析出位置可以发现，晶界处析出的 Laves 相和 B2-NiAl 相的颗粒尺寸分别约为 500nm 和 300nm 左右，这比奥氏体晶内析出的 Laves 相和 B2-NiAl 相 (180nm 和 140nm 左右) 大得多，原因可归结于两个方面：一是晶界处的第二相优先析出，在蠕变过程中发生粗化；二是奥氏体晶内的第二相在位错附近形核、长大，位错的存在有效地抑制了第二相的粗化速率。

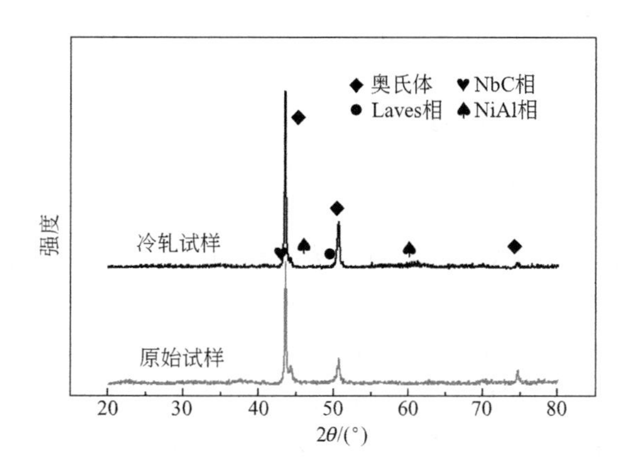

图 2-26 原始试样和冷轧试样蠕变后的 XRD 图谱

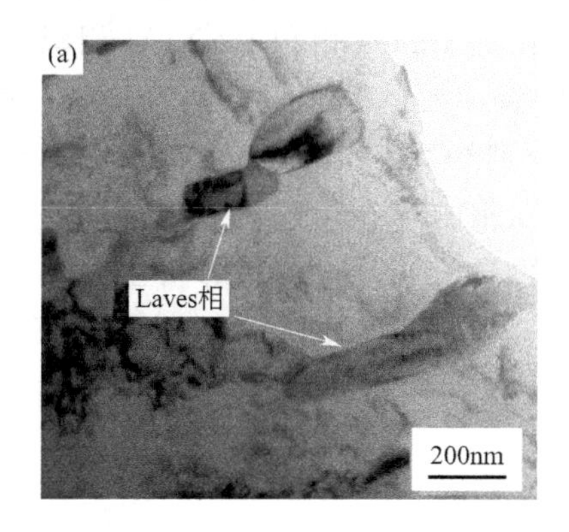

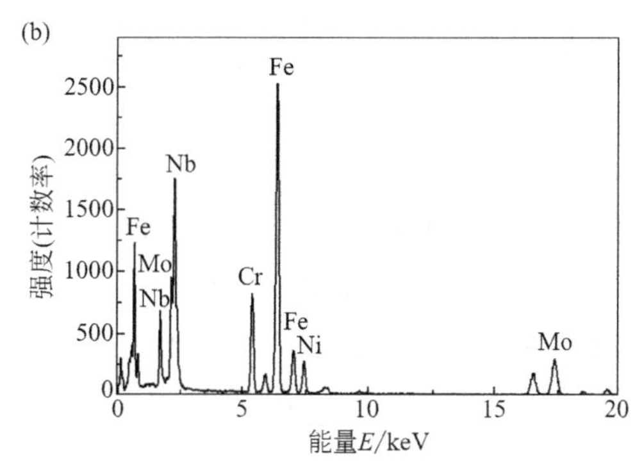

图 2-27

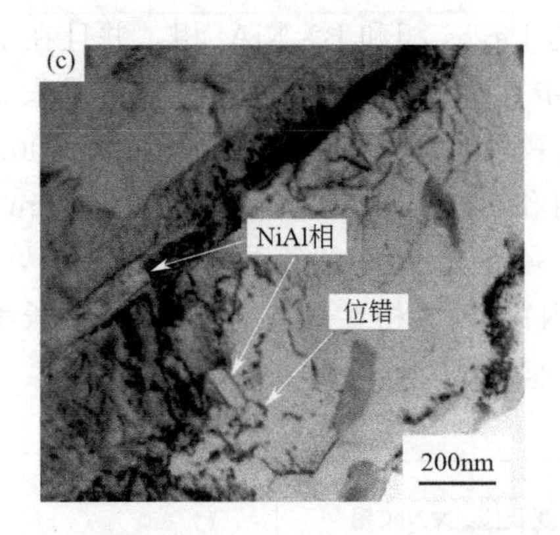

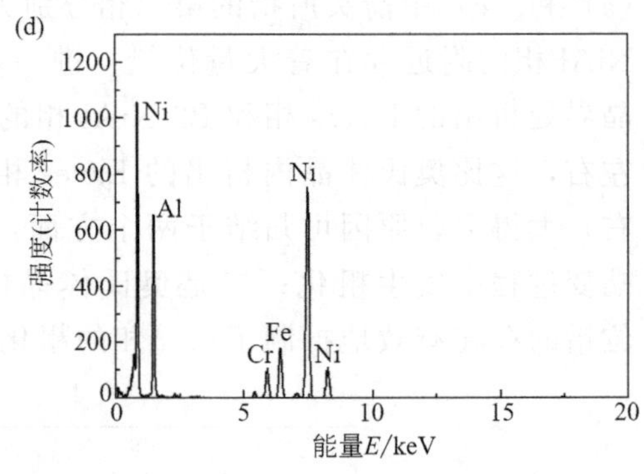

图 2-27　冷轧试样蠕变后的 TEM 图像

(a) Laves 相；(b) Laves 相能谱；(c) B2-NiAl 相和位错；(d) B2-NiAl 相能谱

图 2-28 显示了 4Al-AFA 钢原始试样和冷轧试样的微观组织在蠕变实验前后的差异。如图 2-28 (a) 和 (b) 所示，冷轧试样与原始试样在蠕变实验前的显微结构相似，仍然保持奥氏体平直晶界的特征，并且在基体内有少量微米级一次 NbC 相析出。此外，在冷轧试样的晶界处和晶内存在高密度的位错，这是在蠕变过程中提高蠕变强度的关键。一般来说，冷轧试样的蠕变过程就是其强化过程。在蠕变过程中，冷变形向基体中引入的位错将会成为 Laves 相和 B2-NiAl 相的形核位置，促进第二相的析出。如图 2-28 (c) 所示，4Al-AFA 钢原始试样在蠕变实验后第二相发生明显粗化，平均粒径达到 530nm 左右，尤其是晶界上粗化的 Laves 相和 B2-NiAl 相减弱了晶界特征。与原始试样相比，在蠕变实验后，大量 Laves 相和 B2-NiAl 相在冷轧试样的晶界和晶内析出，平均粒径分别约为 220nm 和 190nm。值得注意的是，尽管通过 XRD 技术并未检测到 σ 相的存在，但通过观察蠕变后的冷轧试样的 BSE 图像可以发现少量 σ 相的与 B2-NiAl 相相邻析出。本文还对冷轧试样在蠕变实验后位错的分布进行了观察，如图 2-28 (e) 和 (f) 所示。在蠕变实验后，冷轧试样中的位错并未因蠕变过程中发生回复而大量湮灭，反而在第二相附近仍然存在大量位错。

2.6.2　冷变形 AFA 钢的蠕变变形机理

多晶体合金材料发生蠕变的过程中，晶体内会发生复杂的变形过程，包括位错运动、晶界变形和原子扩散等。受到温度和压力的影响，蠕变过程中主要的变形机制为位错滑移蠕变和扩散蠕变。

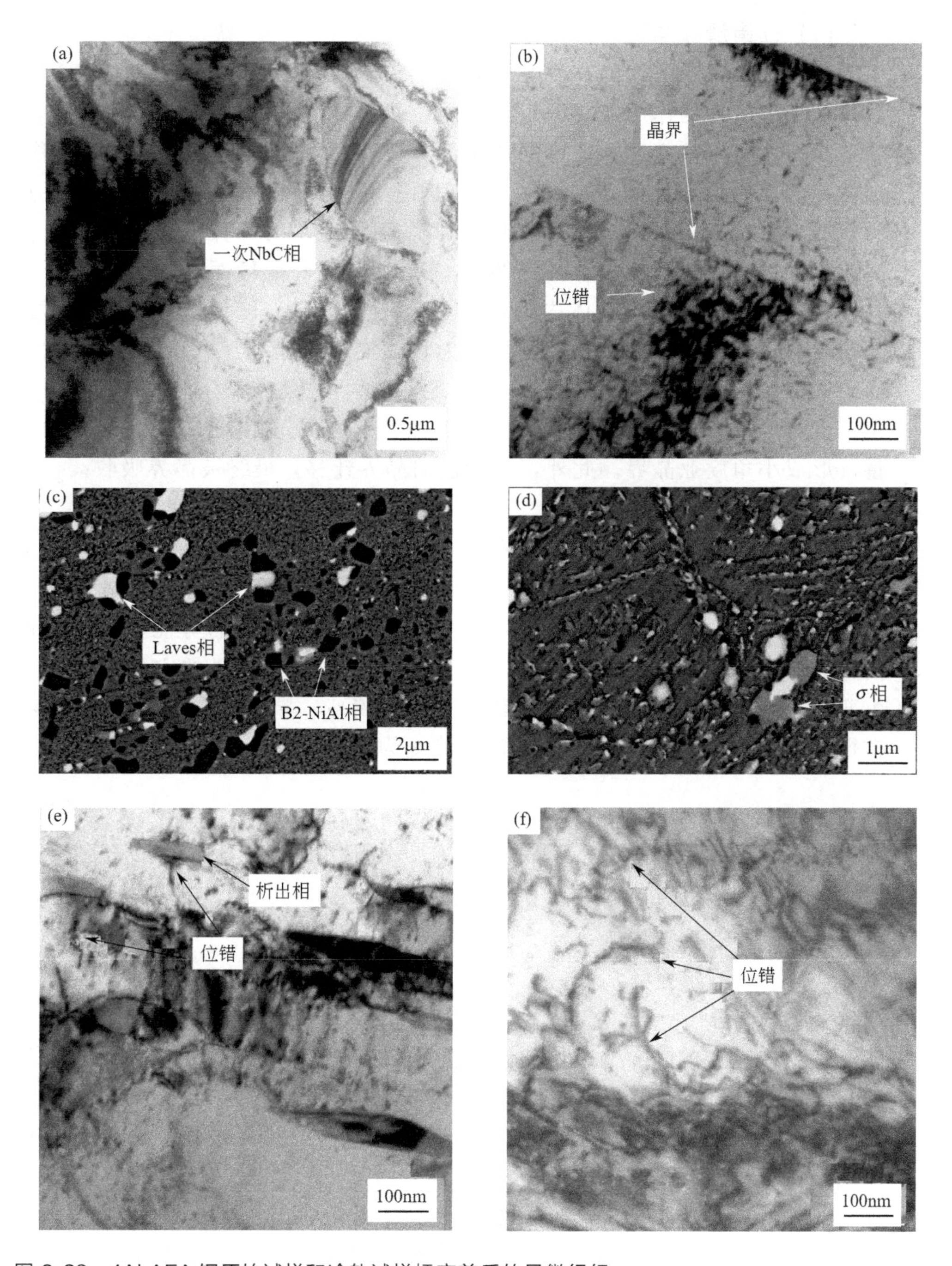

图 2-28　4Al-AFA 钢原始试样和冷轧试样蠕变前后的显微组织

蠕变前：(a)、(b) 冷轧试样 TEM 图像；

蠕变后：(c) 原始试样 BSE 图像；(d) 冷轧试样 BSE 图像；(e)～(f)冷轧试样 TEM 图像

(1) 位错滑移蠕变

蠕变过程中，持续的高温条件产生的热激活作用使原子和空位开始扩散，在外加应力的作用下使得基体中的位错可以克服某些障碍而继续运动，导致材料发生塑性变形。位错的热激活方式有很多种，例如刃位错的攀移、螺位错的交滑移和位错环的分解等。其中刃位错的攀移是位错在高温下热激活的主要方式。目前关于刃型位错攀移克服障碍的几种模型已经被人们广泛熟知。材料在外应力作用下发生蠕变变形时，滑移面内的位错源开动并释放位错，这会导致晶体内的位错密度迅速提高。位错受到基体中第二相的阻碍时逐渐缠结并塞积，产生应力场，同号位错相斥，位错发生攀移，而异号位错相互吸引靠近，最终相互反应发生湮灭。滑移面上的同号刃型位错也可以沿着垂直于滑移面的方向自发地排列成位错墙来降低体系的能量，形成小角度亚晶界。此外，位错也向晶界迁移，最终被晶界吸收。

(2) 扩散蠕变

在较高的温度下，原子和空位都可以发生热激活扩散，在不受外力的情况下，它们的扩散是随机的。但在高温和外应力的作用下，晶体内会产生不均匀的应力场，原子和空位在不同的位置具有不同的势能，他们会由高势能位向低势能位进行扩散。对材料施加应力后，晶界的空位势能会发生变化，垂直于应力轴线方向的晶界的势能较高，导致空位浓度发生改变。根据 Nabarro 模型[24]，晶界处空位的浓度为：

$$c = c_v \frac{\sigma b^3}{kT} \tag{2-8}$$

式中 c_v——平衡条件下的空位浓度；

σ——外应力；

b——柏氏矢量值；

k——玻尔兹曼常数；

T——温度。

受到拉应力的晶界的空位浓度要高于受到压应力的晶界处的空位浓度，因此空位会从高浓度区域向低浓度区域扩散，而原子则向反方向扩散，晶粒沿着应力轴的方向被拉长，垂直于应力轴方向的晶界被压缩，导致晶体发生蠕变变形。

此外，需要注意的是，在高温蠕变过程中，晶界不断地发生滑动和迁移，表现出黏滞性，导致强度降低，发生持续的变形。这个变形量一般不超过 10%，但有时很大，甚至可以占总蠕变变形量的一半。

2.6.3 冷变形 AFA 钢的高温蠕变性能

图 2-29 为 4Al-AFA 钢原始试样和冷变形试样在 700℃、130MPa 条件下的蠕变曲线和蠕变速率曲线。试样的蠕变过程可以分为三个阶段，分别为减速蠕变阶段、稳态蠕变阶段和加速蠕变阶段。从图 2-29 中可以看出，原始试样蠕变曲线的稳态蠕变阶段并不明显，这说明在蠕变过程中原始试样的蠕变应变快速增加，直至试样发生断裂，蠕变寿命仅为 72.2h，此时原始试样的最大蠕变应变和最小蠕变速率分别为 16.70% 和 $5.69\times10^{-6}s^{-1}$。与原始试样相比，冷变形试样在 700℃、130MPa 条件下表现出优异的蠕变性能。在 200h 的蠕变实验过程中，冷变形试样的蠕变曲线由减速蠕变阶段进入到长时间的稳态蠕变阶段，且最大蠕变应变仅为 0.74%。通过对冷变形试样的稳态蠕变速率曲线进行拟合发现其稳态蠕变速率仅为 $4.5\times10^{-10}s^{-1}$，这比后面章节研究的蠕变性能最优异的时效 1000h 试样的稳态蠕变速率（$1.54\times10^{-6}\ s^{-1}$）以及 1230°C 退火试样的稳态蠕变速率（$1.61\times10^{-6}\ s^{-1}$）小 4 个数量级。

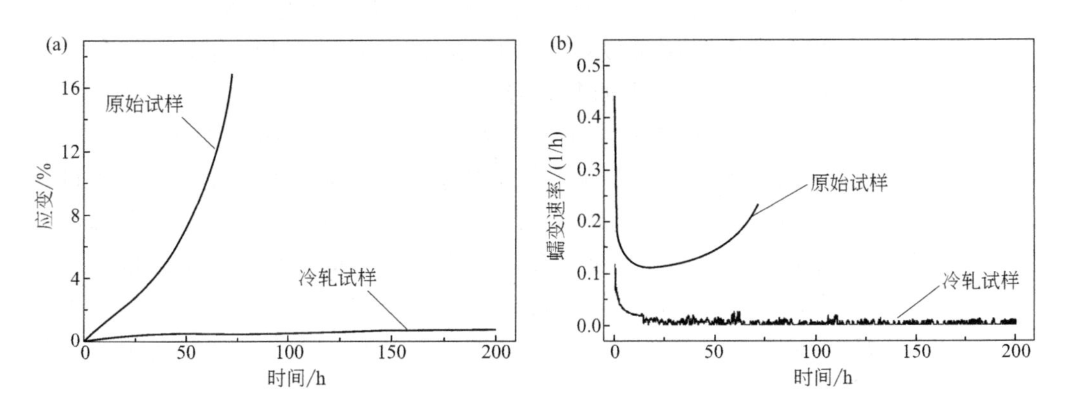

图 2-29 4Al-AFA 钢原始试样和冷轧试样的蠕变实验结果

(a) 蠕变曲线；(b) 蠕变速率曲线

当试样在高温下加载时，最初要发生一定量的瞬时变形，材料仍然要进行弹性变形和塑性变形。此时的瞬时变形与常温下变形相似，变形主要在应力的作用下产生。但在随后的蠕变变形阶段，试样在温度和应力的共同作用下发生变形。在高温蠕变过程中，AFA 钢试样在热激活的作用下，使得滑移面上塞积的位错逐渐攀移，发生多边化，位错排列形成小角度晶界，使得位错密度逐渐下降，导致试样软化。该过程会逐渐消除冷变形试样的加工硬化效果，使位错重新开始移动，试样产生持续变形。位错的滑移又会导致位错的增殖，受到第二相的钉扎作用，位错又重新塞积，这导致试样产生硬化效果。

因此在初始减速变形阶段，刚开始由于蠕变变形逐渐产生加工硬化，位错开动阻力变大，且初期晶格畸变能较小，不足以使位错不断攀移，因此形变强化的效果要大于回复软化，使蠕变速率不断降低。蠕变过程是位错的攀移与增殖过程。试样处于稳态蠕变阶段时，高温下位错不断湮灭的速度要与增殖的速度一致，试样处于加工硬化与回复软化的动态平衡。而当位错大量消失，滑移位错减少，试样进入加速蠕变阶段，蠕变速率急剧升高，直至发生断裂。由于试样预先进行了冷变形处理，引入了高密度的位错，使得试样在实验时间结束前一直处于稳态蠕变阶段，使原始试样快速发生蠕变断裂。

2.6.4 蠕变过程中位错和第二相对 AFA 钢的强化

位错滑移和攀移是蠕变过程中主要的变形机制，但与冷机械变形过程中位错增殖累积后位错密度不断升高并阻碍位错运动的情况不同，在 AFA 钢蠕变的过程中，位错源可以持续不断地释放位错，但是由于高温条件位错增殖后可以通过攀移发生回复，导致位错密度在蠕变过程中持续降低，且在高温下由于原子的扩散作用，晶界容易发生变形而使强化效果较弱。因此增加位错的增殖速率以及减缓位错的攀移速率是延长蠕变寿命的关键。

位错强化和沉淀强化是提高 AFA 钢蠕变强度的主要强化方式。与原始试样相比，冷轧后试样内的位错密度很高，由于位错的强化作用可以抵消一部分的外加应力，因此在相同的蠕变条件下（700℃/130MPa），冷变形试样中发生位错增殖行为要难于原始试样。而蠕变实验过程，晶界上粗化的第二相降低了晶界强度，但是奥氏体晶内第二相和位错的强化效果弥补了晶界弱化带来的影响。此外，沉淀强化与位错强化是相辅相成的。冷变形引入的位错诱导纳米第二相在位错处形核，而形成的纳米第二相反作用于位错，起到钉扎位错的效果，这使冷变形引入的位错不易因回复而消失，可以在 AFA 钢基体中长期保持，这是保证冷变形试样具有优异的高温蠕变性能的关键。

位错与纳米第二相之间交互作用机制可分为两种，即位错切过纳米第二相的切过机制和位错绕过纳米第二相并留下位错环的 Orowan 绕过机制。通过观察 4Al-AFA 钢原始试样和冷变形试样的微观结构可以发现，蠕变实验后两种试样中的纳米硬质第二相包括 Laves 相和 B2-NiAl 相。因此，4Al-AFA 钢中位错与纳米第二相之间交互作用机制为 Orowan 绕过机制，

Orowan 应力（σ_{Oro}）可表示为[25]：

$$\sigma_{Oro}=0.8MGb/\lambda \tag{2-9}$$

式中　λ——第二相颗粒的平均间距。

表 2-7 初步统计了蠕变实验后的 4Al-AFA 钢原始试样和冷轧试样的 Laves 相和 B2-NiAl 相颗粒之间的平均间距。从表 2-6 和图 2-28 中可以看出，Laves 相在冷轧试样中弥散分布，且其颗粒间距仅为 0.27μm 左右，是原始试样 Laves 相颗粒间距的四分之一。而两种试样中 B2-NiAl 相的颗粒间距也具有相似的趋势。由式（2-9）可知，在 G、b 以及 λ 不变的情况下，Orowan 应力与第二相颗粒平均间距有关。纳米第二相颗粒间距越大，控制位错移动的 Orowan 应力就越小，位错更易移动。因此根据结果可知，蠕变过程中外应力可以有效地激活奥氏体基体中的位错源，但是该应力小于位错绕过第二相的 Orowan 临界应力。在 AFA 钢中弥散分布的纳米第二相与位错的交互作用产生的 Orowan 强化机制可以有效地降低晶粒以及位错的回复速率，提高奥氏体组织的稳定性[26]。对冷轧试样而言，极小的颗粒间距使其具有很高的 Orowan 应力，这使冷轧试样在蠕变实验后仍然具有较高的位错密度，而纳米第二相与位错的交互作用，极大地提高了冷轧试样的高温蠕变强度，这也与冷轧试样的蠕变曲线相一致。对原始试样来说，较大的颗粒间距降低了基体中位错移动的 Orowan 临界应力，以致位错源开动的应力场减小，不断释放位错，使位错发生攀移越过第二相向晶界移动，因此位错的消失以及第二相的粗化极大地减弱了其组织的稳定性，造成在实验初期蠕变性能迅速恶化直至试样失效。

表 2-6　4Al-AFA 钢原始试样和冷轧试样在蠕变实验后第二相的颗粒间距

试样	Laves 相/μm	B2-NiAl 相/μm
原始试样	1.23	0.96
冷轧试样	0.27	0.28

2.7 冷变形新型含铝奥氏体耐热钢的高温氧化行为

目前，超超临界火电机组工作效率的提高对过热管道、联壁管道等高温部件的操作温度提出了更高的要求，这给高温合金的抗氧化性能带来更大的挑战。可用于超超临界火电机组的高温合金主要有镍基高温合金、铁素体耐热钢、马氏体耐热钢、奥氏体耐热钢以及氧化物弥散强化的 FeCrAl

合金（ODS钢）等[27]。在蒸汽锅炉的恶劣工作环境下，前面提到的几种高温合金表面所形成的 Cr_2O_3 氧化层容易与潮湿环境中的水蒸气发生反应，生成具有挥发性的 $Cr(OH)_2$ 化合物，迅速降低耐热合金的高温抗氧化性，甚至导致材料的早期失效[28]。而新一代奥氏体耐热钢（AFA）表面所形成的 Al_2O_3 氧化层在高温下具有比 Cr_2O_3 更好的热力学稳定性，可以有效提高耐热合金的高温抗氧化性能[29]。

前面提到通过冷变形人为改变AFA钢中位错的数量和分布，增加第二相的形核位置，诱导第二相的析出，可以显著提高AFA钢的高温蠕变性能。但不可忽视冷变形对AFA钢高温抗氧化性能的影响。本节对比讨论了4Al-AFA钢（原始试样）以及冷变形态4Al-AFA钢（冷变形试样）在700℃下干燥空气中的高温氧化行为，冷轧变形压缩量为30%。

2.7.1 原始显微组织对AFA钢高温氧化行为的影响

耐热钢的高温抗氧化性能通常受合金成分、晶粒大小、晶界类型以及工作温度等诸多因素的影响。然而，材料表面所形成氧化层的热稳定性高低会直接决定耐热合金高温抗氧化性能的好坏。Wang等人[30]研究了HR3C钢和含Al的22Cr-25Ni奥氏体不锈钢在700℃、800℃、900℃和1000℃下的氧化机理，发现HR3C钢和含Al的22Cr-25Ni奥氏体不锈钢在不同温度下表面所形成的氧化层的成分、结构有着显著差异，并且氧化温度越高，耐热钢的抗氧化性能越差。而Wen等人[31]在800℃的干燥空气中研究了Nb、Ti、V、Ta等金属元素对AFA钢的氧化行为的影响，并指出合理调整AFA钢中Nb、Ta元素的含量可以显著提高AFA钢的高温抗氧化性能。除工作温度和合金元素的影响外，耐热合金的高温氧化行为也受晶粒尺寸和晶界类型的影响。

根据图2-4所示结果可以看到，在原始试样中可以找到一些尺寸较大的等轴晶粒。与原始试样相比，冷变形试样的部分晶粒严格地沿轧制方向伸长，(111)方向成为主要晶体取向，这表明冷变形对合金的微观结构演变有直接的影响。另外，基于显微组织的定量统计，本文将原始试样和冷变形试样的平均晶粒尺寸以及纵横比汇总于表2-7。从表2-7中可以得到，原始试样的平均晶粒纵横比为1.92，平均晶粒尺寸为3.41μm，略小于冷变形样品的平均晶粒尺寸（3.58μm）。一些报道表明，细化晶粒是提高材料高温抗氧化性的有效方法，特别是在潮湿空气中的效果尤为显著[32,33]。然而，原始试样和冷变形试样之间平均晶粒尺寸的差异非常小（如表2-7所示），晶粒尺寸对原始试样和冷变形试样高温抗氧化性差异有着微弱的影响。

表 2-7　高温氧化前原始试样和冷变形试样的平均晶粒尺寸以及纵横比

试样	平均晶粒尺寸/μm	纵横比	统计晶粒数量
原始试样	3.41	1.92	860
冷变形试样	3.58	2.58	863

合金的氧化行为不仅与晶粒尺寸有关，而且与晶界类型有关。图 2-30 显示了在高温氧化之前原始试样和冷变形试样的晶界特征图。在晶界特征图中，所有的重合点阵（CSL，coincident site lattice）晶界用彩色的线条表示，随机边界用黑色线条表示（扫码查看彩图）。通过对图 2-30 统计可知，原始试样的 CSL 晶界分数为 4.73%，大于冷变形试样的 2.87%。然而，对随机边界的分数而言，冷变形试样具有更高的数值。Xu 等人研究发现在随机晶界处形成大量氧化物，而在 Σ3 晶界处没有氧化物的形成[34]。随着研究的深入，科研人员发现 CSL 晶界具有较低的能量，晶界上的原子之间具有良好匹配，所以 CSL 晶界可以有效地阻碍元素沿晶界扩散，阻碍合金表面氧化物的形成，同时阻碍微裂纹的扩展[35,36]。相比之下，随机晶界是具有开放的空间和较高不匹配度的界面，其高的包容性有助于金属元素从金属内部扩散到金属外表面并形成氧化物[34]。目前，很多研究人员致力于通过晶界工程（grain boundary engineering，简称 GBE）来提高耐热合金的高温氧化性能[37~40]。研究表明，GBE 可以促进 Σ3 晶界生长、增加 Σ3 晶界分数，加大对金属元素扩散的抑制程度，从而提高耐热钢的抗氧化性[36]。本文所研究的冷变形试样比原始试样拥有更小的 CSL 晶界分数（2.87%）以及更大的随机晶界分数。因此，基体中的 Fe、Al、Cr、Nb 和 Mn 等元素具有较小的扩散阻力，这些元素的快速扩散是冷变形试样在初始氧化过程中质量增益迅速增加的主要原因。

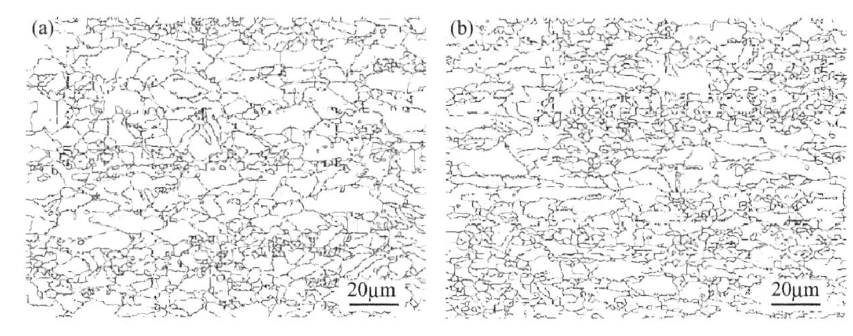

图 2-30　晶界特征图

(a) 原始试样；(b) 冷变形试样

2.7.2 AFA 钢的高温氧化微观组织

2.7.2.1 高温氧化 AFA 钢的表面形貌

图 2-31 显示了原始试样和冷变形试样在 700℃ 的干燥空气中氧化 10h、100h 和 600h 后的 X 射线衍射图谱。从图 2-31 中可以看出，氧化试样中 γ-Fe 的衍射峰都具有很高强度。在 10h 至 600h 的氧化时间内，试样的氧化物主要由 Cr_2O_3 和 Al_2O_3 氧化物构成。在初始氧化阶段，并未在原始试样和冷变形试样中检测到 Al_2O_3 氧化物的衍射峰。随着氧化时间的增加，在氧化 100h 和 600h 的试样中检测到 Al_2O_3 氧化物的衍射峰，并且氧化 600h 的试样具有最高强度的 Al_2O_3 氧化物的衍射峰。因此，可以得出结论，Al_2O_3 氧化物是 AFA 钢在 700°C 的干燥空气中长时间氧化后所形成的主要氧化物。此外，值得注意的是在这些氧化试样也检测到第二相沉淀物（Laves 相和 B2-NiAl 相）的 X 射线衍射峰，这表明试样的氧化层的厚度相对较薄。而冷变形试样中 B2-NiAl 相的衍射峰强度高于原始试样。B2-NiAl 在 600～700℃下以其较好的稳定性，既可以作为硬质相阻碍位错运动，起到弥散强化的作用，又可以为 AFA 钢表面 Al_2O_3 氧化层的持续形成提供 Al 元素，保证 AFA 钢的高温抗氧化性[41]。图 2-32 为冷变形试样在氧化 100h 后的显微组织。从图 2-32 中可以看出，在氧化过程中 Laves 相和 B2-NiAl 相在奥氏体基体中形成，这与 XRD 结果相一致。

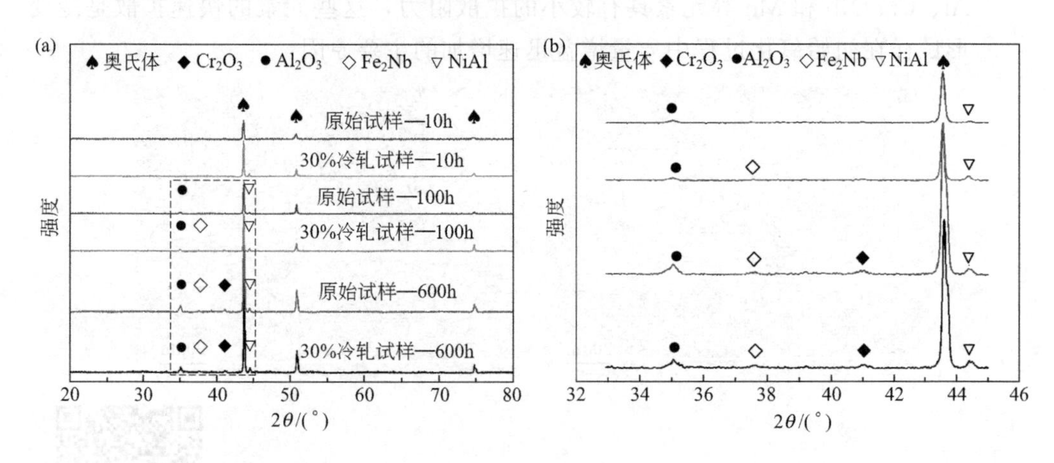

图 2-31 氧化试样在氧化 10h、100h 和 600h 时表面形成的氧化层的 XRD 图谱

(a) XRD 图谱；(b) 对 (a) 中矩形区域的放大图

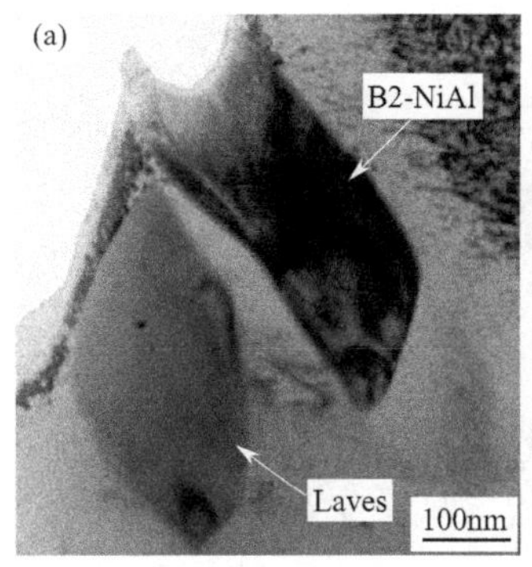

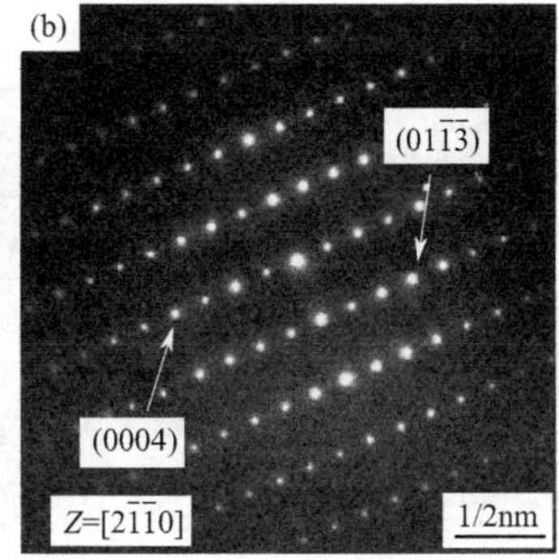

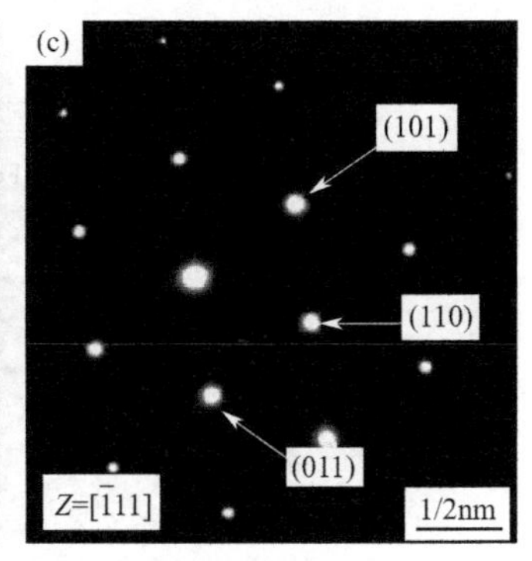

图 2-32 氧化 100h 后冷变形试样的显微组织

(a) TEM 照片；(b) Laves 相的选取衍射；(c) B2-NiAl 相的选区衍射

图 2-33 显示了在 700℃的干燥空气中氧化 10h、100h 和 600h 后 AFA 钢的表面形貌。图 2-33 中右列图分别是左列对应图中某些虚线位置的放大图像。在图 2-33 中仍然可以看到初始打磨的痕迹，这也说明样品上的氧化层不是太厚。如图 2-33（a）和（b）所示，在氧化 10h 的原始试样和冷变形试样中都检测到快速生长的、直径为 10～20μm 的富 Nb 氧化物以及少量富 Fe、Cr 的颗粒氧化物，有报道称一次 NbC 的分解促进了富 Nb 氧化物的形成[42]。随着氧化时间的增加，在氧化 100h 后的原始试样表面形成大量尖晶石型的氧化物和少量 Al_2O_3 氧化物。表 2-8 为图 2-33 中 1、2 处的 EDS 分析结果。根据 EDS 结果，在 1 处氧化物主要由 O、Al 和 Fe 元素组成。而不同的是，氧化 100h 后的冷变形试样表面形成的尖晶石型氧化物进一步生长为氧化物结节，并且在 2 处氧化物的化学组成为 O、Mn 和 Al。当氧化时间增加到 600h 时，Al_2O_3 氧化物成为两种试样主要的氧化物。此外，在原始试样表面的松散氧化物以及冷变形试样表面的大尺寸、扁平形状的氧化物上都存在一些孔洞。研究表明，氢氧化钙的挥发是氧化表面孔洞形成的主要原因[28]。

表 2-8 图 2-33 中原始试样和冷变形试样在点 1、 2 处的点分析结果 单位:%（原子分数）

Area	O	Al	Fe	Cr	Mn	Nb	Ni
1	43.81	19.11	16.45	9.34	7.49	0.00	3.64
2	55.88	11.76	8.31	4.02	16.31	1.34	1.55

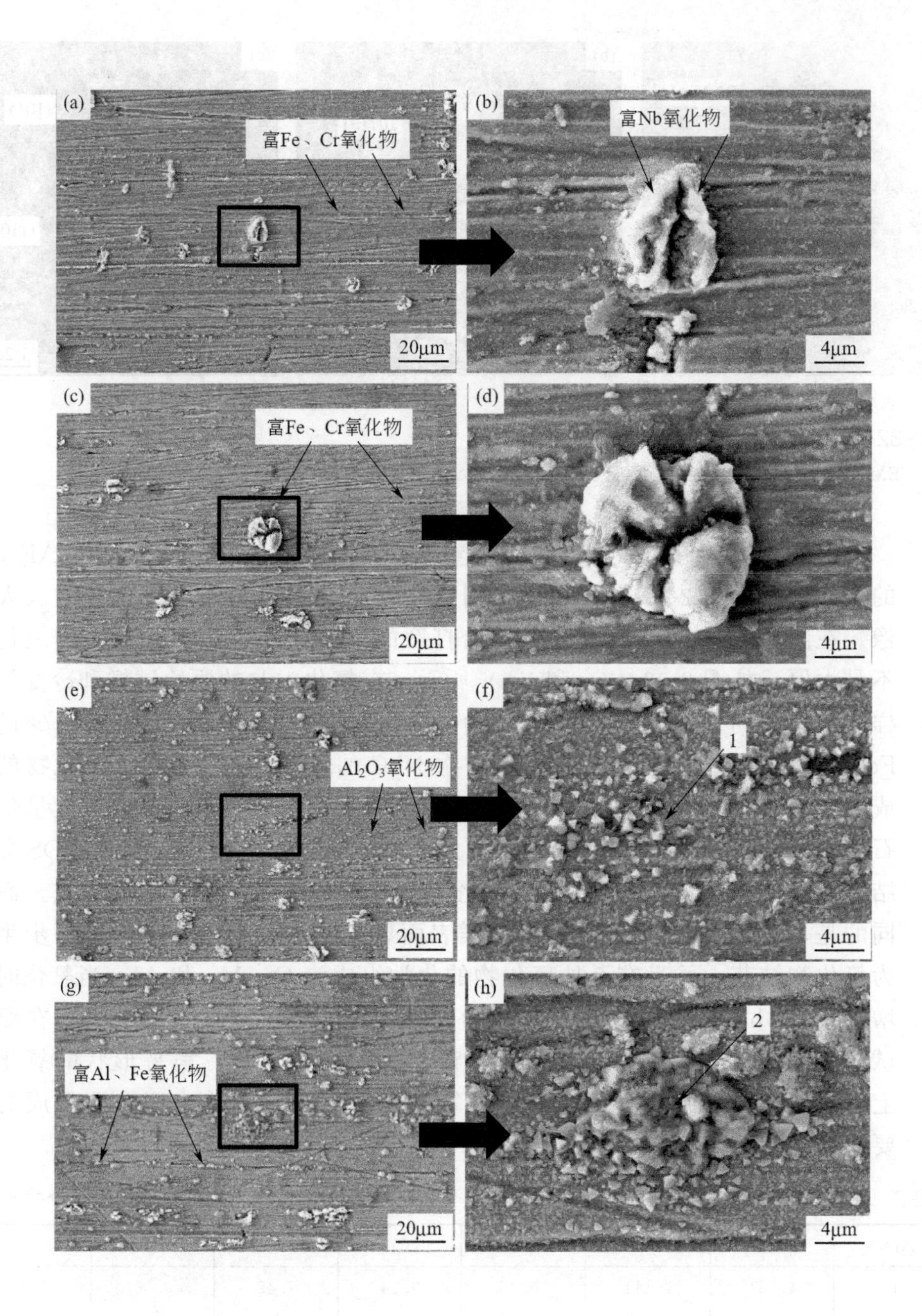
(a)
富Fe、Cr氧化物
20μm
(b)
富Nb氧化物
4μm
(c)
富Fe、Cr氧化物
20μm
(d)
4μm
(e)
Al_2O_3氧化物
20μm
(f)
1
4μm
(g)
富Al、Fe氧化物
20μm
(h)
2
4μm

图 2-33 氧化试样表面形貌的 SEM 照片

(a)、(e) 和 (i) 原始试样氧化 10h、100h 和 600h 后的表面形貌；
(c)、(g) 和 (k) 冷变形试样氧化 10h、100h 和 600h 后的表面形貌

2.7.2.2 高温氧化 AFA 钢的界面结构

图 2-34 为原始试样在氧化 10h、100h 和 600h 后相对应的横截面面扫描图像。从图 2-34 中可以看出，原始试样的第二相包括 MC 相和 B2-NiAl 相。对氧化层的演变而言，在前 10h 的氧化过程中，原始试样表面形成薄且不连续的氧化层，并且通过观察面扫描照片很难区分氧化物的类别。研究表明[43, 44]，氧向基体内的扩散导致 Al_2O_3 氧化层在外部氧化层的内表面上形成和生长。从图 2-34 (b) 中可以看出，当氧化试验进行 100h 后，在原始试样表面形成了连续致密的由几种氧化物组成的氧化层。对这种复杂的氧化层进行 EDS 分析，发现复杂氧化层可分为外氧化层和内氧化层两部分，外氧化层由富 Al、Fe、Cr 等氧化物构成（如实线区域所示）；而在该氧化层的内表面形成了 Al_2O_3 氧化层（如虚线区域所示）。值得注意的是，在氧化 100h 原始试样中可以观察到深度约为 3.3μm 的 B2-NiAl 相剥蚀区，文献指出 B2-NiAl 相剥蚀区的形成与合金中 Al 的低扩散性有关[45]。随着氧化时间增加到 600h，B2-NiAl 相剥蚀区的深度逐渐增大到 5μm。如图 2-33 (j) 所示，大量孔洞的出现使得原始试样的外部氧化层变得松散，部分外部氧化物（如富 Fe、Cr、Al 和 Nb 氧化物）发生剥落，造成氧化层的整体厚度由 3.9μm 减少到 1.7μm。

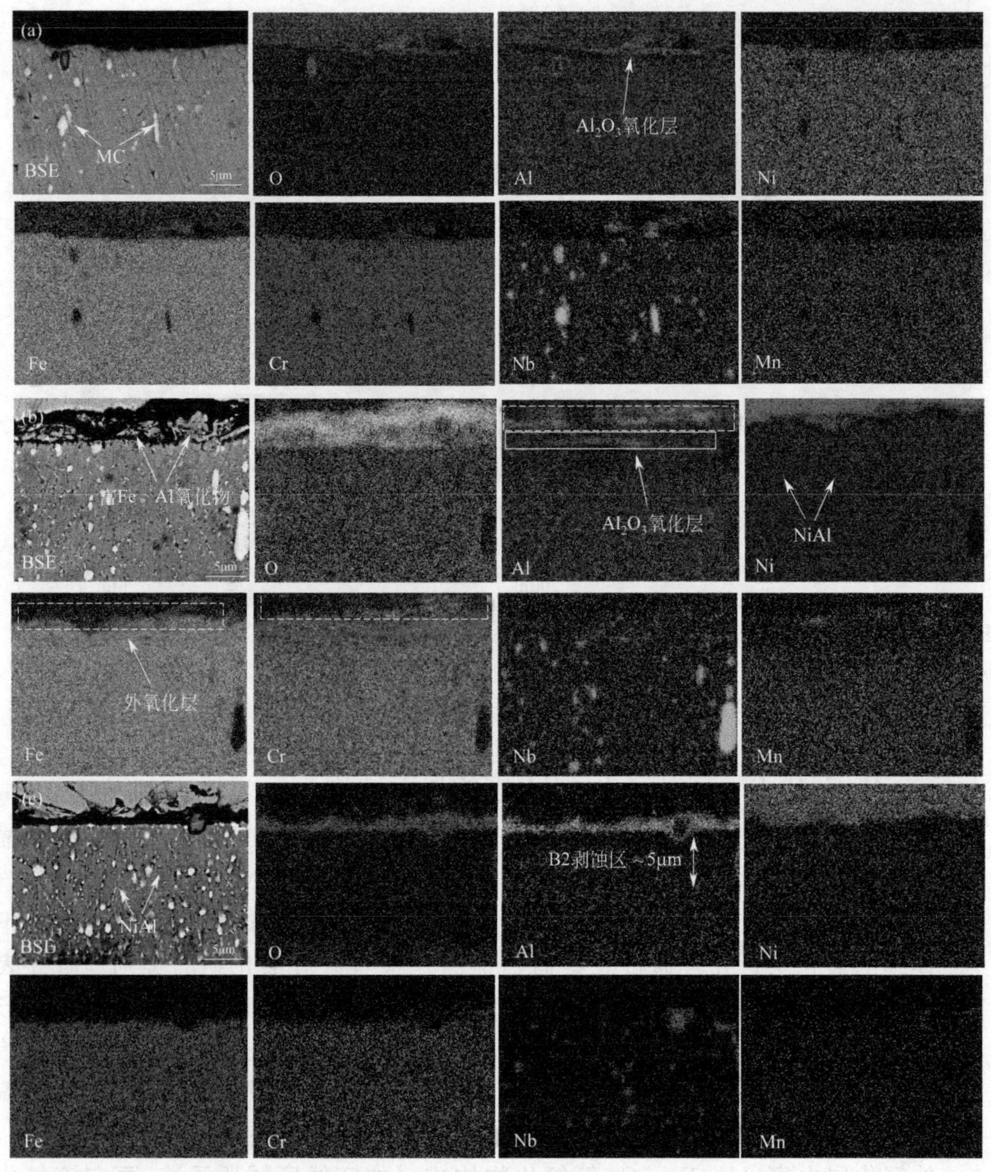

图 2-34 原始试样在氧化后的背散射电子像和各种元素的 EDS 区域图

(a) 氧化 10h；(b) 氧化 100h；(c) 氧化 600h

对比分析横截面氧化层的元素分布是研究冷变形对 AFA 钢氧化层形成的影响最有效的方法。与原始试样相比，冷变形样品氧化层的背散射电子图像和元素分布有很大不同，如图 2-35 所示。在氧化初期，氧化 10h 后的冷变形试样表面形成的不连续的氧化层主要由富 Fe、Al、Cr 氧化物以及富 Nb 氧化物组成，同时也检测到 MC 相和 B2-NiAl 相的析出。当氧化时间增加到 100h、600h 时，连续致密的 Al_2O_3 氧化层逐渐形成且厚度逐渐增加，并成为主要氧化层。表 2-9 为在氧化 10h、100h 和 600h 后，原始试样和冷变形试样中 B2-NiAl 相的体积分数。如表 2-10 所示，在氧化 10h 后的冷变形试样中还检测到体积分数约为 2.46%的 B2-NiAl 相，而在相同氧化时间后的原始试样中却很难观察到 B2-NiAl 相的形成。随着氧化时间的增加，冷变形试样中 B2-NiAl 相体积分数从 3.23%增加到 11.68%，而原始试样中 B2-NiAl 相的体积分数比冷变形试样小得多，由 1.16%增大到 2.24%，这说明冷变形促进了 B2-NiAl 相的析出。值得注意的是，在整个氧化过程中 B2-NiAl 相的析出位置发生显著的变化。当氧化 10h 时，B2-NiAl 相在靠近合金表面的位置析出；随着氧化试验进行到 100h 时，在图 2-35（b）中可以清楚地观察到靠近合金表面的 B2-NiAl 相的数量减少，甚至在很大的区域内没有 B2-NiAl 相的出现，这标志着 B2-NiAl 相剥蚀区初步形成；而当氧化试验进行到 600h 时，冷变形试样中 B2-NiAl 相在距离合金表面一定深度的位置出现，表明 B2-NiAl 相剥蚀区的正式形成。

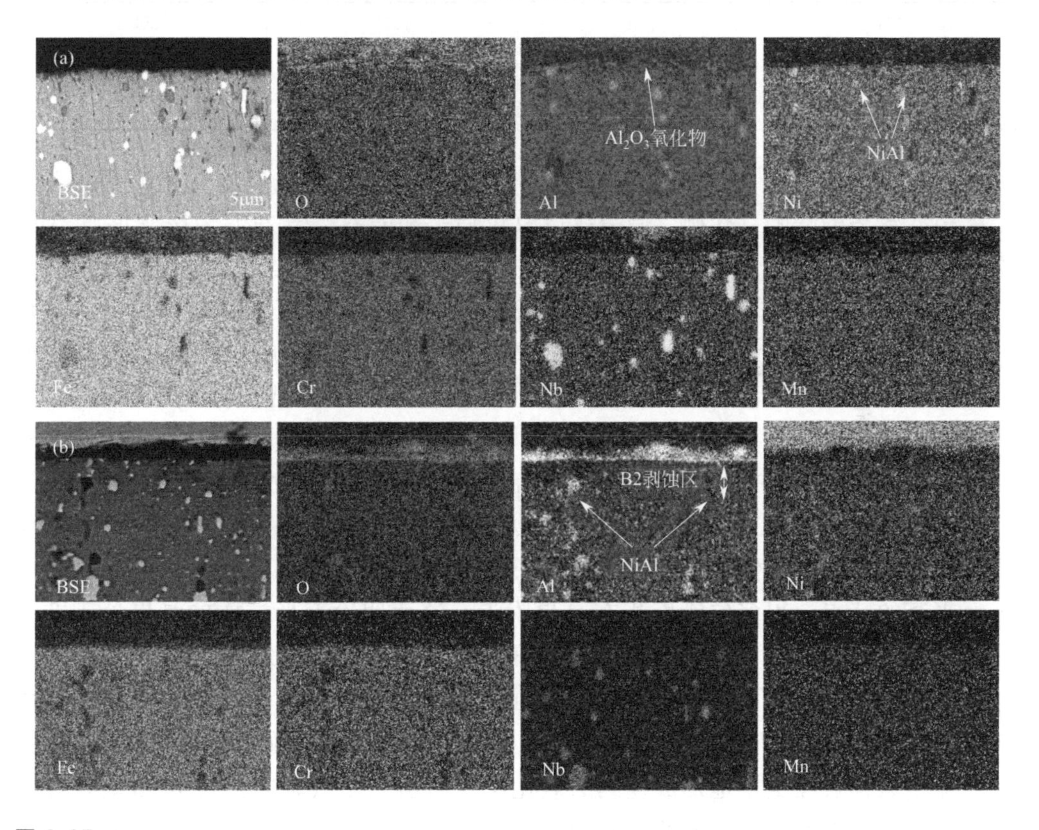

图 2-35

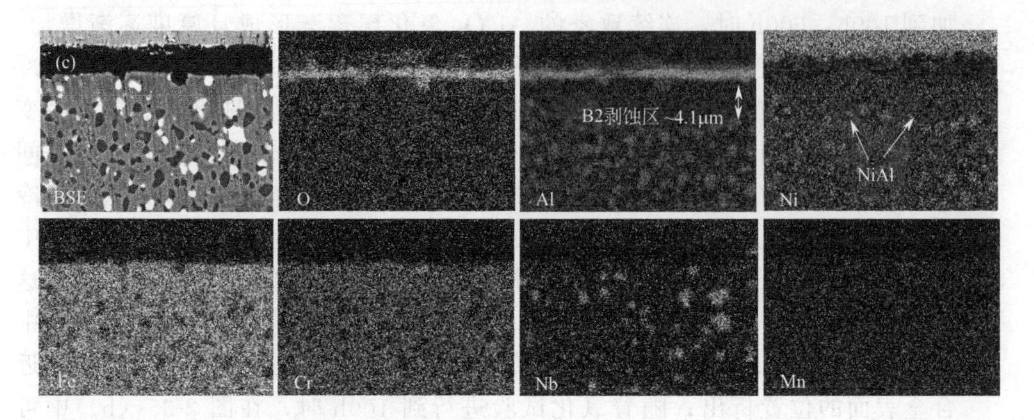

图 2-35 冷变形试样在氧化后的背散射电子像和各种元素的 EDS 区域图
(a) 氧化 10h；(b) 氧化 100h；(c) 氧化 600h

表 2-9 氧化 10h、 100h 和 600h 后试样中 B2-NiAl 相的体积分数

试样	10h	100h	600h
原始试样	—	1.16%	2.24%
冷变形试样	2.46%	3.23%	11.68%

实际上，压下量较小的冷变形对材料表面附近的显微组织影响较大，即引入较多的缺陷（孔洞、微裂纹以及位错）和晶界。图 2-36 为冷变形后 AFA 钢表面附近的显微组织。从图 2-36 可以看出，尺寸约为 1～2μm 的孔洞和尺寸约为 6～8μm 的微裂纹在 AFA 钢表面附近形成。研究表明[46]，冷变形后形成的孔洞和微裂纹可以加速氧气在氧化初期向基体内的扩散，加速氧化物的形成。若想更加清楚地阐明冷变形对 4Al-AFA 钢的高温抗氧化性的影响，解释冷变形过程中引入的位错在氧化过程中的作用显得尤其重要。图 2-37 和图 2-38 显示了在高温氧化试验前、后冷变形试样的显微组织差异。如图 2-37 (a) 所示，在高温氧化试验之前，冷变形试样中存在许多位错，它们多以位错缠结或单个位错的形式存在，而冷变形试样的晶界保持奥氏体晶界具有的平直的特点，很多位错堆积在晶界附近，这表明冷变形试样的晶界处于非平衡状态。通常，氧化皮的形成速度取决于合金元素扩散到试样表面的速率。位错和晶界都可以作为短程扩散的通道，加速合金基体中元素的扩散[46]. 由于非平衡晶界[47] 和位错移动促进了几种元素的高速扩散，所以冷变形试样比原始试样表面更早地形成连续的氧化层。而当氧化试验进行到 100h 时，冷变形试样表面所形成的连续致密的 Al_2O_3 氧化层降低了除 Al 外其他的合金元素的扩散速率，从而降低了氧化层的生长速率。

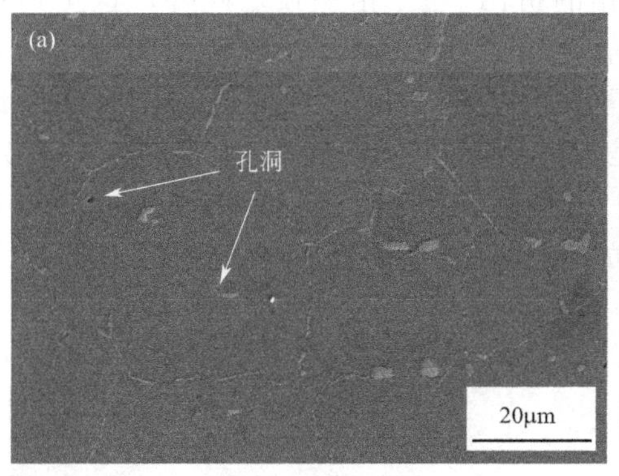

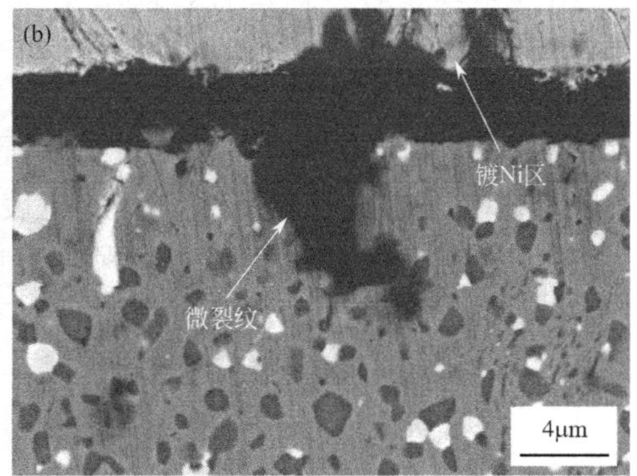

图 2-36　4Al-AFA 钢冷轧试样的表面缺陷

(a) 孔洞；(b) 微裂纹

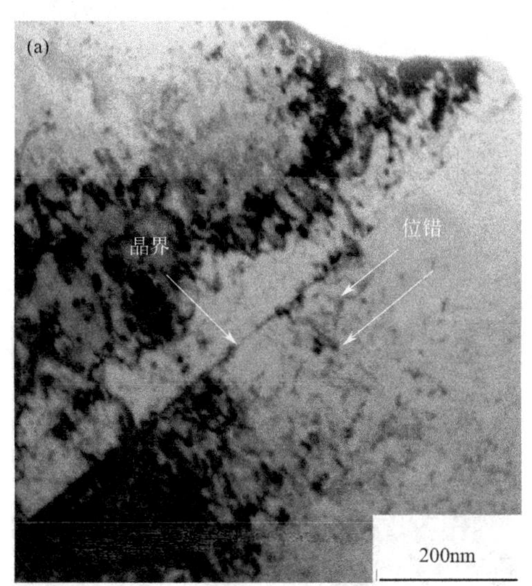

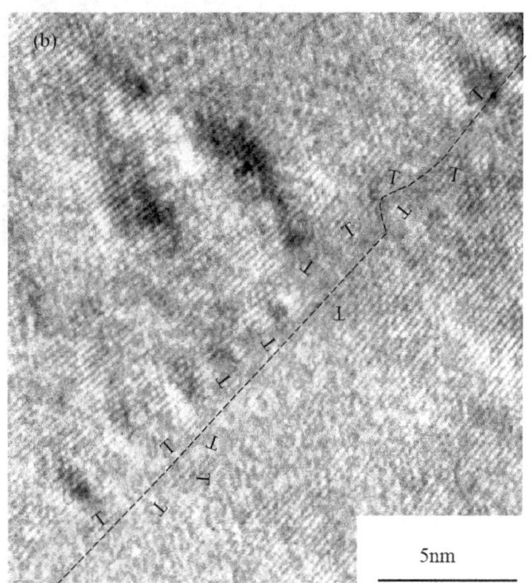

图 2-37　高温氧化试验前 4Al-AFA 钢冷变形试样的显微组织（TEM）

(a) 晶界与位错的 TEM 照片；(b) 晶界的高分辨 TEM 照片

图 2-38 为氧化 100h 后冷变形试样的显微形貌。从图 2-38（a）和图 2-38（b）中不难发现，尽管在氧化试验阶段部分位错因移动而最终湮灭，但冷变形试样中仍然存在非平衡晶界和大量位错。而这些剩余位错与非平衡晶界将继续作为 Al 元素的扩散通道，用以维持 Al_2O_3 内氧化层的持续形成，确保 4Al-AFA 钢在高温干燥空气中具有优异的抗氧化性能。图 2-38（c）显示了 B2-NiAl 相在位错或晶界处成核并进一步生长，这与冷变形引入的位错可以

增加第二相的形核位置、促进第二相的析出[48-50] 相一致。此外，这里讨论了在稳定氧化阶段期间形成 Al_2O_3 氧化层 Al 的来源。在氧化初期形成的氧化层降低了元素在基体中的扩散速率，促进了 Al_2O_3 内氧化层的形成，此时形成 Al_2O_3 氧化层的 Al 元素还是主要来源于 4Al-AFA 钢的基体。而 B2-NiAl 相剥蚀区的形成过程清楚地表明 B2-NiAl 相在稳定氧化阶段的分解为持续形成致密的、具有优异保护性的 Al_2O_3 氧化层提供了充足的 Al，这与诸多报道相一致[4,51]。

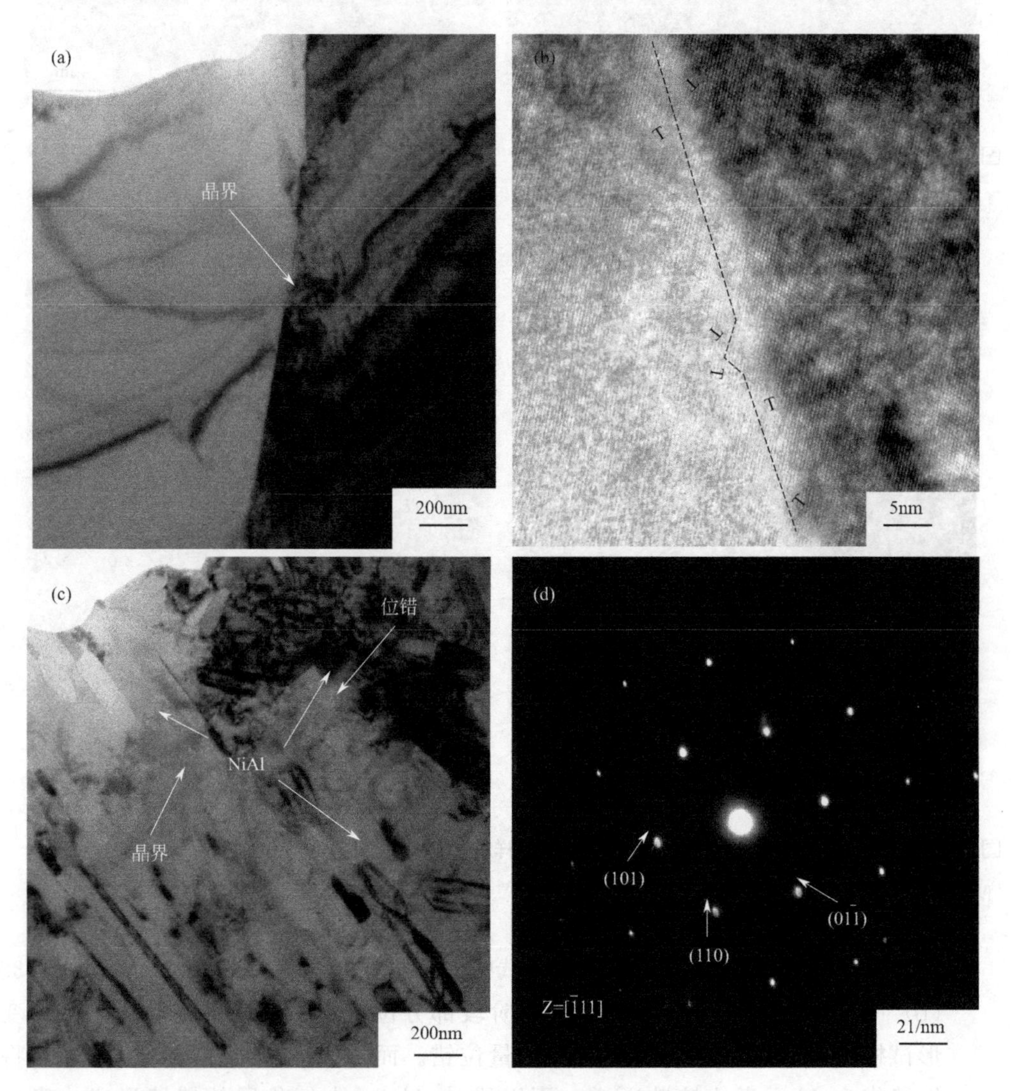

图 2-38 高温氧化试验后 4Al-AFA 钢冷变形试样的显微组织（TEM）

(a) 晶界的 TEM 照片；(b) 晶界的高分辨照片；(c) B2-NiAl 的 TEM 照片；(d) B2-NiAl 的衍射图

2.7.3 AFA钢的高温氧化性能

2.7.3.1 AFA钢的氧化增重曲线

图2-39为4Al-AFA钢原始试样和冷变形试样在700℃的干燥空气中单位面积质量增益随氧化时间变化的函数。由于试样表面没有任何保护层，使氧气和试样表面直接接触，导致原始试样和冷变形试样的单位面积质量增益在前100h内迅速增加。而在长时间氧化之后，由于氧化层的初步形成使得原始试样的质量增益以极小的速率增加。然而，在氧化100h后，冷变形试样的质量增益仍然显示出很大的变化，其质量增益大约是原始试样的两倍，这是因为孔洞和微裂纹可以充当氧气向基体内扩散的路径，并加速初始氧化过程中氧化物的形成。冷变形导致重合点阵边界的减少，随机晶界的增加以及孔洞、微裂纹等缺陷的形成，这是冷变形试样单位面积质量增益增加的主要原因。此外，由于大量初始氧化物的脱落，冷变形试样的质量增益在氧化100～300h的时间内缓慢增加。原始试样在700℃的干燥空气中的抛物线速率常数K_p为$2.43\times10^{-14}g^2\cdot cm^4\cdot s^{-1}$，与报道的Fe-20Cr-25Ni-4Al合金[52]的抛物线速率常数在同一数量级。然而，冷变形样品的抛物线速率常数约为$1.04\times10^{-13}g^2cm^4\cdot s^{-1}$，大于原始试样的抛物线速率常数。参照表2-10中金属材料抗氧化性能的分类可知，即使经过30%的冷变形，4Al-AFA钢在700℃的干燥空气中仍然具有完全抗氧化性。

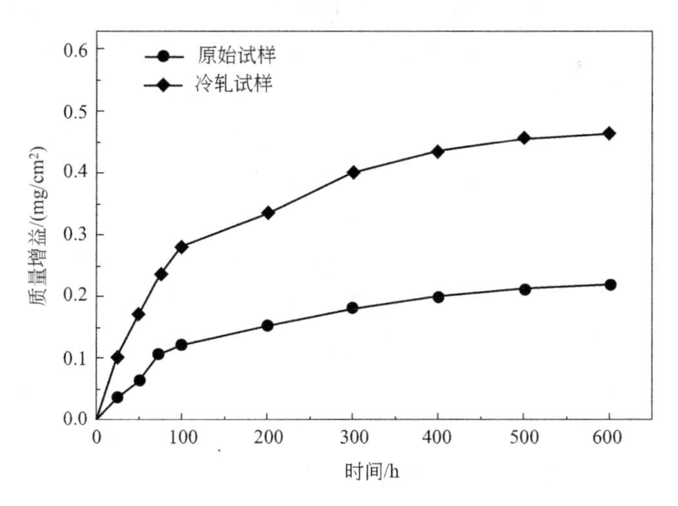

图2-39 4Al-AFA钢原始试样和冷变形试样在700℃的干燥空气中质量增益随氧化时间变化的曲线

表 2-10 金属材料抗氧化性能的分类

级别	氧化速率/($g/m^2 \cdot h$)	抗氧化性分类
1	<0.1	完全抗氧化性
2	0.1～1.0	抗氧化性
3	1.0～3.0	次抗氧化性
4	3.0～10.0	弱抗氧化性
5	>10.0	不抗氧化性

2.7.3.2 AFA钢的氧化机制及氧化层演变规律

根据上述几节的分析结果，本小节将4Al-AFA钢冷变形试样在700℃的干燥空气中氧化层的形成和演变的示意图绘于图2-40中。如图2-40(a)、(b)和(c)所示，冷变形试样的氧化过程可分为快速氧化阶段、选择氧化阶段以及稳定氧化阶段三个阶段。

4Al-AFA钢的氧化机理如下：在快速氧化阶段，由于外界的氧气与冷变形试样表面直接接触，氧气压力很高，足以氧化合金表面上的所有元素，形成富Fe、Cr氧化物，富Nb氧化物以及少量的Al_2O_3氧化物，此时的氧化方式为金属元素由基体向AFA钢表面扩散，在接触到表面氧气后被氧化。考虑到每种金属元素的含量及其对氧的亲和力，氧化层的成分随着氧化时间的增加而发生很大变化，外部氧化层逐渐形成，此时，氧化试验进入选择氧化阶段。在选择氧化阶段，由于AFA钢表面氧化层的形成降低了Fe、Cr、Nb和Mn等元素的扩散速率，而第三元素Cr以及冷变形引入的、可作为短程扩散通道的位错缺陷加速了Al从AFA钢基体向表面的扩散[43]，并且较高的Al含量有利于形成Al_2O_3内氧化层，因此，Al元素可以自由地扩散到合金表面的氧化层。而AFA钢表面氧化层的形成降低了冷变形试样表面的氧气压力，限制了氧气向AFA钢内的扩散，此时的氧化方式为氧气向AFA钢基体内扩散，与扩散到氧化层的Al元素相遇，形成Al_2O_3内氧化层。由孔洞的扩展导致外部Fe、Al、Cr、Nb和Mn氧化物的脱落使氧化层变薄，这与氧化动力学一致，连续致密的Al_2O_3氧化层成为主要氧化层，氧化试验进入稳定氧化阶段，这时的氧化方式仍为氧气向基体内扩散氧化。冷变形引入的位错缺陷提供形核位置，诱导B2-NiAl相在位错或晶界附近析出。随着氧化试验的持续进行，B2-NiAl相的分解为在稳定氧化阶段Al_2O_3氧化层的生成提供充足的Al元素，同时，位错缺陷和非平衡晶界的存在也保证了Al元素的扩散驱动力，提供扩散通道，保证了Al_2O_3氧化层的持续形成。Al_2O_3氧化层的连续形成是冷变形钢在高温下具有优异抗氧化性的保证。而 B2-NiAl 相的分解也导致了 B2-NiAl 相剥蚀区的出现。

但不可否认的是，冷变形在向 4Al-AFA 钢中引入位错缺陷的同时也在其表面产生了孔洞、微裂纹等缺陷，而这些缺陷的存在是冷变形试样在快速氧化阶段具有很大单位面积氧化增益的主要原因。

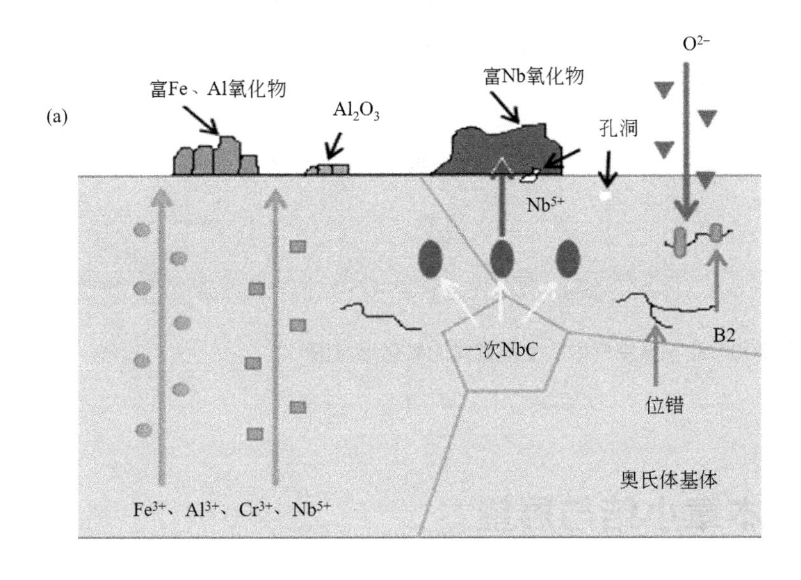

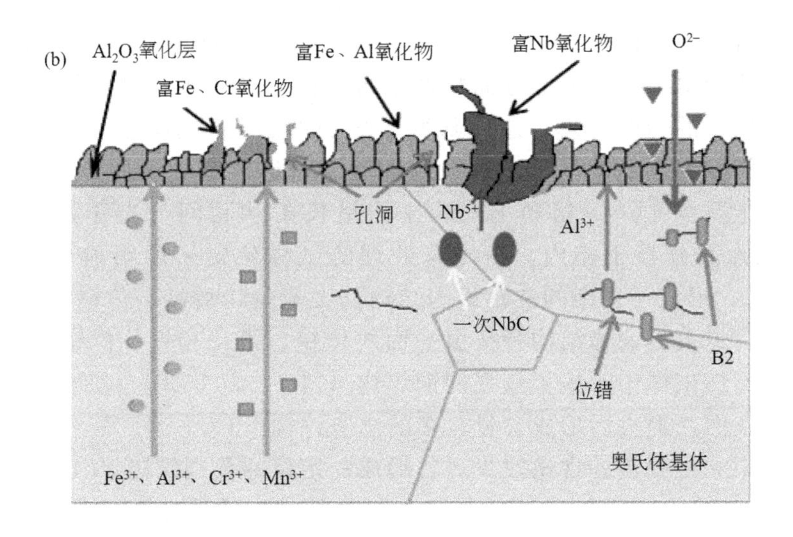

图 2-40

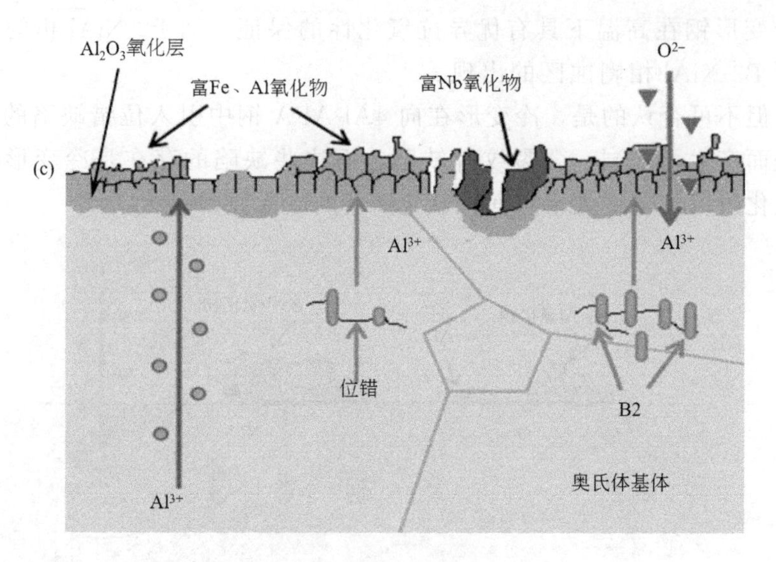

图 2-40 在 700℃的干燥空气中冷变形试样的氧化示意图

2.8 本章小结与展望

1）新型 4Al-AFA 钢经冷轧变形后显微组织发生明显变化。试样的晶粒组织随着变形量的增加被逐渐拉长，晶粒尺寸逐渐下降，形成大量小角度晶界。适当退火后，大部分晶粒发生再结晶，形成等轴晶，晶粒尺寸增加，但由于预先的冷轧处理，总体随变形量的增加而减小，且退火后大量小角度晶界转变为大角度晶界。退火处理后清晰地观察到试样内第二相的组织分布，主要为 Laves 相和 B2-NiAl 相呈长条状相间分布于晶界，以及与 NbC 相弥散分布于晶内。经冷轧处理的试样位错密度明显增加，达到了 $10^{14}m^{-2}$，形成了复杂的位错组织结构，大量位错缠结、位错堆积甚至形成亚结构。退火后位错结构特征由平面线位错、第二相钉扎位错和层错构成。冷轧变形使试样中产生了较强的铜织构 {112} <111>，且变形量增大，强度增加。而在退火后形成含量较多的立方织构 {100} <001>，但高变形量的试样中立方织构的含量较少，且形成一定量的黄铜织构 {011} <211>。

2）随着冷变形程度增大，AFA 钢冷轧试样的强度逐渐提升，抗拉强度和屈服强度分别达到了 1335.9MPa 和 1062MPa，试样的硬度也增加至 391HV，但塑性下降，延伸率逐渐降低。AFA 钢的层错能较高，位错滑移是主要的变形机制，晶粒组织和位错起到了主要的强化作用。退火后试样的强度和硬度整体下降，但是由于等轴晶粒组织的协调变形和大量 Laves 相与 B2-NiAl 相在基体上弥散析出有效地钉扎位错，使得随着冷轧程度增加试样的强度和硬度提高，同时也获得了良好的塑性。

3）在 700℃/130MPa 的蠕变条件下，4Al-AFA 钢原始试样的组织稳定性差，蠕变后第二相的粗化较为严重，达到了 530nm。而冷轧试样中大量 Laves 相和 B2-NiAl 相在晶界上和晶粒内析出，平均粒径分别约为 220nm 和 190nm。此外通过 TEM 图像发现冷轧试样蠕变后第二相处存在大量位错。原始试样在蠕变 72h 后发生断裂，而冷轧试样的稳态蠕变速率仅为 $4.5\times10s^{-1}$，具有优异的高温蠕变性能。蠕变过程中的强化作用主要由位错和第二相贡献。根据纳米第二相与位错之间的 Orowan 交互作用机制，冷变形试样中较小的颗粒间距是较高蠕变强度的保证。

4）在 700℃的干燥空气中，4Al-AFA 钢原始试样以及冷变形试样在前 100h 的氧化时间内单位面积质量增益迅速增加，随后进入稳定氧化阶段。而原始试样在整个氧化过程中表现出更高的高温抗氧化性。在原始 4Al-AFA 钢以及冷变形 4Al-AFA 钢的表面形成的氧化层的成分是相似的，随着氧化时间的增加，外部氧化皮逐渐剥落。值得注意的是，位错效应和非平衡晶界的出现导致在 4Al-AFA 钢冷变形试样中更早形成 Al_2O_3 内氧化层。Al_2O_3 内氧化层的形成有利于阻止氧气向基体内扩散，减缓 Fe、Cr、Mn 和 Nb 等金属元素从基体向合金表面的扩散。

5）通过冷变形引入的位错对 4Al-AFA 钢高温抗氧化性能的影响表现在两个方面：一方面是位错缺陷作为金属元素短程扩散的通道，可以加速 Al 从合金基体向 Al_2O_3 氧化层表面的扩散。另一方面是冷变形引入的位错缺陷可以作为 B2-NiAl 相的形核点，而 B2-NiAl 相的分解又可为 Al_2O_3 氧化层的持续形成提供充足的 Al，保证 4Al-AFA 钢的高温抗氧化性能。然而，冷变形引起的其他缺陷降低了初始氧化阶段冷变形试样的高温抗氧化性。

本章对不同冷轧变形量下 4Al-AFA 钢的显微组织和性能进行了研究，发现冷变形处理可以显著提高 AFA 钢的力学性能以及高温蠕变性能，是改善 AFA 钢性能的有效措施。目前，利用冷变形处理向 AFA 钢中引入高密度位错，诱导纳米尺寸第二相——NbC 相的析出是开展 AFA 钢第二相强化工作的突破口。对高变形量（60%和 80%）下的显微组织情况研究不够清晰，未能全面观察到高变形量下组织的演变，尤其是位错的变化。此外由于蠕变实验设置变量不够充足，使得研究不够系统，导致最终结论仅能得出冷轧试样相较原始试样具有优异的蠕变性能。在冷变形对 AFA 钢高温氧化行为的影响方面研究甚少。而本节的研究成果可为在利用冷变形强化

AFA钢高温性能方面的研究提供理论支撑。无论如何，现有结果表明，进行预先的冷变形处理对于提高AFA钢高温性能及扩大其在高温高压合金领域的发展潜力无疑具有重要影响的，值得进行更为全面深入的研究。

参考文献

[1] 胡赓祥，蔡珣，戎咏华．材料科学基础[M]．上海：上海交通大学出版社，2010.

[2] 杨平．电子背散射衍射技术及其应用[M]．北京：冶金工业出版社，2007.

[3] 何立晖，聂小武，张洪，等．电子背散射衍射技术在材料科学研究中的应用[J]．现代制造工程，2010，(7)：10-12，38.

[4] Yamamoto Y，Brady M P，Lu Z P，et al. Alumina-forming austenitic stainless steels strengthened by Laves phase and MC carbide precipitates [J]. Metallurgical and Materials Transactions A，2007，38 (11)：2737-2746.

[5] Gao Q，Qu F，Zhang H，et al. Austenite grain growth in alumina-forming austenitic steel [J]. Journal of Materials Research，2016，31 (12)：1732-1740.

[6] Jiang Y，Gao Q，Zhang H，et al. The effect of isothermal aging on microstructure and mechanical behavior of modified 2. 5Al alumina-forming austenitic steel [J]. Materials Science and Engineering：A，2019，748：161-172.

[7] Zhou D Q，Zhao W X，Mao H H，et al. Precipitate characteristics and their effects on the high-temperature creep resistance of alumina-forming austenitic stainless steels [J]. Materials Science and Engineering：A，2015，622：91-100.

[8] Kamaya M. Measurement of local plastic strain distribution of stainless steel by electron backscatter diffraction [J]. Materials Characterization，2009，60 (2)：125-132.

[9] Dunn C G，Kogh E F. Comparison of dislocation densities of primary and secondary recrystallization grains of Si-Fe [J]. Acta Metallurgica，1957，5 (10)：548-554.

[10] Gay P，Hirsch P B，Kelly A. The estimation of dislocation densities in metals from X-ray data [J]. Acta Metallurgica，1953，1 (3)：315-319.

[11] 毛卫民，张新明．晶体材料织构定量分析[M]．北京：冶金工业出版社，1993.

[12] Kumar B R，Mahato B，Bandyopadhyay N R，et al. Comparison of rolling texture in low and medium stacking fault energy austenitic stainless steels [J]. Materials Science and Engineering：A，2005，394 (1-2)：296-301.

[13] Lu J，Hultman L，Holmström E，et al. Stacking fault energies in austenitic stainless steels [J]. Acta Materialia，2016，111：39-46.

[14] Hjelen J，Ørsund R，Nes E. On the origin of recrystallization textures in aluminium [J]. Acta Metallurgica et Materialia，1991，39 (7)：1377-1404.

[15] Trotter G，Rayner G，Baker I，et al. Accelerated precipitation in the AFA stainless steel Fe-20Cr-30Ni-2Nb-5Al via cold working [J]. Intermetallics，2014，53：120-128.

[16] Hu B，Trotter G，Baker I，et al. The Effects of Cold Work on the Microstructure and Mechanical Properties of Intermetallic Strengthened Alumina-Forming Austenitic Stainless Steels [J]. Metallurgical and Materials Transactions A，2015，46A (8)：3773-3785.

[17] Xu X，Zhang X，Chen G，et al. Improvement of high-temperature oxidation resistance and strength in alumina-forming austenitic stainless steels [J]. Materials Letters，2011，65 (21-22)：3285-3288.

[18] Graçe S, Colaço R, Carvalho P A, et al. Determination of dislocation density from hardness measurements in metals [J]. Materials Letters, 2008, 62 (23): 3812-3814.

[19] Seok M-Y, Choi I-C, Moon J, et al. Estimation of the Hall-Petch strengthening coefficient of steels through nanoindentation [J]. Scripta Materialia, 2014, 87: 49-52.

[20] Jang M-H, Kang J-Y, Jang J H, et al. Microstructure control to improve creep strength of alumina-forming austenitic heat-resistant steel by pre-strain [J]. Materials Characterization, 2018, 137: 1-8.

[21] 李鹏．双零铝箔力学性能的实验研究 [D]. 长沙：中南大学，2004.

[22] 杨钢，陈亮维，王剑华，等．金属的织构对力学性能的影响 [J]. 昆明理工大学学报（自然科学版），2012，(5)：25-27.

[23] Yamamoto Y, Brady M P, Lu Z P, et al. Alumina-forming austenitic stainless steels strengthened by laves phase and MC carbide precipitates [J]. Metallurgical and Materials Transactions A, 2007, 38A (11): 2737-2746.

[24] Nabarro F L H D V. Physics of Creep and Creep-Resistant Alloys [M]. 1995.

[25] Maruyama K, Sawada K, Koike J. Strengthening mechanisms of creep resistant tempered martensitic steel [J]. ISIJ International, 2001, 41 (6): 641-653.

[26] Hayakawa H, Nakashima S, Kusumoto J, et al. Creep deformation characterization of heat resistant steel by stress change test [J]. International Journal of Pressure Vessels and Piping, 2009, 86 (9): 556-562.

[27] Vujic S, Sandström R, Sommitsch C. Precipitation evolution and creep strength modelling of 25Cr20NiNbN austenitic steel [J]. Materials at High Temperatures, 2015, 32 (6): 607-618.

[28] Yu Z, Chen M, Shen C, et al. Oxidation of an austenitic stainless steel with or without alloyed aluminum in O_2+10% H_2O environment at 800℃ [J]. Corrosion Science, 2017, 121: 105-115.

[29] Brady M P, Yamamoto Y, Santella M L, et al. Composition, microstructure, and water vapor effects on internal/external oxidation of alumina-forming austenitic stainless steels [J]. Oxidation of Metals, 2009, 72 (5-6): 311-333.

[30] Wang J, Qiao Y, Dong N, et al. The influence of temperature on the oxidation mechanism in air of HR3C and aluminum-containing 22Cr-25Ni austenitic stainless steels [J]. Oxidation of Metals, 2018, 89 (5-6): 713-730.

[31] Wen D H, Li Z, Jiang B B, et al. Effects of Nb/Ti/V/Ta on phase precipitation and oxidation resistance at 1073 K in alumina-forming austenitic stainless steels [J]. Materials Characterization, 2018, 144: 86-98.

[32] Peng W, Wang J, Zhang H, et al. Insights into the role of grain refinement on high-temperature initial oxidation phase transformation and oxides evolution in high aluminium Fe-Mn-Al-C duplex lightweight steel [J]. Corrosion Science, 2017, 126: 197-207.

[33] Liu L, Yang Z, Zhang C, et al. Effect of grain size on the oxidation of Fe-13Cr-5Ni alloy at 973K in Ar-21vol%O_2 [J]. Corrosion Science, 2015, 91: 195-202.

[34] Xu P, Zhao L Y, Sridharan K, et al. Oxidation behavior of grain boundary engineered alloy 690 in supercritical water environment [J]. Journal of Nuclear Materials, 2012, 422 (1-3): 143-151.

[35] Dai Q, Ye X, Ai H, et al. Corrosion of Incoloy 800H alloys with nickel cladding in FLiNaK salts at 850℃ [J]. Corrosion Science, 2018, 133: 349-357.

[36] Vikram R J, Gaddam S, Kalsar R, et al. A fractal approach to predict the oxidation and corrosion behavior of a grain boundary engineered low SFE high entropy alloy [J]. Materialia, 2019,

7: 100398.

[37] Tan L, Sridharan K, Allen T R. The effect of grain boundary engineering on the oxidation behavior of INCOLOY alloy 800H in supercritical water [J]. Journal of Nuclear Materials, 2006, 348 (3): 263-271.

[38] Tan L, Sridharan K, Allen T R. Altering Corrosion Response via Grain Boundary Engineering [J]. Materials Science Forum, 2008, 595-598: 409-418.

[39] Bechtle S, Kumar M, Somerday B P, et al. Grain-boundary engineering markedly reduces susceptibility to intergranular hydrogen embrittlement in metallic materials [J]. Acta Materialia, 2009, 57 (14): 4148-4157.

[40] Kim J, Heon, Kim B K, et al. The role of grain boundaries in the initial oxidation behavior of austenitic stainless steel containing alloyed Cu at 700℃ for advanced thermal power plant applications [J]. Corrosion Science, 2015, 96: 52-66.

[41] Yamamoto Y, Brady M P, Santella M L, et al. Overview of Strategies for High-Temperature Creep and Oxidation Resistance of Alumina-Forming Austenitic Stainless Steels [J]. Metallurgical and Materials Transactions A, 2010, 42 (4): 922-931.

[42] Yanar N M, Lutz B S, Garcia F L, et al. The effects of water vapor on the oxidation behavior of alumina forming austenitic stainless steels [J]. Oxidation of Metals, 2015, 84 (5-6): 541-565.

[43] Stott F H, Wood G C, Stringert J. The influence of alloying elements on the development and maintenance of protective scales [J]. Oxidation of Metals, 1995, 44: 113-145.

[44] Berthomé G, N'dah E, Wouters Y, et al. Temperature dependence of metastable alumina formation during thermal oxidation of FeCrAl foils [J]. Materials Corrosion, 2005, 56 (6): 389-392.

[45] S. Rashidi J P C, J. W. Stevenson, A. Pandey, et al. Effect of aluminizing on the high-temperature oxidation behavior of an alumina-forming austenitic stainless steel [J]. JOM Journal of the Minerals Metals and Materials Society, 2018, 71 (1): 109-115.

[46] Dong H, Ye Z, Wang P, et al. Effect of cold rolling on the oxidation resistance of T91 steel in oxygen-saturated stagnant liquid lead-bismuth eutectic at 450℃ and 550℃ [J]. Journal of Nuclear Materials, 2016, 476: 213-217.

[47] Wang Z B, Tao N R, Tong W P, et al. Diffusion of chromium in nanocrystalline iron produced by means of surface mechanical attrition treatment [J]. Acta Materialia, 2003, 51 (14): 4319-4329.

[48] Jang M H, Kang J Y, Jang J H, et al. Microstructure control to improve creep strength of alumina-forming austenitic heat-resistant steel by pre-strain [J]. Materials Characterization, 2018, 137: 1-8.

[49] Park H H, Kang J Y, Ha H Y, et al. Acceleration of Nano-Sized NbC Precipitation and Improvement of Creep Resistance in Alumina-Forming Austenitic Stainless Steel via Cold Working [J]. Korean Journal of Materials Science, 2017, 55 (7): 470-476.

[50] Hu B, Baker I. The effect of thermo-mechanical treatment on the high temperature tensile behavior of an alumina-forming austenitic steel [J]. Materials Science and Engineering: A, 2016, 651: 795-804.

[51] Qiao Y, Wang J, Zhang Z, et al. Improved oxidation resistance of a new aluminum-containing austenitic stainless steel at 800℃ in air [J]. Oxidation of Metals, 2017, 88 (3-4): 301-314.

[52] Elger R, Pettersson R. Effect of addition of 4 % Al on the high temperature oxidation and nitridation of a 20Cr-25Ni austenitic stainless steel [J]. Oxidation of Metals, 2014, 82 (5-6): 469-490.

第3章

新型含铝奥氏体耐热钢的热变形组织及性能

热变形是指金属在再结晶温度以上所进行的塑性变形，如钢的热轧、热锻等。根据生产产品的需要，金属材料的加工生产方式主要有热变形与冷变形两种。例如，锻造、热轧等加工过程属于热变形；而冷轧、冷拔等加工过程属于冷变形。通常金属在高温下的变形抗力下降，塑性提高，易于成型，因此对大变形量加工或难于冷变形的金属材料，经常采用热加工。从金属学的观点来看，冷变形与热变形的区别是以金属的再结晶温度为界限的。凡是金属的塑性变形是在再结晶温度以下进行的称为冷变形，在冷变形时产生加工硬化现象；反之在再结晶温度以上进行的塑性变形称为热变形，热变形时产生的加工硬化可随时被再结晶消除。

热加工时金属的变形抗力小，塑性大，金属的再结晶可随时发生，加工硬化过程可以被软化过程（回复、再结晶）所抵消，从而使得热加工后的金属具有再结晶组织而无加工硬化的痕迹，故可以顺利地进行大变形量的加工。由于加工硬化现象是伴随着塑性变形过程同时发生的，而回复及再结晶过程除温度条件外，还需一定时间才能完成，因此，当金属热变形的变形速度较大、温度较低时，往往软化过程来不及消除加工硬化。所以，在实际的热加工过程中，通常采用提高热加工温度的办法来加速软化过程。

3.1 热变形特点及其对组织和性能的影响

3.1.1 热变形的特点

金属在冷变形过程中，由于加工硬化使金属的变形抗力增大，以致不能继续变形。若金属的塑性差，则根本不能进行冷变形。在一定的条件下，热加工与冷加工相比，具有一系列的优点，如下。

1）变形抗力低。在高温时，原子的运动及热振动增强，加速了扩散过程和溶解过程，使金属的临界切应力降低；另外，使许多金属的滑移系数目增多，有利于变形的适应性；因变形而产生的加工硬化被再结晶软化抵消，金属始终保持塑性，使变形易于进行，因而使加工时金属抵抗能力减弱而降低了能量的消耗。

2）塑性升高，产生断裂的倾向性减少。金属热变形时，因变形产生的加工硬化被消除，使变形抗力降低，减小断裂的可能性。因为变形温度升高后，在断裂与愈合的过程中，愈合速度的加快为形成具有扩散性质的塑性结构创造了条件。虽然在热加工的温度范围内，某些合金的塑性有波动，如 α-Fe 与 γ-Fe 在 800～950℃的相变使塑性有所下降，但就总体来说，热加工温度范围内的金属塑性还是有所提高的。

3）不易产生织构。这是因为在高温下产生滑移的系统较多，使滑移面和滑移方向不断发生变化。因此，在热加工时，在金属内的择优取向或方向性就小。

4）生产周期短。在生产过程中，不需要像冷加工那样的中间退火，从而使整个生产工序简化而提高了生产率。

5）组织与性能基本满足要求。这是热加工能存在和发展的基本特点。

虽然热加工具有上述优点，使之在生产实践中得到广泛的应用，但它仍然存在许多不足之处，如下。

1）生产细或薄的产品较困难。对细或薄的加工件，由于散热较快，在生产中要保持热加工的温度条件是很困难的。因此，对于生产细或薄的金属材料，一般仍然采用冷加工的方法，比如冷轧、冷拔等。

2）产品表面质量差。产品的表面光洁度与尺寸精确度较差，这是因为在加热时，金属的表面要生成氧化物（如氧化铁皮等），在加工时，这些氧化物不易清除干净，造成加工产品的表面质量和尺寸的精度不如冷加工好；

另外冷却时的收缩，也能使表面质量和尺寸精度降低。

3）组织与性能的不均匀。在热加工结束后，由于冷却等原因，产品各处的温度难于保持均匀一致，温度偏高处的晶粒尺寸要比低处的大一些。

4）产品的强度不高。热加工时，由于温度高的原因，对金属起到了软化的作用。因此，要提高产品的强度，除了改进热加工的工艺措施外，在条件允许的情况下也可采用冷加工。

5）金属的消耗较大。加热时由于表面的氧化而有约1%～3%的金属烧损，在加工过程中也有氧化皮的脱落以及由于缺陷造成切损增多等，使金属的收得率降低。

6）对含有低熔点成分的合金不宜加工。例如，在一般的碳钢中含有较多的FeS，或在铜中含有Bi时的热加工，由于在晶界上有这些杂质所组成的低熔点共晶体发生熔化，因而晶间的结合遭到破坏而引起金属的断裂。

3.1.2 热变形对组织和性能的影响

金属的热变形不会引起加工硬化，但同样会对金属的组织和性能产生影响。合理的热变形工艺可改善铸态金属组织缺陷，提高力学性能。

（1）消除铸态金属的组织缺陷

通过热变形可使金属铸锭和铸坯的组织得到明显的改善。由于塑性变形量大，铸态金属中气泡、疏松和微裂纹等被压实、焊合，提高了铸坯的致密度。经过塑性变形和再结晶，可使粗大柱状晶、枝晶变为细小等轴晶粒。同时热加工可以改变枝晶偏析、夹杂物、碳化物的形态、大小和分布。热变形后钢的强度、塑性和抗冲击能均高于铸态。通常在工程上受力复杂、载荷较大的工件都要经过热变形后制造。表3-1所列为C含量为0.3%（质量分数）的碳钢在铸造与锻造后力学性能的比较。

表3-1　C含量为0.3%（质量分数）的碳钢在铸造与锻造后力学性能的比较

毛坯状态	σ_b/MPa	σ_s/MPa	δ/%	ψ/%	a_k/J·cm^{-2}
铸造	500	280	15	27	35
锻造	530	310	20	45	70

（2）形成热加工纤维组织

纤维组织的产生是热变形的一个重要特征。铸态金属在热变形中所形成的纤维组织与金属在冷变形中由于晶粒被拉长而形成的纤维组织是不同的。

在热变形中形成的纤维组织有各种原因，最常见的是由非金属夹杂所造成的。这种夹杂物的再结晶温度较高，在热变形的过程中难于发生再结晶；同时在高温下也具有一定的塑性，变形时将沿着最大延伸方向被拉长而形成线条状并沿变形方向分布。一般来说，塑性夹杂物呈线段状、脆性夹杂物呈点链状沿变形方向延伸。当变形完成后，被拉长的晶粒由于再结晶的作用而变成许多细小的等轴晶粒，这些夹杂物在变形金属再结晶时不会改变形状和分布，在宏观上可见沿变形方向呈一条条细线，这就是热加工纤维组织，也称为热加工流线组织。纤维组织的出现，将使金属材料的力学性能呈现异向性。即沿着纤维方向（纵向）具有较高的力学性能，而在垂直于纤维状的方向（横向）性能较差。这种纤维组织，不像由晶粒拉长所形成的纤维组织。在一般情况下，要减少这种纤维组织的产生，只能在变形过程中通过不断改变变形的方向来避免。例如，铸坯轧成板材时所采用的角轧、横轧和直轧就是为了避免纤维组织的产生和减小性能的方向性。

(3) 形成带状组织

合金中的各相或各组织在热加工时沿着变形方向交替地呈带状分布，这种组织称为带状组织。例如，在经过热变形的亚共析钢的带状组织中，有时会出现铁素体与珠光体沿金属的加工变形方向呈平行交替分布。带状组织的形成是由于铸态金属中存在的枝晶偏析或夹杂物，在加工过程中沿变形方向被压延而伸长呈带状。带状组织的含碳量较低，先共析铁素体通常会依附它们析出，形成带状分布，铁素体两侧的富碳区随后转变成珠光体[1]。

带状组织使钢材的力学性能呈各向异性，纵向与横向力学性能不同，并降低塑性和韧性，热处理时易产生变形，且使钢材组织、硬度不均匀；带状碳化物还影响轴承和工具的使用寿命。减轻或消除带状组织的主要措施如下。

1）提高钢的纯度，降低硫、磷和非金属夹杂物的含量；

2）热变形时采用高温加热和长时间保温，以减轻或消除枝晶偏析；

3）热加工后提高冷却速度，细化组织。

3.1.3 热变形的晶粒大小控制

3.1.3.1 热变形晶粒大小的影响因素

金属经热变形后的晶粒度，取决于加工再结晶、聚集再结晶和相变重结晶等过程。在加工再结晶过程中，影响晶粒大小的主要因素是再结晶温度、再结晶核心的形成和再结晶速度；而在聚集再结晶过程中，影响晶粒大小的主要因素是聚集再结晶速度和晶间物质的组成，晶间物质对聚集再结晶的进行起阻碍作用。对于热加工过程来说，变形温度、变形程度和机械阻碍物是影响形核速度和长大速度的三个基本参数。下面将对这三个基本参数对晶粒大小的影响进行讨论。

(1) 加热温度

加热温度包括塑性变形前的加热温度和固溶处理时的加热温度。从热力学条件来看，在一定体积的金属中，晶粒愈粗，则其总晶界表面积就愈小，总的表面能也就愈低。由于晶粒粗化可以减少表面能，使金属处于自由能较低的稳定状态，因此，晶粒长大是一种自发的变化趋势，即细晶粒有自发变为粗晶粒的趋向。晶粒长大主要通过晶界迁移的方式进行，即大晶粒并吞小晶粒。要实现这种变化过程，需要原子有强大的扩散能力，以完成晶粒长大时晶界的迁移运动。温度对原子的扩散能力有重要的影响。随着加热温度升高，原子（特别是晶界的原子）的移动、扩散能力不断增加，晶粒之间吞并速度加剧，晶粒的这种长大可以在很短的时间内完成。所以，晶粒随着温度升高而长大是一种必然现象。

(2) 变形程度

金属材料经塑性变形后，其内部的晶粒受到不同程度的变形和破碎，随着变形程度的增加，晶粒的变形和破碎程度也越严重，最后完全见不到完整的晶粒而成为纤维状组织。随着变形程度从小到大，晶粒大小有两个峰值，即出现两个大晶粒区。第一个大晶粒区，叫做临界变形区。在没有同素异构转变和有同素异构转变的合金中，一般都存在临界变形区。在此临界变形范围内，合金容易出现粗晶。不同材料，出现临界变形区的值大小也不同。同时，临界变形区是属于一种小变形量范围。因为其变形量小，金属内部只是局部地区受到变形。再结晶时，这些受到变形的局部地区会产生再结晶核心，由于产生的核心数目不多，这些为数不多的核心将不断长大，直到它们互相接触，均获得了粗大晶粒。当变形量大于临界变形程度时，金属内部均产生了较大的塑性变形，由于具有了较高的畸变能，因而再结晶时能同时形成较多的再结晶核心，这些核心稍一长大就相互接触，所以再结晶后可获得细小等轴晶粒。

当变形量足够大时，出现第二个大晶粒区。该区的粗大晶粒与临界变形时所产生的大晶粒不同。一般认为，该区是在变形时先形成变形织构，经再结晶后形成了织构大晶粒所致。关于第二峰值出现大晶粒的原因还可能如下。

1）由于变形程度大（大于 90%以上），内部产生较大热效应，引起锻件实际变形温度大幅度升高。

2）由于变形程度大，使那些沿晶界分布的杂质破碎并分散，造成变形的晶粒与晶粒之间局部地区直接接触，从而促使形成大晶粒，这时互相接触的晶粒与织构的区别在于晶粒位向差。

(3) 机械阻碍物

一般来说，金属的晶粒随着温度的升高而不断长大。但有时加热到较高温度时，晶粒仍很细小，可以说没有长大。而当温度再升高一些时，晶粒会突然长大。有些材料随加热温度升高，晶粒分阶段长大，而不是随温度升高成直线关系生长。这是由于金属材料中存在机械阻碍物，对晶界有钉扎作用，阻止晶界迁移。机械阻碍物在钢中可以是氧化物（如 Al_2O_3 等)、氮化物（如 AlN、TiN 等)、碳化物（如 VC、TiC 等)；在铝合金中可以是 Mn、Ti、Fe 等金属元素的脱溶析出及其化合物。

钢中机械阻碍物的存在形式分两类：一类是钢在冶炼凝固时从液相中直接析出的，颗粒比较大，成偏析或统计规律分布；另一类是钢凝固后，在继续冷却过程中从奥氏体晶粒内析出的，颗粒十分细小，分布在晶界上。这两类物质都起机械阻碍作用，但后一类要比前一类的阻碍作用大得多。

机械阻碍物一旦随温度变化溶入晶粒内部时，晶界上的机械阻碍作用也随之消失，晶粒便可迅速长大到与其所处温度对应的尺寸大小。由于这些机械阻碍物质溶入奥氏体晶粒内时的温度有高有低，存在钢内的数量有多有少，种类可能是一种或是几种同时存在，这样晶粒突然长大的温度与程度就有所不同。应该指出，通常所说的机械阻碍物总是指一些极小的微粒化合物，但是第二相固溶体也可以起机械阻碍作用，阻止晶粒长大。例如，一些铁素体不锈钢，特别是高 Cr 含量类型的不锈钢，加入少量 Ni 或 Mn，由于能形成少量奥氏体（固溶体)，抑制作为基体的铁素体晶粒长大，从而提高了材料的韧性。

除以上三个基本因素外，还有变形速度、原始晶粒度和化学成分等也会对晶粒的大小产生影响。

3.1.3.2 细化晶粒的主要途径

由于粗大的晶粒对力学性能带来不利影响，因此，人们总希望获得细晶组织。获得细晶组织的主要途径如下。

(1) 采用适当的变形程度和变形温度

例如在设计模具和选择坯料形状、尺寸时，既要使变形量大于临界变形程度，又要避免出现因变形程度过大而引起的激烈变形区，并且模锻时应采用良好的润滑剂，以改善金属的流动条件，获得均匀变形。锻件的晶粒度主要取决于终锻温度下的变形程度，塑性变形时应恰当控制最高热变形温度，该温度的确定既要考虑加热温度，也要考虑到热效应引起的升温，以免发生聚集再结晶。如果变形量较小时，应适当降低热变形温度。终锻温度一般不宜太高，以免晶粒长大。但是对于高温合金等无同素异构转变的材料，终锻温度又不能太低，即不应低于出现混合变形组织的温度。

(2) 适当提高冷却速度

有些材料变形后晶粒尚未来得及长大时就迅速快冷，也可以得到细晶组织。这是因为锻造后快速冷却能把合金在高温锻造过程中形成的晶体缺陷固定到室温，而这些弥散的晶体缺陷在随后的热处理过程中成了结晶核心的形核场所，从而细化了晶粒，同时又可提高组织的均匀性。一方面提升铁素体形核率，使铁素体细化；另一方面可阻止生成的铁素体晶粒长大。

3.2 奥氏体耐热钢高温变形机理

常用金属材料在不大于 $0.3T_m$（T_m 为熔点，热力学温度表示）的较低温度下受到外加应力作用而发生塑性变形时，会产生显著的加工硬化效果，这种硬化效果通常认为是由于位错塞积造成的。但是在较高温度下（大于 $0.5T_m$），这种硬化效果会因为组织的回复作用而消失，从而产生加工软化效果。当材料的加工硬化效果和加工软化效果相互抵消时，材料就进入稳定变形状态，有着恒定的应力与应变速率，直到塑性变形量积累的结果使得这种稳定状态被打破为止。通常在适当的外加应力下，材料高温变形时的稳态应变速率和稳态应力值呈幂函数关系，如式(3-1)[2] 所示：

$$\varepsilon = A\sigma^n \tag{3-1}$$

式中 ε——材料的稳态应变速率；

σ——材料的稳态应力值；

A——与材料特性、温度有关的常数；

n——应力指数。

式中的应力指数 n 值有着重要的意义，一定程度上反映了材料的变形机制。满足式(3-1) 的变形过程称为幂律变。对于大多数金属材料而言，n 值在 4～7。在较低温度下进行变形时，n 值一般较高。在文献中提到，进行 AFA 钢热变形实验时，随着应变速率的突升，应力值也随之呈直线突升，之后过渡到稳定状态。实验温度不低于 750℃时，应力指数值约为 9，但是在较低温度范围（700～750℃）的实验的 n 值约为 11。无论哪个温度

范围应力指数 n 值均明显高于 5（高温变形过程受回复软化作用控制型合金的典型应力指数值）或 3（高温变形过程受位错的黏滞滑移过程控制型合金的典型应力指数值）[3]。

根据 n 值从小到大的顺序可以将材料高温变形时的变形机制分为以下几种。

（1）扩散控制的高温变形

当材料处于极高温度和受到较低应力作用时，由于应力很低，材料中的位错密度很低，位错对总变形量贡献很小；同时温度足够高（一般在熔点附近），原子的扩散速度很快时，材料的变形过程主要依靠原子的定向迁移来完成，此时 n 值一般为 1 左右。

扩散控制的高温变形，按照原子主要的扩散途径不同，可以分为两类：Nabarro-Herring 型[4]，材料的变形主要依靠原子的晶格扩散来完成；Coble 型，材料的变形主要依靠原子沿晶界扩散来完成。文献中，新型 AFA 钢在全部实验温度条件下的应力指数约为 4.7，且在相同温度下的数据点分布的直线性很好。通过实验可以推算出 AFA 钢的变形激活能为 280kJ/mol，且奥氏体中的晶格扩散能为 280kJ/mol，这说明 AFA 钢的变形过程受奥氏体的晶格扩散控制[3]。

（2）晶界移动控制的高温变形

某些特定的材料在特定条件下拉伸时，可以得到百分之几百的延伸率，这种现象被称为超塑性。大量的研究结果表明材料的超塑性变形主要是靠晶界的滑动过程来实现的。在变形过程中，晶粒本身的形状是始终不发生变化的，晶粒之间的相对滑动产生材料的宏观变形，此条件下 n 值一般为 2 左右。

（3）位错移动控制的高温变形

对于大多金属材料而言，高温受力条件下发生塑性变形的过程，是由位错的移动来完成的。之前提到，材料在高温变形过程中，如果加工硬化和回复软化相互抵消，则材料进入稳态变形状态。可以通过位错的观点来解释这个现象。例如，F-R 位错源通过滑移的方式不断产生位错，使得位错密度增加材料产生加工硬化；同时，异号的两个位错在自身应力场的吸引下，通过攀移过程相遇而湮灭，使得位错密度下降，材料产生回复软化。如果两个过程达到平衡，材料就进入稳态变形过程。当材料中存在某些阻碍位错滑移的因素时，位错滑移的速度会显著下降，如第一类固溶体中的溶质原子。这时材料的变形受到位错的滑移过程控制，此时 n 值为 3 左右。当位错的滑移过程不受阻碍，或者受到的阻碍足够小时，位错的滑移过程将大大快于位错的攀移湮灭过程，这时材料的稳态变形过程将受到攀移过程控制，也叫做回复型变形。当材料的变形过程受到回复过程控制时，根据回复的具体机制不同，材料的 n 值一般在 4～6 之间。

(4) 第二相粒子强化材料的高温变形

当材料中存在着大量弥散分布的第二相粒子时，材料的高温力学性能将得到明显强化。这种材料的高温变形行为受到第二相粒子的影响较大，与具体的第二相强化机制有关。这种材料在高温稳态变形时的 n 值较大，一般大于 8 甚至有的材料能达到 100 以上。AFA 钢中的强化相主要是纳米 NbC 相和 Laves（Fe_2Nb）相，在 750℃以下的温度范围进行实验时，纳米 NbC 是主要的强化相，而在高于此温度时 Laves（Fe_2Nb）相则成为主要的强化相[3,5]。

3.3 热变形新型含铝奥氏体耐热钢的微观组织

该部分所涉及的新型 AFA 钢为采用高纯度的金属原材料（Fe、Ni、Cr、Al 和 Nb 等）通过真空感应熔炼并热轧空冷制备的板材，命名为 4Al-AFA 耐热钢。实验时，首先将钢板表面的氧化膜打磨掉，然后用线切割机从钢板上切下若干个尺寸为 70mm×14mm×10mm 的小钢条并分成五组，第一组不做处理，其余四组试样加热到 1150℃，保温 5min，然后进行轧制，所有样品的初始厚度为 10mm。实验中，每道次轧制完毕后，立即重新放回马弗炉中进行加热，直至 1150℃保温后，再次进行下道次轧制。四组试样的总压下变形量分别为 20％、40％、70％和 90％，之后从每组试样中分别取出一个试样进行退火实验。首先将取出的试样放入热处理炉中，从室温以 8℃/min 加热到 700℃，保温 2h，之后随炉冷却至室温。

表 3-2 显示了新型 AFA 钢样品经过多道次热轧后达到或接近了预期的变形量，变形量的变化体现了样品变形程度的大小。

表 3-2 新型 AFA 钢热轧道次及参数表

样品变形量/mm	道次							最终厚度/mm
	1	2	3	4	5	6	7	
1 号								
2 号	1	1						8.1
3 号	1	1	2					6.1

续表

样品变形量/mm	道次							最终厚度/mm
	1	2	3	4	5	6	7	
4号	1	1	2	2	1			3.0
5号	1	1	2	2	1	1	1	1.2

所有试样的微观组织结构采用 DMI 5000M 研究型倒置电动徕卡显微镜、JSM-7800F 型场发射扫描电镜（SEM-EBSD）进行分析，其中物相分析采用 DX2500X 射线衍射仪（扫描时采用连续扫描，测量范围为 20°～100°，扫描速度 8°/min)。

3.3.1 热变形 AFA 钢的微观组织

3.3.1.1 金相分析

金相检验技术是指利用光学金相显微镜、放大镜和体视显微镜等对材料显微组织、低倍组织和断口组织等进行分析研究和表征的材料学科分支，其观测研究的材料组织结构的代表性尺度范围为 10^{-9}～10^{-2}m 数量级，主要反映和表征构成材料的相和组织组成物、晶粒或亚晶粒、非金属夹杂物，乃至某些晶体缺陷（比如位错）的数量、形貌、大小、分布、取向、空间排布状态等。金相检验技术包括金相技术、金相检验和金相分析三方面的内容。金相技术主要是金相试样的制备、显微镜及其附件的使用、金相组织的识别、定量测量及记录等技术。金相检验指对金相组织做出定性鉴别和定量测量的过程，如确定合金中各组成相的尺寸、形状、分布特征、晶粒度、夹杂类型和数量以及表面处理层的组织等。金相分析通常指对材料研究中某种现象、质量控制中某种事件进行广泛的金相检验后运用金相原理加以综合分析，得出科学的结论，如失效分析及热处理工艺确定等[6]。

在图 3-1 (a) 是原始试样的金相组织图片，可以发现，原始试样的组织为单相奥氏体，并且晶粒十分细小，大小分布均匀，晶粒多呈扁平状。除此之外，还可以观察到原始试样的金相组织中有大量的析出物，呈弥散状，分布十分均匀。图 3-1（b)、（c)、（d）和（e）依次是变形量为 20%、40%、70%、90%的热轧试样的金相组织图片。观察图片可以发现，当变形量为 20%时，晶粒的尺寸较大，形状不规则，并且组织中有孪晶的存在。当变形量增大时，如图 3-1 (c)、(d)、(e) 所示，晶粒尺寸明显减小，并且延轧制方向明显拉长，晶粒趋向于扁平状。这表明试样在热轧过程中动态再结晶的程度较小，晶粒未趋向于等轴化。除此之外，还可以发现，随着变形量的增大，组织中的析出物逐渐增多，其分布也逐渐均匀。

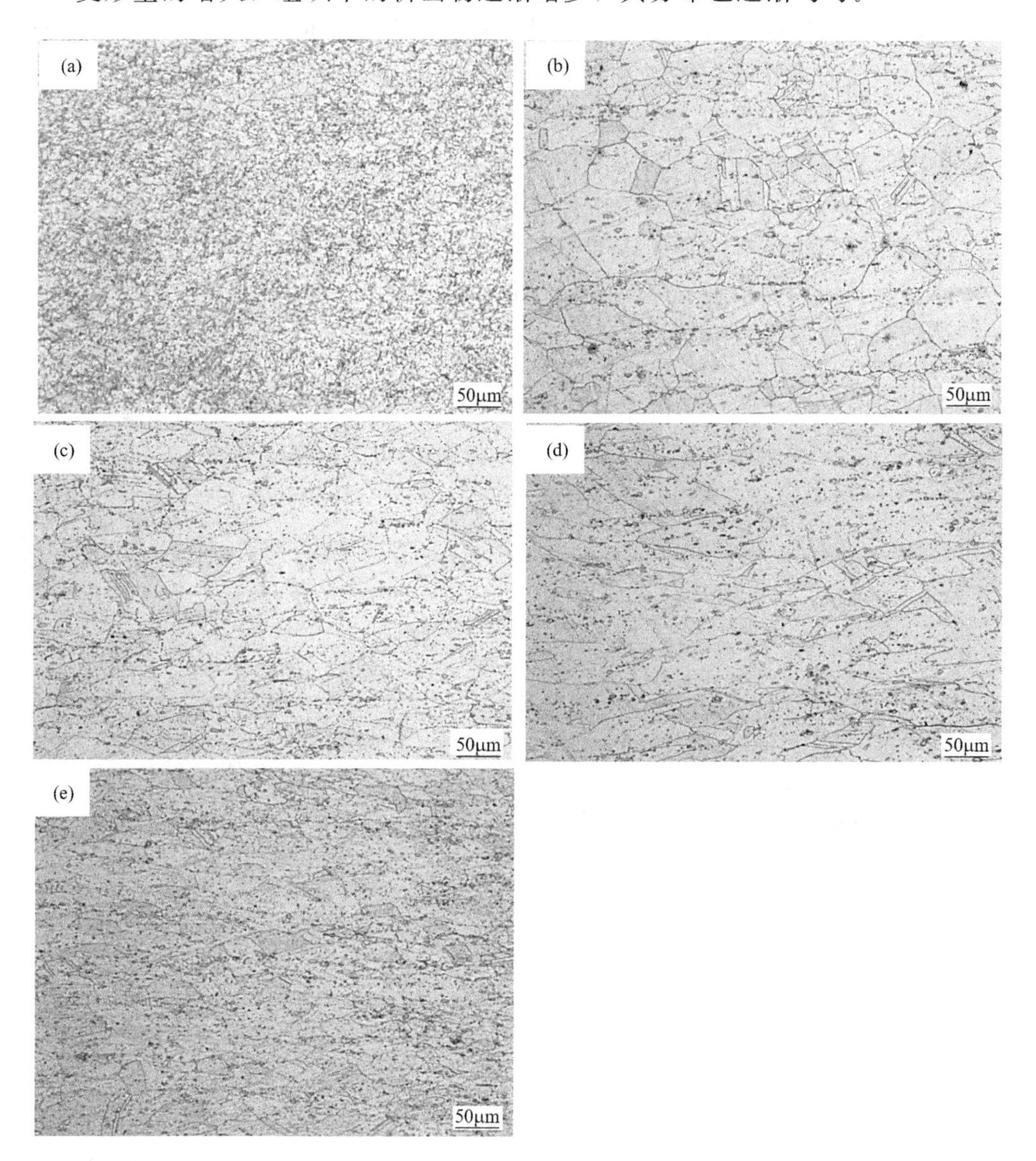

图 3-1　不同变形量热轧试样的金相组织

(a) 原始试样；(b) 变形量 20%；(c) 变形量 40%；(d) 变形量 70%；(e) 变形量 90%

3.3.1.2　XRD 分析

新型含铝奥氏体耐热钢具有十分优秀的性能，这与其所含有的第二相息息相关。为了进一步了解试样中所含有的相，采用 DX2500X 射线衍射仪对试样进行了 XRD 实验，并用 Jade 软件对其衍射图谱进行了分析。

图 3-2 为对热轧试样进行 XRD 实验的结果，通过对 XRD 图谱的分析发现，虽然试样热轧时的变形量不同，但其所含相的种类基本没有发生变化，较为明显的衍射峰均为奥氏体，其他相则不明显，这说明基体相均为奥氏体相，并含有少量的 NbC 相、B2-NiAl 相以及少量的 Laves 相。NbC 相与奥氏体相结构相同，均为立方结构，Laves 相为密排六方结构，而 B2-NiAl 相为简单有序的体心立方结构。对比不同热轧变形量的试样，变形量为 0% 的试样（原始试样）奥氏体的衍射峰最强，随着变形量增加至 70%，奥氏体以及其他相的衍射峰强度逐渐下降。当变形量到达 90% 时，奥氏体相和第二相的衍射峰强度有所升高。

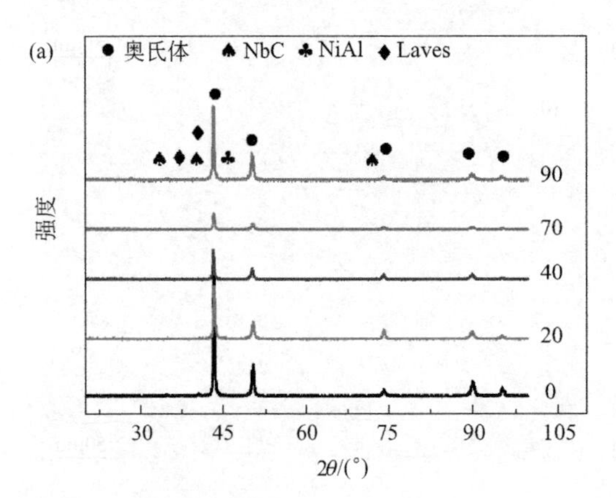

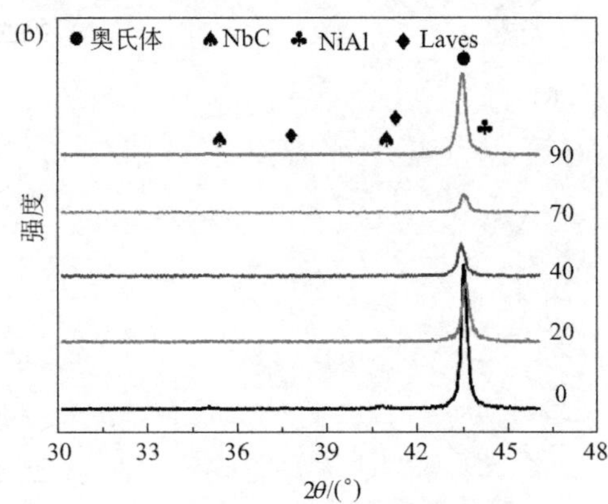

图 3-2 XRD 分析图

（a）不同热轧变形量试样；（b）2θ 在 30°～45°内的局部放大图

NbC 相、B2-NiAl 相以及 Laves 相对 AFA 钢性能的影响如下。

1）细小的 NbC 颗粒的弥散作用可以使钢基体得到强化，这种碳化物的尺寸一般为纳米级，具有面心立方结构，碳原子在晶体点阵中占据八面体中心位置，有很高的热力学稳定性，是一种很好的强化相。在 AFA 钢中，主要是添加 Nb 来形成细小的 NbC，达到析出强化的效果。同时，应避免同时添加 Ti、V，因为会破坏 Al_2O_3 保护膜的形成。此外，在 AFA 钢中容易出现较大尺寸的初生 NbC 颗粒，这是由于 Nb 的熔点很高，NbC 的形成进而影响材料的性能。控制纳米级的 NbC 的分布弥散析出，是提高 AFA 钢蠕变性能的主要手段，其在高温下能够有效钉扎位错运动，显著提高其蠕变强度。

2）AFA 钢中的 B2-NiAl 相具有 CsCl 型简单立方结构，是一种 GCP 相，而且 B2-NiAl 相与奥氏体基体之间无共格联系，在高温下容易长大粗化。室温时，B2-NiAl 相具有明显的强化作用；而在高温下，B2-NiAl 相的韧脆转变温度在500～800℃，由于韧脆转变失去强化效果。但是，B2-NiAl相作为一种塑性相可以改善材料的高温塑性。

3）Laves相是一种AB_2型的金属间化合物，是AFA钢中最具潜力的强化相。在奥氏体钢中Laves相为C14类型，即具有六方结构的Laves相。一般情况下，Laves相会损害奥氏体不锈钢的性能，要尽量避免Laves相的形成。Laves相和奥氏体基体之间的错配度较小，低错配度的第二相可以改善材料的塑性。Laves相对合金的强化引起了很多学者的重视，学者的研究得出，Laves相可以提高合金材料的高温蠕变强度，而且可以促进位错滑移，改善AFA钢的塑性；高温下，晶界是金属材料的最为薄弱的地方，容易造成材料的失效。当Laves相在晶界上析出时，可以通过抑制位错的运动而进一步抑制晶界的局部变形，从而提高材料的高温蠕变变形抗力[7]。

3.3.1.3 EBSD分析

(1) 原始试样的显微结构观察

在腐蚀金相的过程中，由于孪晶界等特殊晶界很难被腐蚀显现出来，导致实际测量的晶粒尺寸往往存在较大的误差，而EBSD技术可以准确识别晶界、孪晶界，对晶粒大小、分布进行精确分析。图3-3（a）和（c）分别为原始试样的IPF（inverse pole figure，简称IPF）图和晶粒尺寸分布柱状图，可以看出，原始试样的组织由相对等轴的晶粒组成（纵横比为2.74），原始试样晶粒的平均直径为8.78μm，且晶粒分布较为均匀。图3-3（b）和（d）分别为退火态原始试样的IPF图和晶粒尺寸分布柱状图。与原始试样相比，退火态原始试样的晶粒形貌和晶粒大小、分布大致相同。但退火态原始试样的粗晶（晶粒直径大于20μm）所占比例约为4.55%，比原始试样中粗晶所占比例3.49%要高，这是因为退火态原始试样在700℃下退火2h的过程中部分晶粒粗化，致使粗晶比例上升。

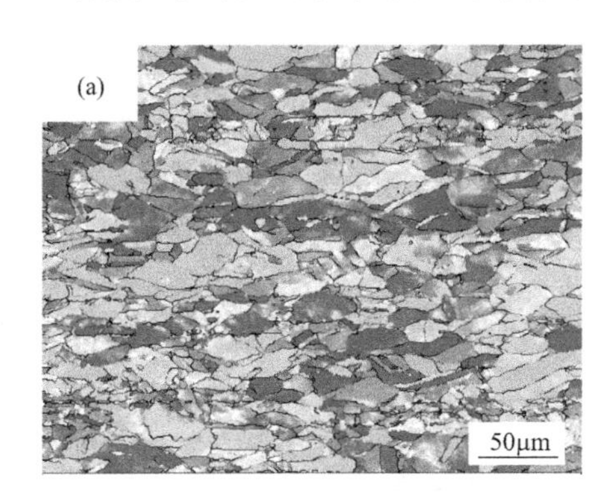

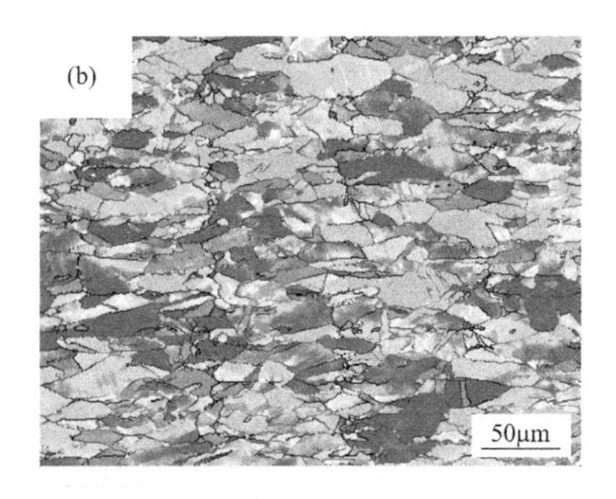

图3-3

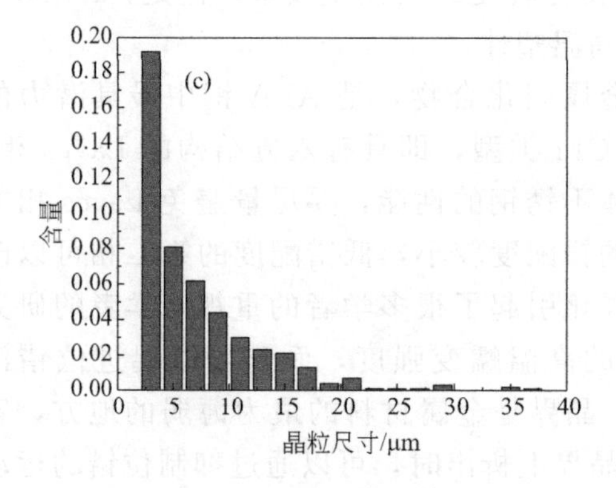

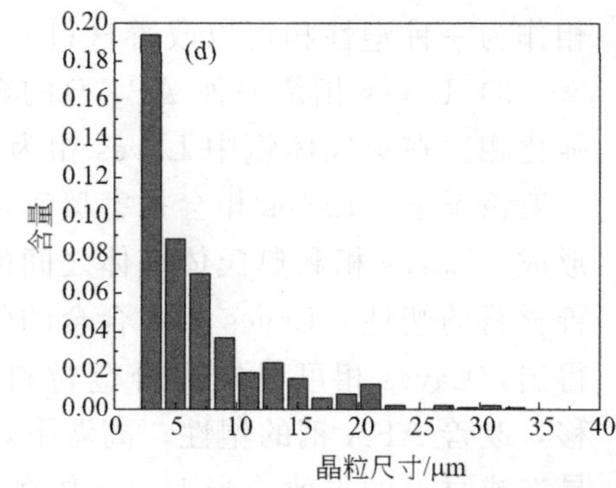

图 3-3 原始试样及退火态原始试样的 IPF 图和晶粒尺寸分布图

(a) 原始试样 IPF 图；(b) 退火态原始试样 IPF 图；

(c) 原始试样晶粒大小分布；(d) 退火态原始试样晶粒尺寸分布

图 3-4(a) 和 (b) 所示为原始试样及其退火试样的大小角度晶界的分布。扫码查看彩图，其中，绿色线条（扫二维码查看彩图）表示了小角度晶界（晶界取向差小于 15°），而黑色线条表示了大角度晶界（晶界取向差大于 15°），对比图 3-4(c) 和 (d)，可以发现，原始试样的大角度晶界所占比例约为 15.77%，原始退火试样大角度晶界所占比例约为 16.20%，较原始试样的大角度晶界有所增加。这是因为退火过程中，原始退火试样发生了再结晶，位错密度下降，因而与变形程度相关的小角度晶界也减少。随着再结晶程度的增加，与再结晶程度密切相关的大角度晶界所占比率也随之增加。

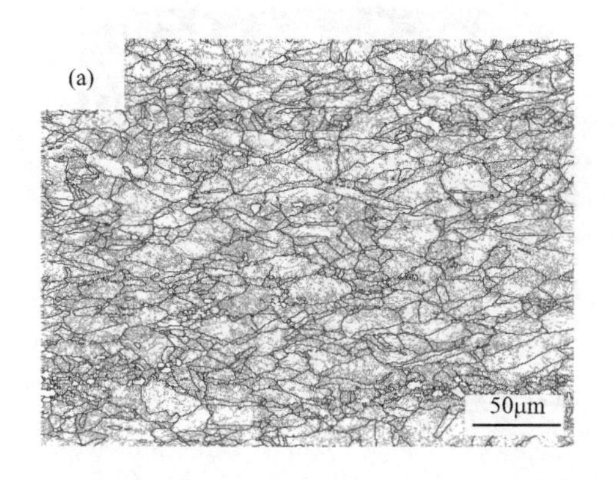

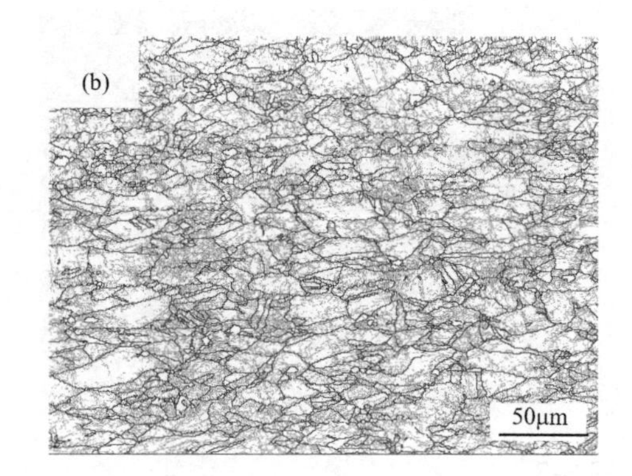

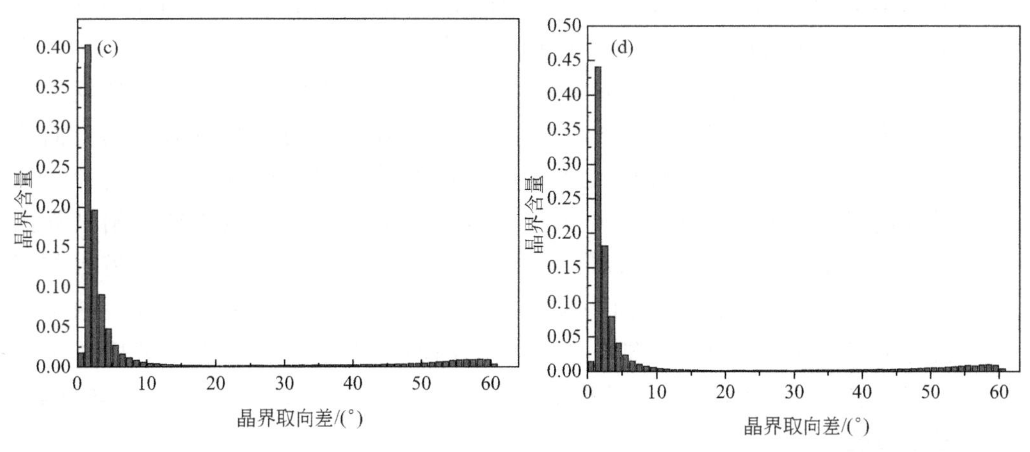

图 3-4 原始试样及其退火试样晶界分布及晶界取向差分布图

(a) 原始试样大小角度晶界；(b) 退火态原始试样大小角度晶界；

(c) 原始试样晶界取向差；(d) 退火态原始试样晶界取向差

(2) 热轧过程中晶粒的形态与尺寸的演变

图 3-5 定量描述了热轧过程中晶粒的形态与平均晶粒尺寸的变化。如图 3-5 (a) 所示，当热轧变形量为 20%时，平均晶粒尺寸为 33.83μm，较原始试样的平均晶粒尺寸 8.79μm 增大；当变形量增大到 40%、70%和 90%时，平均晶粒尺寸依次为 25.46μm、21.88μm、11.92μm，这时晶粒尺寸呈现出一个下降的趋势。晶粒大小出现这一变化趋势与本实验的轧制工艺密切相关。在热轧前，将试样加热到 1150℃并保温 5min 的过程中，热轧态的原始试样中的晶粒长大，晶粒尺寸增大，当热轧压下 20%时，由于变形量较小，试样只发生了部分动态再结晶，形成了少量的尺寸较小的动态再结晶晶粒，这使得热轧压下 20%的试样依然保持较大的平均晶粒尺寸。在后续的热轧过程中，试样经过多道次轧制达到最终轧制变形量，而在一个道次与下一个道次之间，试样重新回炉，并被加热到热轧的起始温度，这个过程中试样会发生回复与再结晶，晶粒得到细化，晶粒尺寸逐渐减小。此外，变形量为 20%、40%、70%的试样经过矫直处理（冷变形），可能一部分晶粒得到细化，但由于冷变形程度较小，对平均晶粒尺寸的整体变化趋势影响不大。图 3-5 (b) 是不同变形量的试样晶粒尺寸纵横比变化的折线图。如图 3-5 所示，当热轧变形量为 20%时，晶粒的纵横比为 2.35，较原始试样的纵横比 2.73 减小；当变形量为 40%和 70%时，晶粒的纵横比分别为 2.58 和 2.76，呈现出上升的趋势；而当变形量达到 90%时，晶粒的纵横比

为 2.44，反而比变形量为 70％的试样的晶粒的纵横比要小。晶粒的纵横比呈此变化趋势可能与热轧过程中的回复与再结晶有关。在热轧前，将试样加热到 1150℃并保温 5min 的过程中，热轧态的原始试样中的晶粒发生球化、长大，晶粒的纵横比减小。而当变形量为 20％时，晶粒沿轧制方向变形较小，再加上热轧过程中发生动态再结晶，使得晶粒等轴化，而后续的矫直过程冷变形量较小，晶粒的形貌变化不大，因此纵横比较原始试样的要小。当变形量为 40％和 70％时，由于多道次轧制，并且在一个道次与下一个道次之间，试样重新回炉加热至 1150℃，这一工序使得试样中的位错密度下降，储存能减少，即动态再结晶的驱动力较小，这使得试样在热轧至变形量为 40％和 70％的过程中，只发生了少量的动态再结晶。而热轧后，晶粒沿轧制方向伸长，同时在矫直过程中变形量为 40％和 70％的试样冷变形程度较大，部分晶粒被拉长，因此纵横比增大。当变形量达到 90％时，由于每道次之间的加热软化过程中晶粒逐渐长大接近等轴，因此纵横比再次下降。

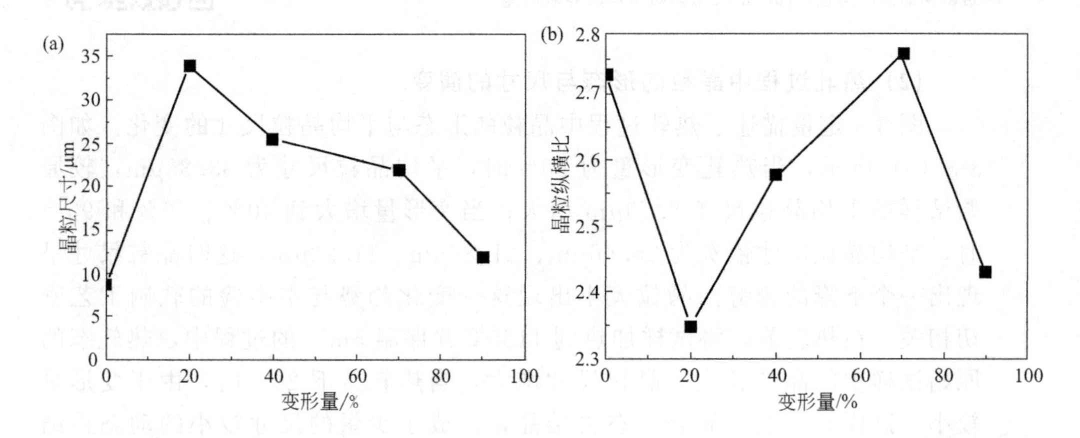

图 3-5　热轧试样的变形量对晶粒组织变化的影响

(a) 晶粒尺寸；(b) 晶粒纵横比

图 3-6 为热轧后试样的 IPF 图，用颜色给出了晶体取向与样品法线方向的关系。扫码查看彩图，图中，蓝色表示＜111＞方向，绿色表示＜101＞方向，红色表示＜001＞方向，晶粒颜色相同表示晶体的取向一致。原始试样的 IPF 图如图 3-6(a) 所示，原始试样的晶体取向偏向于＜101＞方向，表明材料择优取向，各向异性。经过 20％压下后，试样的晶体取向由＜101＞向＜111＞和＜001＞转变。随着变形量的持续增加，试样的晶体取向逐渐向＜111＞方向靠近。

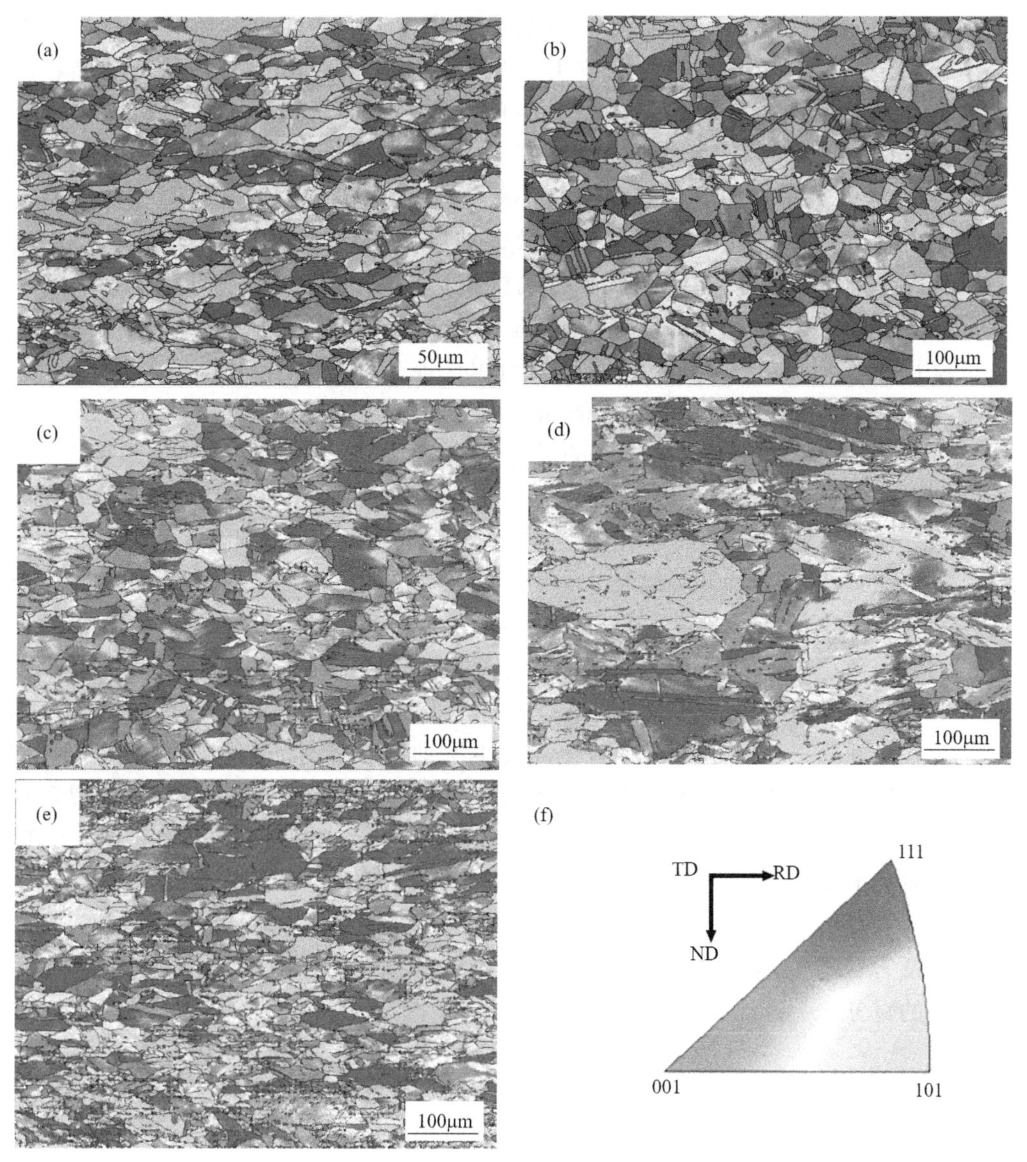

图 3-6　不同变形量热轧试样的 IPF 图

(a) 原始试样；(b) 变形量 20%；(c) 变形量 40%；(d) 变形量 70%；(e) 变形量 90%；(f) 取向方向示意图（TD 为轧制面的横向，RD 为轧制方向，ND 为轧制面的法线方向）

(3) 热轧过程中晶界的演变

有学者曾提出“晶界设计与控制概念”，指出了除了控制晶粒尺寸、取向和形状等重要因素外，在晶界特征分布中增加或改变重合位置点阵

(coincidence site lattice，CSL）的数量和分布，会使合金的整体性能得到改善，包括提高对晶间腐蚀的抗力。从几何学的角度出发，按照相邻晶粒间的晶体学取向关系可将晶界分为小角度晶界（取向差小于15°或10°，亦称晶界）和大角度晶界（取向差大于15°）；而大角度晶界又可分为普通大角度晶界和重合位置点阵晶界。与一般大角度晶界相比，重合位置点阵晶界具有晶界能低、晶界偏聚程度轻微、晶界扩散率低、沿晶析出概率小、迁移速率小等重要特性，因此具有高的抗晶界腐蚀能力和低的高温蠕变速率等特殊性能。因此对于晶界取向差、大小角度晶界以及CSL晶界的研究有助于我们更好地控制AFA钢的组织性能[8]。

图3-7是不同变形量试样的晶界取向差角度分布图，观察图3-7(a)～(e)可以发现，不同变形量的试样的晶界取向差大多分布在1°～15°以及50°～60°两个区间，并且在两个角度区间中各有一个“峰”，呈现出“双峰”的特征。根据图3-8热轧试样的小角度晶界百分比变化折线图可以知道，变形量为0%、20%、40%、70%以及90%的试样的晶界在1°～15°这个区间中的比例分别为84.23%、79.52%、84.62%、87.99%以及78.23%，随着变形量的增加，小角度晶界的比例呈现出先下降再上升然后又下降的趋势。变形量为20%的试样的小角度晶界所占比例比热容轧态的原始试样的还要小，这是因为在热轧压下20%的过程中，试样发生了动态回复与动态再结晶，使得一部分变形结构转化为再结晶结构，从而使得一部分变形产生的小角度晶界转化为大角度晶界，因此造成变形量为20%的试样的小角度晶界所占比例下降。随着变形量的增加，变形程度增大，与变形程度相关的小角度晶界数量增加，而再结晶产生的大角度晶界相对较少，故小角度晶界的所占比例上升。在变形量为90%的热轧试样中，小角度晶界的百分比同样呈下降趋势，大角度晶界的百分比上升。

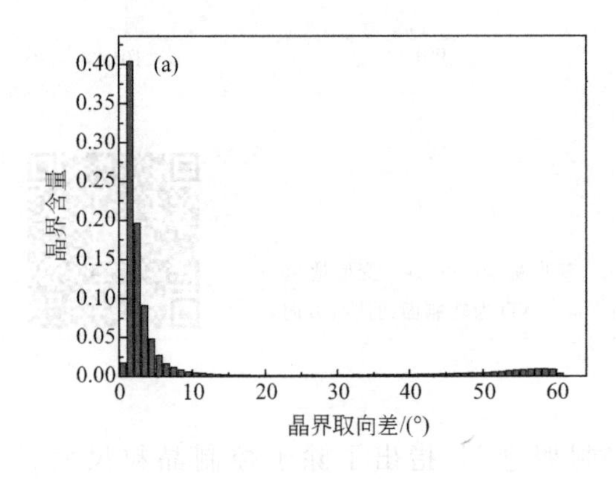

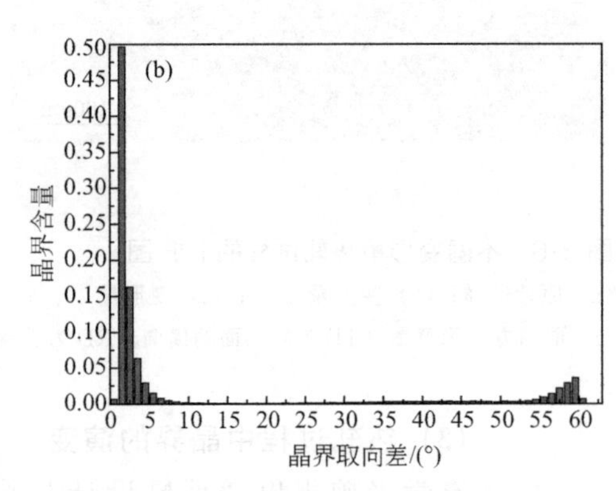

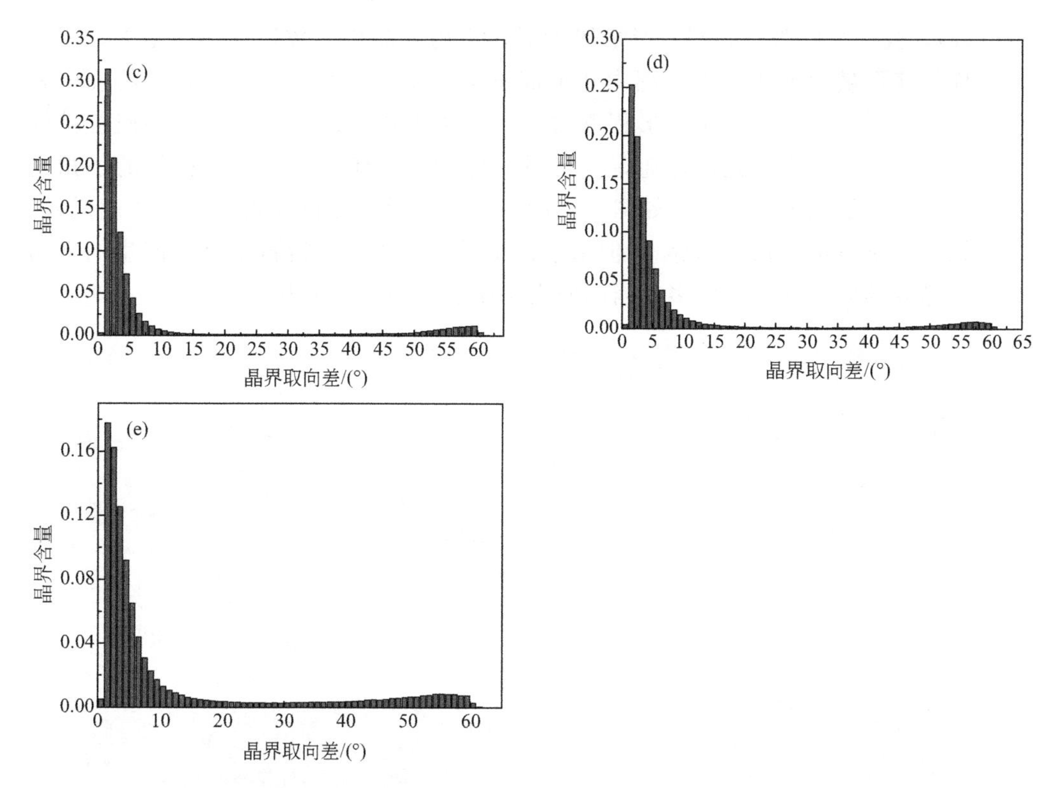

图 3-7　不同变形量热轧试样晶界取向差角度分布图

(a) 原始试样；(b) 变形量 20%；(c) 变形量 40%；(d) 变形量 70%；(e) 变形量 90%

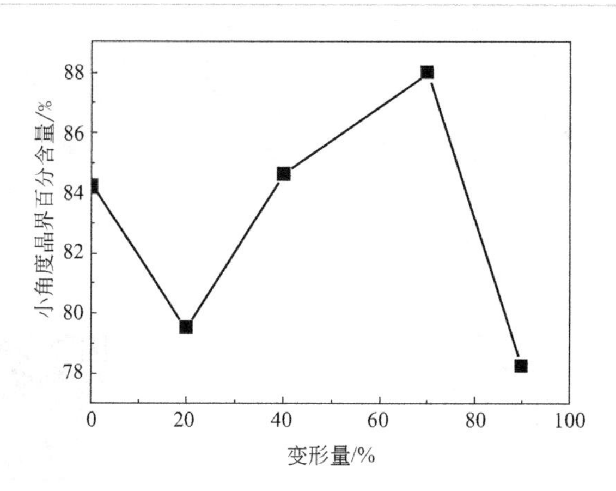

图 3-8　热轧试样的小角度晶界百分比变化折线图

图 3-9 是热轧试样的大小角度晶界分布图，扫码查看彩图，图中黑色线条表示大角度晶界，绿色线条表示小角度晶界。一般认为，大、小角度晶界均能增加合金的强度，但小角度晶界对强度的影响更为直接[9]。从图 3-9(b)～

(e)，我们可以观察到当变形量增大时，小角度晶界的数量也逐渐增多，当试样的变形量达到 90%时，图中几乎都被小角度晶界充满，这时试样的强度就会显著增加。但是由于变形程度太大，产生大幅度的加工硬化，这使得试样的脆性也会变大。此外，随着变形量的增大，与变形程度密切相关的小角度晶界的数量也随之增大，如图 3-9(b)～(e) 所示（黑色线条表示大角度晶界，绿色线条表示小角度晶界），但由于再结晶的发生，使得再结晶所产生的大角度晶界的数量增加得更多，因此使大角度晶界的比例上升。

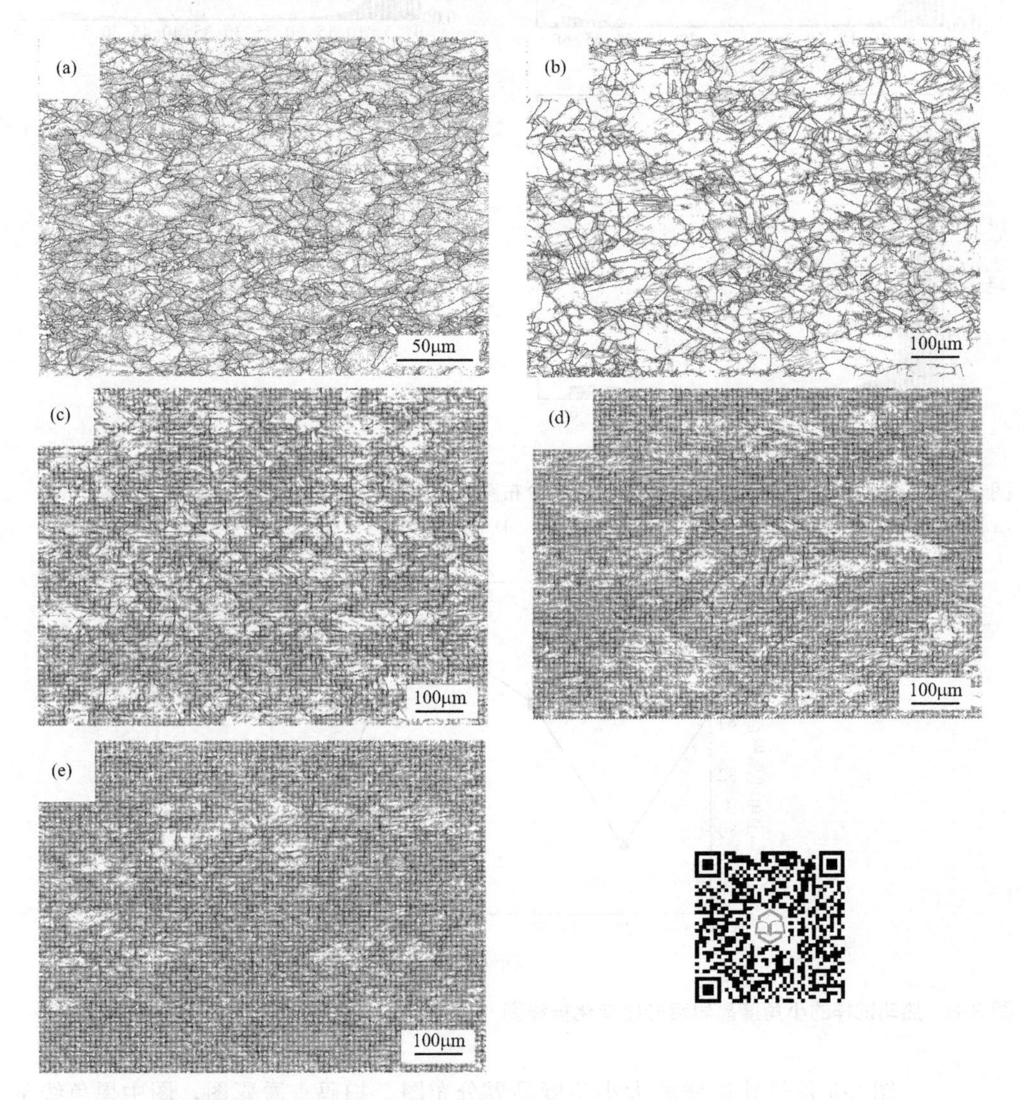

图 3-9　不同变形量热轧试样的大小角度晶界分布图

(a) 原始试样；(b) 变形量 20%；(c) 变形量 40%；(d) 变形量 70%；(e) 变形量 90%

根据 Hall-Petch 公式，增加晶界的密度可以细化晶粒，从而利用细化晶粒强化作用提高材料的强度。裂纹总是优先在晶界处形核与增殖，形成晶间断裂，这是导致材料脆化的主要原因之一。CSL 晶界和小角度晶界因其能量低、晶界结合力强，被称为特殊晶界。这些晶界与溶质原子和位错发生交互作用较难，因此对微裂纹的扩展有一定的阻碍作用。此外，CSL 晶界的增加可提高晶界上原子排列的致密度，减少杂质元素在晶界处的偏聚，对于材料晶间腐蚀抗性的提高有积极作用。

在钢板的轧制过程中，随着轧制力的增大，处于稳定态的晶界逐渐向激活态转变，且数量逐渐增大。当随机晶界碰到随机晶界，将形成稳定的三叉晶界。当随机晶界遇到 CSL 晶界，会与 CSL 晶界产生相互作用，使晶界旋转，进而产生新的晶界。层错能是影响 CSL 晶界在晶体中所占百分数的重要因素，层错能越高，CSL 晶界的百分数就越低[10]。

图 3-10 是热轧试样的 CSL 晶界分布图。大角度晶界可以显著阻碍裂纹的扩展，特别是特殊的大角度晶界 CSL 晶界，其具有更低的能量，对裂纹的扩展有很好的阻碍作用[11]。观察图 3-10 可以发现，图中变形量为 20%的试样具有更多的 CSL 晶界，并且呈现出随变形量增大 CSL 晶界逐渐减少的趋势。说明在几种不同变形量的试样中，变形量为 20%的试样对裂纹扩展有更好的抵抗性，具有最好的延展性。几种不同变形量的试样的 CSL 晶界的变化趋势也与其断裂伸长率的变化趋势相对应（如表 3-1 所示）。

（4）热轧过程中施密特因子的变化

多晶体的应力 σ 受滑移系的临界分切应力 τ_{CRSS} 和取向因子 m 的影响。临界分切应力简称 CRSS（critical resolved shear stress），是指滑移系开动所需要的最小分切应力。具体含义为，在一个单向正应力 σ 的作用下，晶体的滑移系中的分切应力达到临界值时，金属将发生屈服。此外，取向因子 m

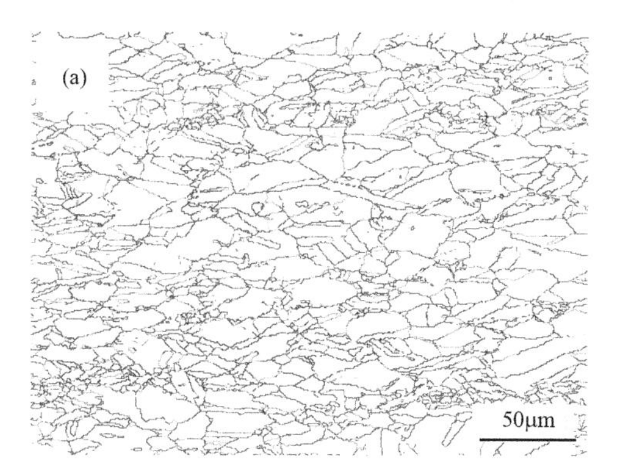

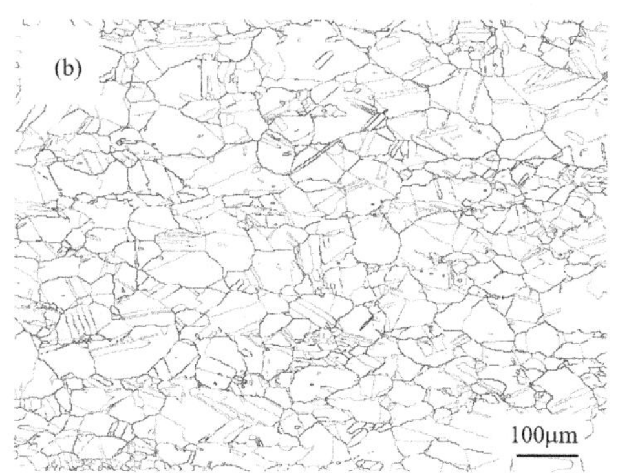

图 3-10

图 3-10 不同热轧变形量试样的 CSL 晶界分布图

(a) 原始试样；(b) 变形量 20%；(c) 变形量 40%；(d) 变形量 70%；(e) 变形量 90%

可以由施密特因子（也称作施密特因子）表征，$m=\cos\varphi\cos\lambda$。式中，两个几何角 φ、λ 定义了晶体滑移系和外界应力间的几何关系。

施密特因子与材料的屈服强度密切相关，Hall-Petch 关系式体现了晶粒大小与屈服强度的关系[12,13]，如下：

$$\sigma_s=\sigma_0+Kd^{-1/2} \tag{3-2}$$

式中 σ_s——屈服强度，MPa；

σ_0——初始屈服强度，MPa，为一常数；

K——常数；

d——晶粒直径，μm。随着晶粒直径的减小，屈服强度逐渐增大。基于施密特定律，材料的屈服强度随着施密特因子的增大而逐渐下降，其具体如式(3-3) 所示：

$$\tau_c=\sigma_s\cos\phi\cos\lambda \tag{3-3}$$

式中 τ_c——临界分切应力，MPa，当条件一定时为一定值；

σ_s——屈服强度，MPa；

$\cos\varphi\cos\lambda$——施密特因子。

按临界分切应力定律，晶体在滑移面、滑移方向滑动所需的应力是一个与材料本身结构相关而与外力大小无关的定值。因此，施密特因子的大小决定了晶体为软取向或硬取向。施密特因子大，对应取向的晶体处在软取向状态，即该晶体容易滑移。相反，施密特因子小，对应取向下的晶体就“硬”而不易滑移。实际应用时要参考外界坐标系，即要对某一取向（hkl）［uvw］的晶粒算出其取向因子的大小。若知道晶粒的取向、该结构的滑移系或孪生系、外部应力状态，施密特因子就可确定并可算出。同样，多晶体的晶粒取向分布确定了，施密特因子的分布也就确定了，并可用图形表示出来。这样就可知道哪些晶粒应当先变形，是软取向（只发生单系滑移），哪些是硬取向（多系滑移）。

热轧过程中施密特因子的分布如图 3-11 所示（颜色越深表示施密特因子越大）。从图 3-11(a)～(d) 中可以看出（扫码看彩图），随着热轧变形量的增加，图中红色区域的面积在逐渐减少，这说明施密特因子的平均值在减小。此外，如图 3-12 所示，我们定量分析了施密特因子的平均值随变形量增加的变化。在变形量由 20%增加到 90%的过程中，施密特因子的平均值在整体上呈现下降的趋势，这说明热轧过程使得大部分晶粒的取向由初始的软取向逐渐转化为硬取向，不易发生滑移。一般情况下，晶粒的施密特因子大，则称其取向为软取向，晶粒的施密特因子小，则称其取向为硬取向[14]。

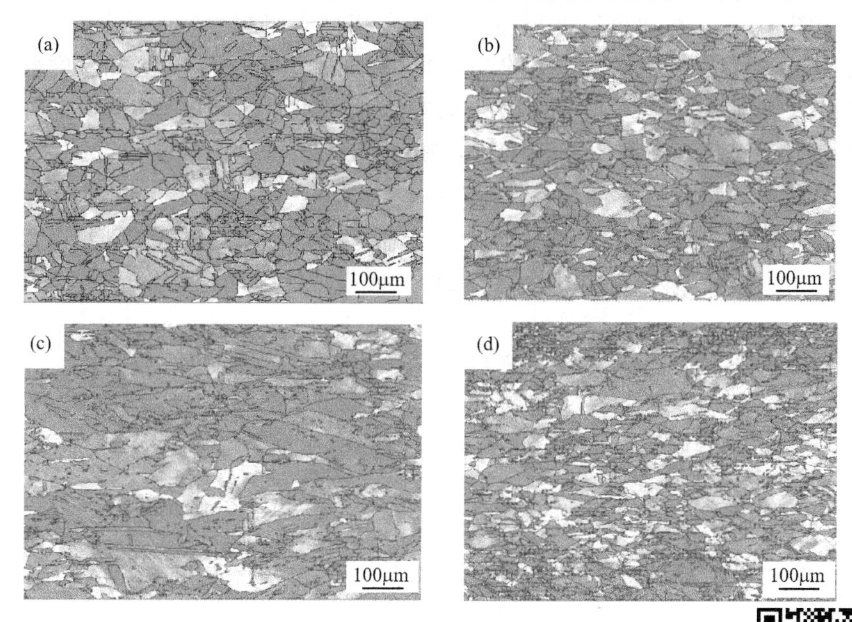

图 3-11　不同变形量热轧试样施密特因子分布图

(a) 变形量 20%；(b) 变形量 40%；(c) 变形量 70%；(d) 变形量 90%

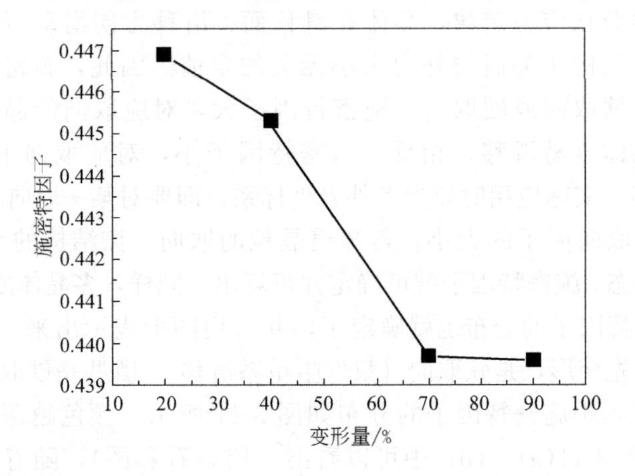

图 3-12 热轧试样施密特因子变化折线

3.3.2 热轧退火 AFA 钢的微观组织

3.3.2.1 金相分析

图 3-13 为不同热轧变形量的试样金相显微组织照片。由图 3-13（a）可见，虽然经过了退火，试样的晶粒依旧细小，这可能是退火温度较低或者退火时间较短的原因，导致试样晶粒大小变化不明显。但是，试样中的析出物却因为退火的原因数量减少，颗粒变大。

图 3-13（b）、（c）、（d）和（e）分别是变形量为 20%、40%、70%、90%的试样退火后的金相组织照片。在金相图片中可以发现，退火后试样中出现许多细小的晶粒，这可能是退火时发生了再结晶，生成了许多小晶粒，

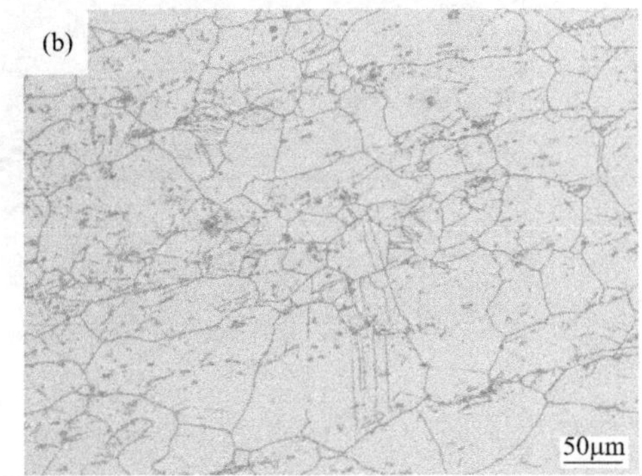

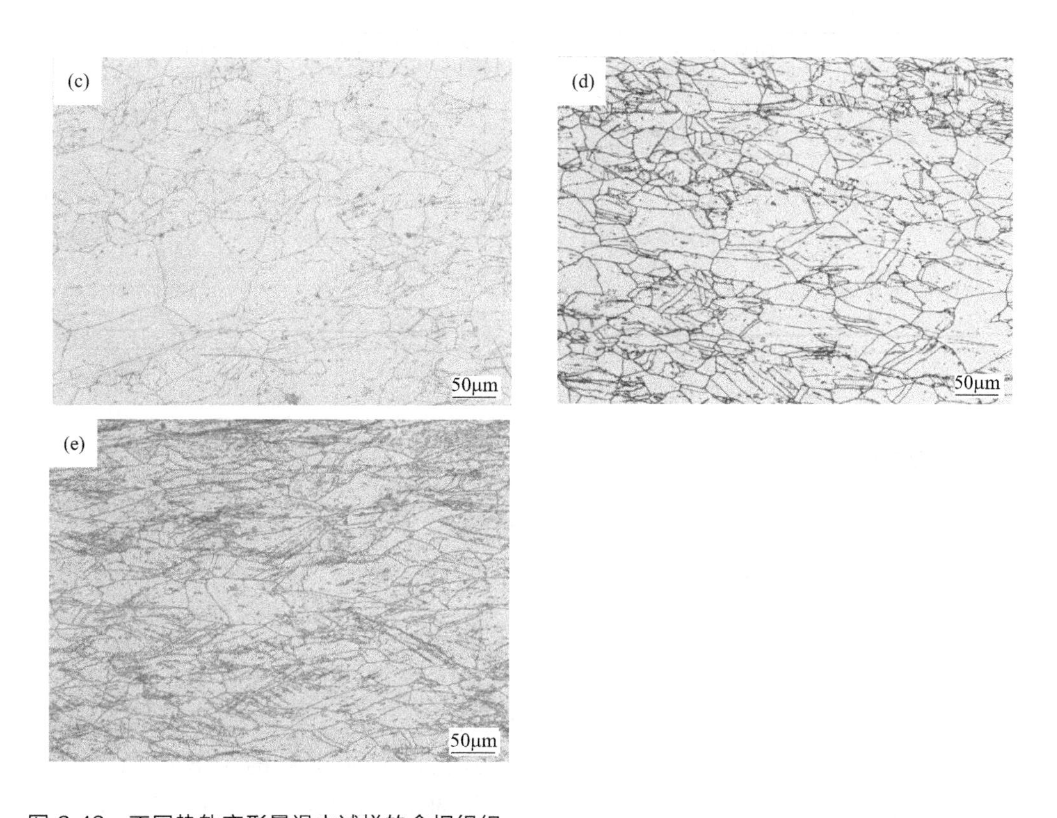

图 3-13　不同热轧变形量退火试样的金相组织

(a) 原始试样；(b) 变形量 20%；(c) 变形量 40%；(d) 变形量 70%；(e) 变形量 90%

也有可能是在矫直过程中，晶粒破碎，小晶粒数量增加；除此之外，晶粒的形状依旧呈扁平状，并未因为退火趋向于等轴化；试样中第二相的数量在退火后有所减少，而且分布也不均匀。纵观退火试样金相组织图片可以发现，晶粒尺寸依旧随着变形量的增大逐渐减小。

3.3.2.2　XRD 分析

同热轧试样一样，我们对退火后的试样的 XRD 图谱进行了分析，结果发现，试样虽然经过了退火处理，但其组织中所含有的相依旧没有发生改变，与热轧试样组织相同，基体相均为奥氏体相，依旧含有少量的 NiAl 相、Laves 相以及极少量的 NbC 相，且随着变形量由 0%增大到 70%，奥氏体以及第二相衍射峰强度不断下降，当变形量到达 90%时，奥氏体及第二相含量又有所提高，其结果如图 3-14 所示。

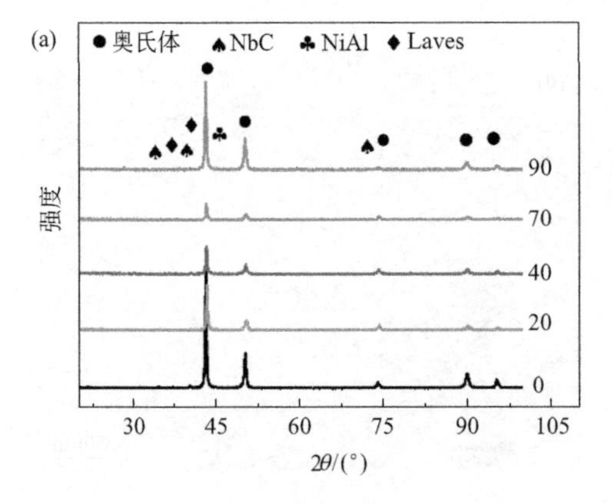

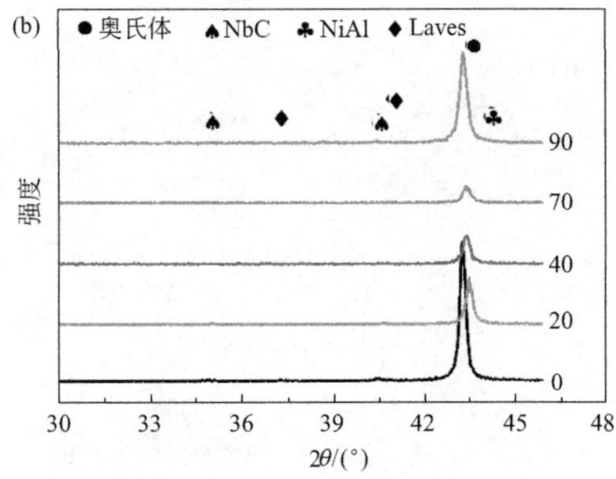

图 3-14 4Al-AFA 钢试样 XRD 衍射图谱

(a) 不同热轧变形量试样 XRD 图谱；(b) 2θ 在 30°～45°内局部放大图

3.3.2.3 EBSD 分析

(1) 退火态试样晶粒形态与尺寸变化

图 3-15 为退火态 4Al-AFA 钢试样的 IPF 图（扫码看彩图），如上文所述，蓝色表示<111>方向，绿色表示<101>方向，红色表示<001>方向，晶粒颜色相同表示晶体的取向一致。退火态原始试样的 IPF 图如图 3-15 (a) 所示，退火态原始试样的晶粒取向偏向于<101>、<111>方向，表明材料各向同性。经过 20% 压下并退火后，试样的晶体取向由<101>、<111>向<001>方向转变。随着变形量的继续增大，退火试样的晶体学取向最终转变为<101>、<111>、<001>方向，表现出各向同性。从晶粒大小可以明显看出，相比于原始试样，变形量为 40%，70%，90% 的热轧退火试样的晶粒大小明显减小，变形量为 20% 的试样晶粒尺寸略大于原始试样。从图 3-15 中也能观察到晶粒在热轧之后发生了一定程度的拉伸，并且出现一些细小晶粒弥散在大晶粒上生长的现象，推测是由晶粒发生孪生和变形导致的。但是，拉伸现象并不是很明显的原因可能是热轧的同时也伴随着多次动态再结晶的发生，使再结晶组织不断吞并变形组织和拉伸孪生，且随着动态再结晶发生次数的增多，变形组织和拉伸孪生区域逐渐减少，直至消失。在高变形温度下，动态回复加快，动态再结晶所需要的变形储存能减少，使板材某些区域不能累积足够的变形储存能，导致动态再结晶形核点减少，不能完全消耗变形组织和拉伸孪生，因此 4Al-AFA 钢板材残留少部分孪晶区域[15]。

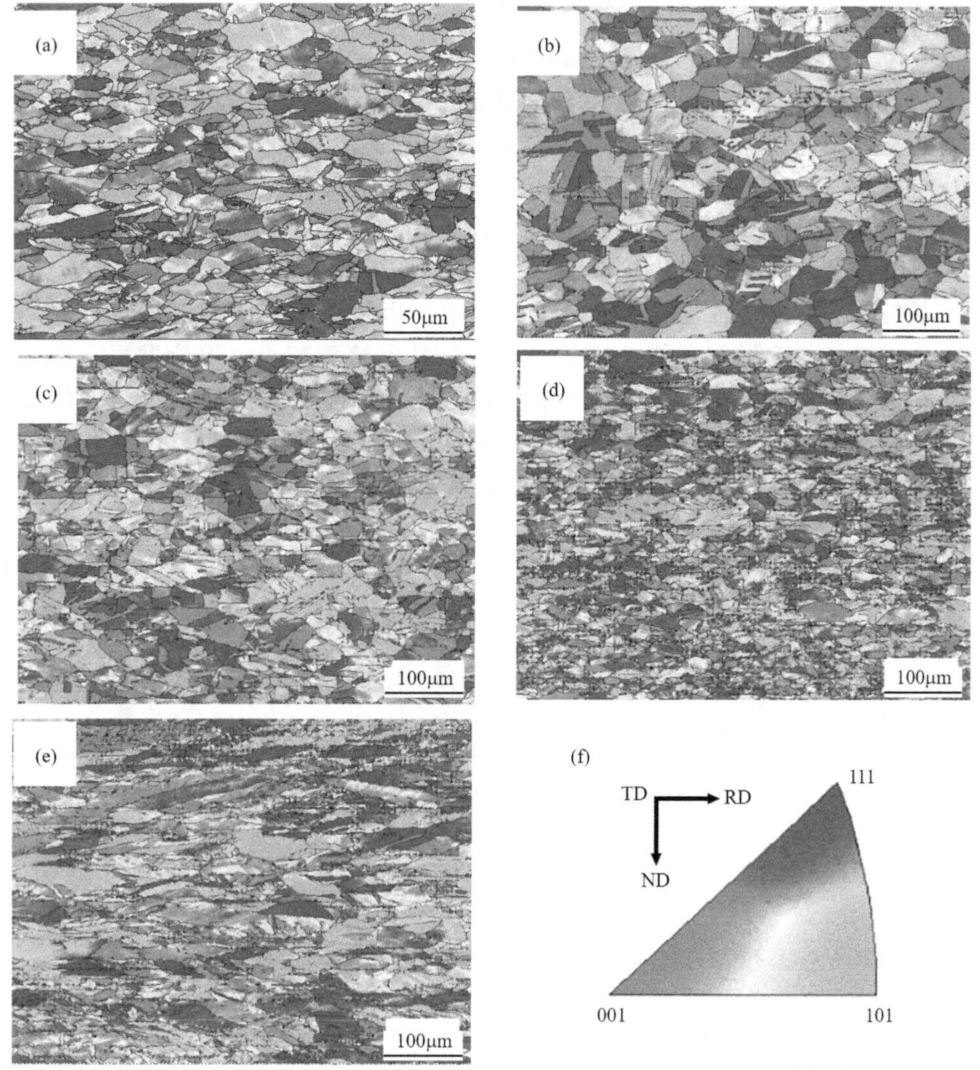

图 3-15 不同变形量退火态试样的 IPF 图

(a) 原始试样；(b) 变形量 20%；(c) 变形量 40%；(d) 变形量 70%；(e) 变形量 90%；(f) 取向方向示意图（TD 为轧制面的横向，RD 为轧制方向，ND 为轧制面的法线方向）

为了更直观地观察热轧变形量与晶粒尺寸的关系，图 3-16 定量描述了退火态试样的晶粒平均尺寸及晶粒纵横比的变化。如图 3-16(a) 所示，当变形量为 20%时，退火态试样的平均晶粒尺寸为 40.22μm，较退火态原始试样的平均晶粒尺寸 8.97μm 增大；当变形量为 40%、70%和 90%时，退火态试样的平均晶粒尺寸依次为 24.10μm、15.11μm、11.68μm，这时晶粒尺寸呈现出下降的趋势，与热轧态试样的趋势相同，表明退火并没有使晶粒的尺寸发生过大的变化，依然保留着退火前不同变形量时晶粒大小的关系。图3-16(b)是不同变形量的退火态试样晶粒纵横比变化折线图，由图可知，退火态原始试样晶粒纵横比为2.75，变形量为20%、40%、70%、90%的试样晶粒纵横比依次为2.25、2.63、2.48、2.66，整体呈现出上升的趋势。变形量为20%的试样纵横比较退火态原始试样减小的原因是，在热轧前对试样加热，使晶粒球化、长大，纵横比减小，而变形量为20%时变形较小，晶粒依然接近等轴化。除此之外，由于变形量较小，不足以为动态再结晶提供充足的变形储存能，导致动态再结晶形核率减小，不能发生充分的再结晶，使得细晶粒数量较少，细化效果减弱，晶粒的拉伸孪生成为使晶粒纵横比增大的主导因素[15]。而变形量40%的试样晶粒纵横比异常增大，可能是在对试样进行矫直时，晶粒被过大的拉长所致。

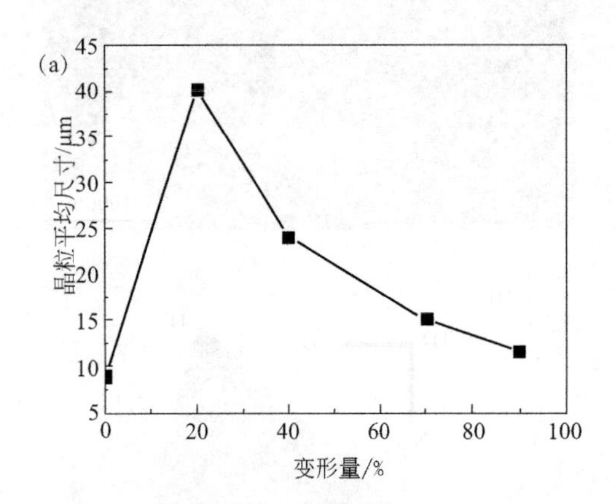

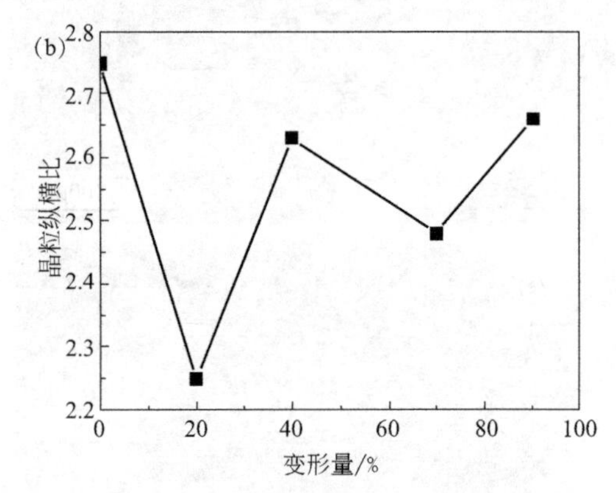

图 3-16 不同变形量对退火态试样的晶粒组织的影响

(a) 晶粒平均尺寸；(b) 晶粒纵横比

(2) 退火态试样晶界演变

图3-17为退火试样的晶界分布。观察图3-17(a)～(e)可以发现，不同变形量试样的晶界取向差大多分布在1°～15°以及50°～60°两个区间，并且在两个角度区间中各有一个“峰”，呈现出“双峰”的特征。根据图3-18不同变形量的退火态试样的小角度晶界百分比变化折线图可以知道，变形量为0%、20%、40%、70%以及90%的试样的晶界在1°～15°这个区间中的比例为75.80%、72.80%、72.85%、53.28%、52.88%，随着变形量的增加，小角度晶界所占比例呈现出整体下降的趋势。这是因为在700℃下退火处理的过程中，退火态试样发生回复与再结晶，随着变形量的增大，软化程度也随之增大，转化成再结晶结构的变形结构也就越多，即变形所产生

的小角度晶界转化为大角度晶界的数目就越多，这就使得小角度晶界所占比例呈现出整体下降的趋势。而从图 3-18 中我们还可以看到，在变形量为40%的试样中，小角度晶界所占比例有所升高，这可能是因为变形量为40%的试样的弯曲程度大，在矫直过程中发生较大的冷变形，在位错缠结处可能产生小晶粒，这使得小角度晶界数目增加，因此小角度晶界在变形量小于 40%时的含量相对较高且稳定。

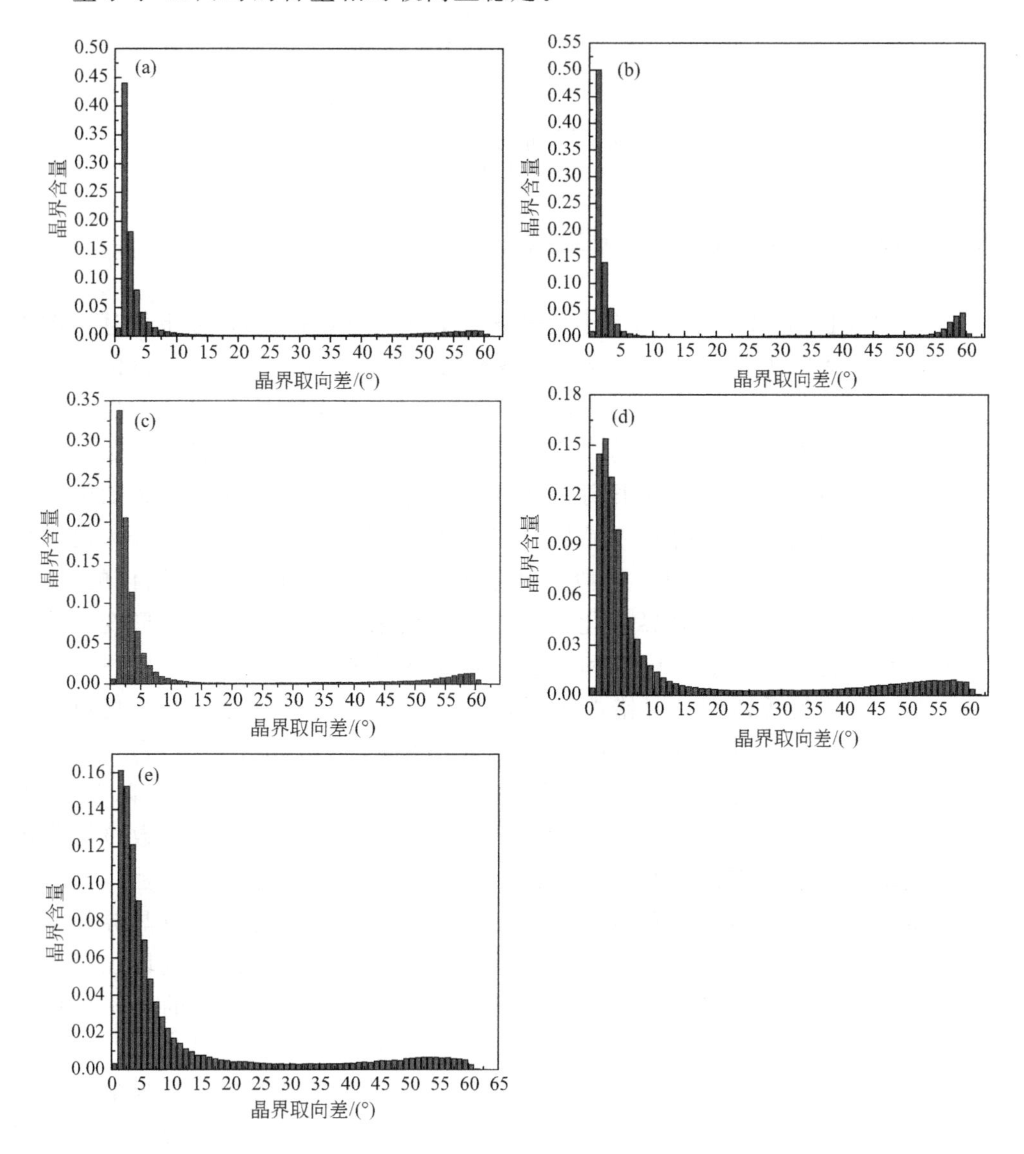

图 3-17 不同变形量退火态试样晶界取向差角度分布图

(a) 原始试样；(b) 变形量 20%；(c) 变形量 40%；(d) 变形量 70%；(e) 变形量 90%

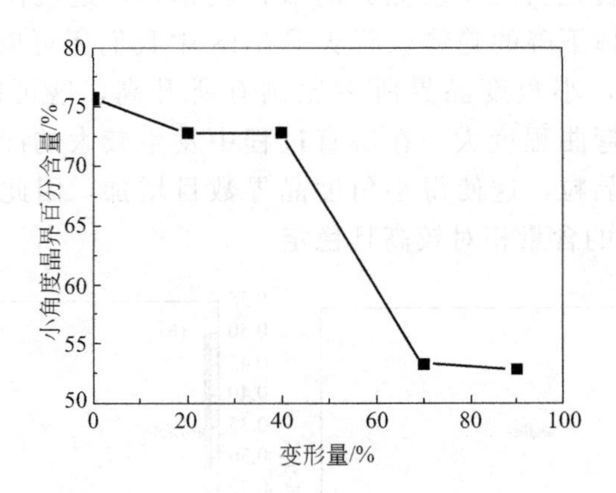

图 3-18 退火态试样的小角度晶界百分比变化图

图 3-19 是退火态试样大小角度分布图（扫码看彩图），如上所述，图中黑色线条表示大角度晶界，绿色线条表示小角度晶界。从图 3-19(b)～(e)，我们可以发现当变形量增大时，退火态试样的小角度晶界的数量也逐渐增多，当试样的变形量增大到 70%、90%时，所有组织几乎都被小角度晶界充满，这时试样应该具有很高的强度，同时其塑性也会降低。文献中也提到，进行退火可以对材料“晶界分布优化[16]”，整个优化过程分为退火孪晶生成和多重孪晶化两个阶段，其中退火孪晶的生成是晶界优化的基础，多重孪晶化则决定了晶界优化的效果。形变刚结束时，材料的形变储能增加，组织含有一定量的位错和亚晶，此时试样的特殊晶界比例比原始比例略低。由于奥氏体钢的层错能较低，在退火处理的过程中，形变材料较难发生交滑移，也较难以回复的形式降低形变能，因此容易发生再结晶，在这个过程中形核与长大的再结晶组织彼此相遇并将形变组织“扫除”。在变形量不足的情况下，形变组织发生彻底的再结晶，因此只有少数位错集中的组织发生了局部再结晶。为了最大程度将形变能转化为晶界能，此时生成的晶界群以高能量大角度晶界为主，随着变形量的增加，总晶界能量总是自发地降低，进而驱动材料的微观结构发生变化，因此继续增加退火时间，晶界数量趋向于减少，晶粒呈长大趋势。由于特殊晶界的原子堆垛紧密，有序度高，自由体积小，并且界面能量比大角度随机晶界低，因此相比较之下特殊晶界更加稳定。为了有效降低总的晶界能量，晶界群中的大角度随机晶界优先消失，小角度晶界数量逐渐增多，这与图中的信息呈现出了一致性。

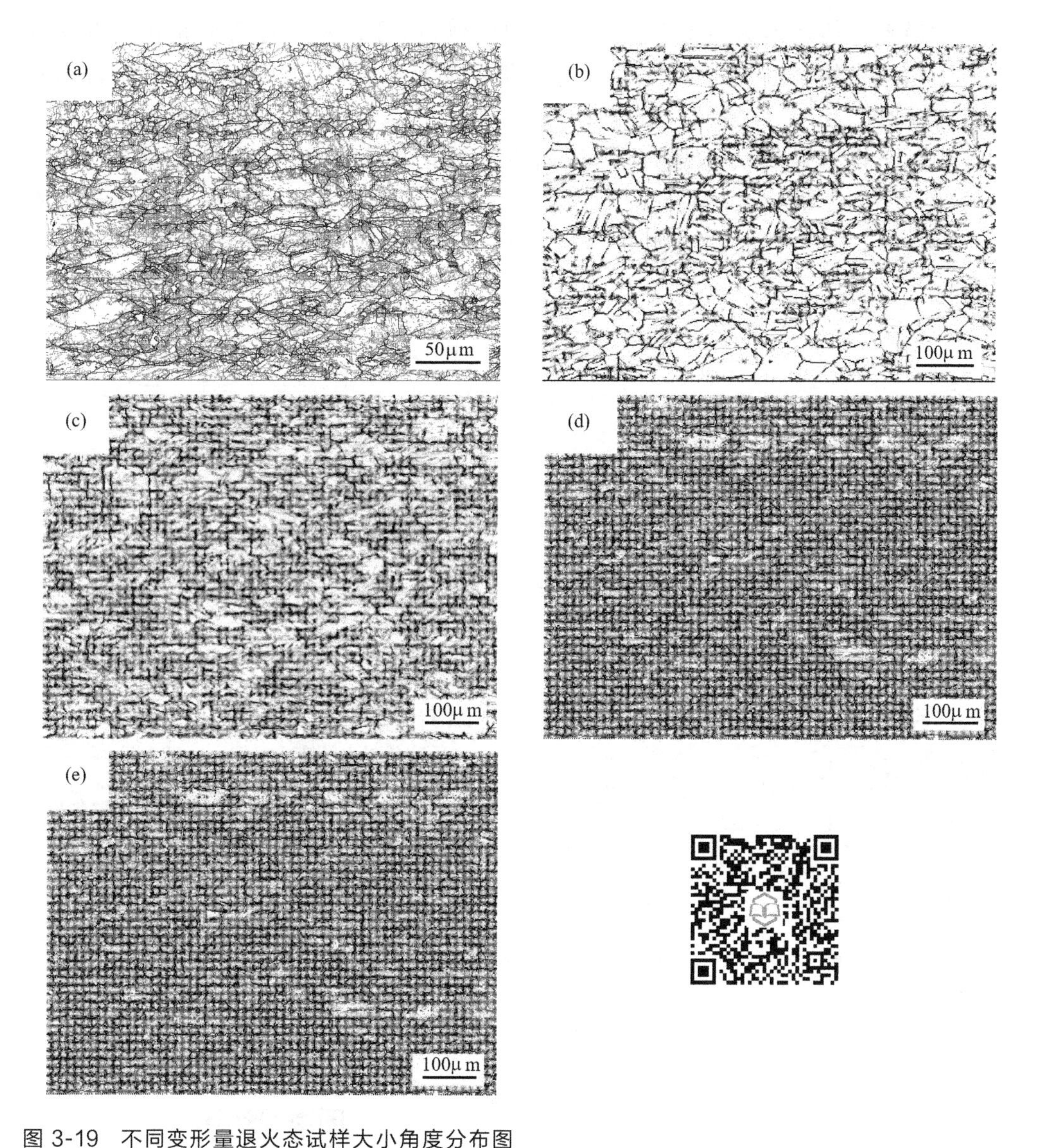

图 3-19 不同变形量退火态试样大小角度分布图

(a) 原始试样；(b) 变形量 20%；(c) 变形量 40%；(d) 变形量 70%；(e) 变形量 90%

图 3-20 是不同变形量的退火态试样的 CSL 晶界分布图。图中的规律与热轧试样一致，在变形量为 20%时，CSL 晶界数量最多，并随着变形量的增加，CSL 晶界数量呈现降低的趋势，这说明退火并没有使 CSL 晶界发生质的转变。变形量越大，层错能越高，CSL 晶界数量越少。CSL 晶界对组织有积极影响，CSL 晶界对裂纹扩展有很好的阻碍作用，因此变形量为 20%的退火态试样具有最好的延展性，而变形量为 90%的退火态试样延展

性最差。但是退火对 CSL 晶界转变的影响不可忽视，有研究指出，铁素体不锈钢在轧制过程中会产生许多低角度晶界，而在退火之后会产生许多高角度晶界和 CSL 晶界。根据对热轧和退火后试样的 ODF 图进行分析，轧制后的试样有强 α 取向线和弱 γ 取向线。而退火后的试样，却有很强的 γ 取向线。不同处理方法后的试样中 CSL 晶界的含量都明显升高，这是由于晶粒的旋转，加上轧制和退火过程为 CSL 晶界的形成提供了驱动力[17]。

图 3-20　不同变形量的退火态试样 CSL 晶界分布图

(a) 原始试样；(b) 变形量 20%；(c) 变形量 40%；(d) 变形量 70%；(e) 变形量 90%

(3) 退火态试样施密特因子的变化

退火态试样施密特因子的分布如图 3-21 所示（颜色越深表示施密特因子越大）。从图 3-21(a)～(d) 中可以看出（扫码看彩图），随着变形量的增加，图中红色区域的面积也在逐渐减少，这说明施密特因子的平均值在减小。如图 3-22 所示，定量分析了施密特因子的平均值随变形量的变化趋势。在变形量由 20%增加到 90%的过程中，施密特因子的平均值在整体上呈现出下降的趋势，这说明随变形量的增大，退火态试样的晶粒取向也由最初的软取向逐渐转化为硬取向，使试样不易发生滑移。

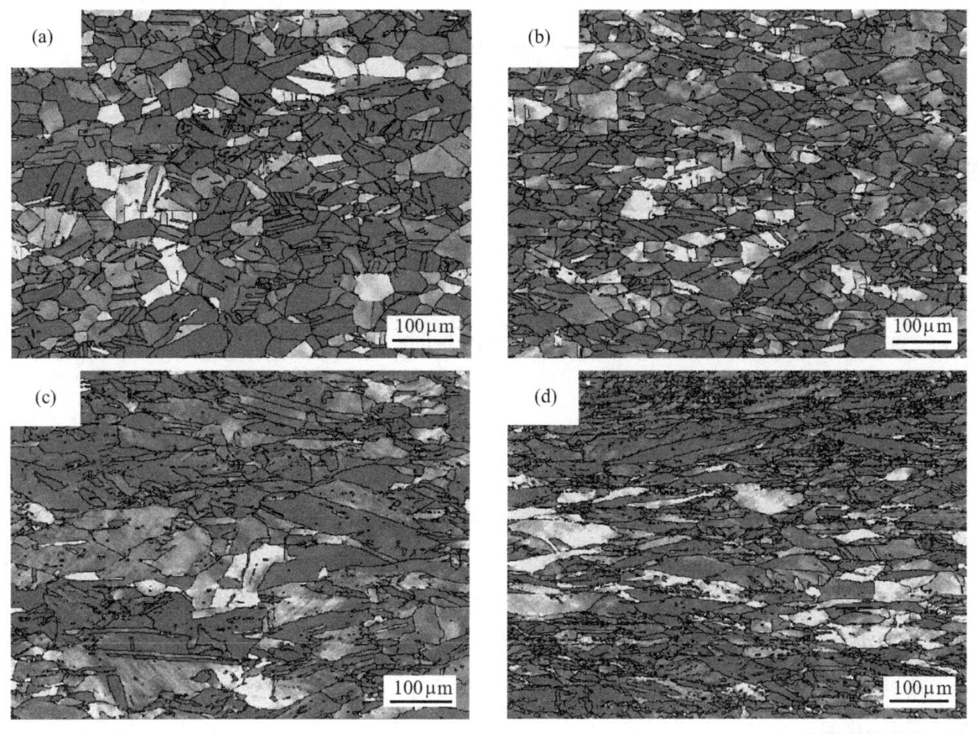

图 3-21　不同热轧变形量 AFA 钢退火态试样施密特因子分布图

(a) 变形量 20%；(b) 变形量 40%；(c) 变形量 70%；(d) 变形量 90%

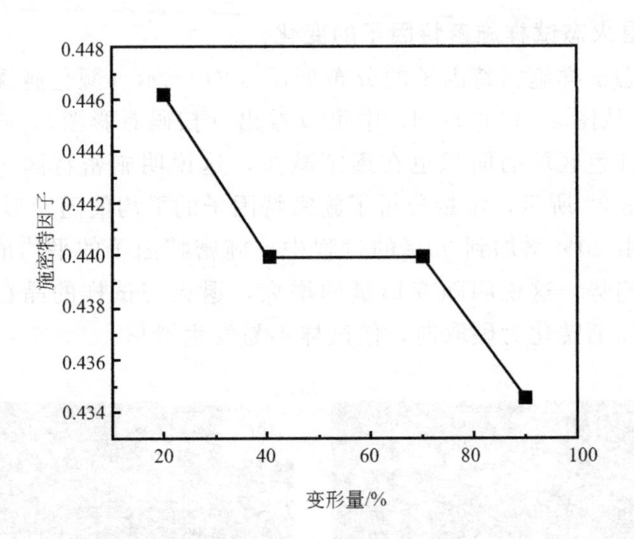

图 3-22 施密特因子变化折线图

3.4 热变形新型含铝奥氏体耐热钢的织构

在轧制变形过程中，一个晶粒由自身的初始取向出发，凭借某种变形机制进行一定变形后最终稳定于一个取向上，当金属的层错能较低时，各晶粒的初始取向对最终织构的形成没有明显的影响。当金属层错能较高时，变形机制主要以滑移为主，这样初始织构对最终轧制织构的影响就很大。在轧制过程中晶粒的取向沿一定路线稳定移动，不同取向的晶体变形时的路线不同。

由于热轧是在再结晶温度以上进行，在轧制过程中既会出现热轧织构，也会出现再结晶织构，二者相互影响。再结晶是形核和长大的过程，在有织构的变形组织内，什么取向的核能够形成，并能较快地长入何种取向的变形晶粒，决定了再结晶后的织构类型。

3.4.1 热轧变形织构的形成

许多金属材料在其加工制备过程中都要经过热塑性变形加工阶段。不同的热塑性加工工艺会造成金属材料不同的热变形织构。影响热变形织构形成的因素非常多，如变形量、加热温度、加热速度、变形速度、变形几何条件、初始晶粒度、变形中止时的温度、铸造织构、冶金质量、层错能、杂质元素含量、第二相含量及其分布状况等都会影响热加工织构的形成，其中不少因素的影响机制尚不十分清楚。

金属热塑性加工时，其内部主要发生两种微观过程。其一是以位错运动为主的塑性变形，并伴随着金属基体缺陷密度的升高；其二是以回复、形核和晶粒长大为主的动态再结晶，并伴随着金属基体缺陷密度的下降。二者在变形过程中同时或交替出现，使得实际发生的微观过程很复杂。简单地说，塑性变形过程导致金属内生成变形织构，动态再结晶过程会造成再结晶织构，但因两过程同时或交替进行，使两类织构均不能得到充分发展，所以往往会导致热变性后很弱的织构。另外，热变形过程会受到上述因素多方位的影响，因此塑性变形与动态再结晶两个过程会在不同程度上受到促进或遏制，进而影响到热变形织构的锋锐程度和类型。

3.4.2 再结晶织构的形成

一切金属多晶体的加热过程都包含晶粒长大过程，晶粒长大通常指无应变多晶体在加热过程中晶粒尺寸逐步增大的现象。再结晶完成后，晶粒后续正常长大的驱动力主要是晶界能。同时多晶体的表面能和晶粒内部残留的少量应变能也可以成为驱动力的一部分。在一些情况下，多数晶粒在加热过程中的正常长大会因某种原因受到阻碍，而出现仅有少数晶粒异常长大的现象，这种异常长大现象通常被称为二次再结晶。这里少数能够长大的晶粒称为二次晶粒，而多数长大受阻而最终被二次晶粒吞噬的晶粒称为基体。阻碍晶粒正常长大并诱发二次再结晶的原因主要有三个，即多晶材料的第二相粒子、表面和织构。原始多晶体中存在着很强的单一织构组分时，大角度晶界的迁移会使某些取向的晶粒成为二次晶粒而迅速异常生长。表面能小的一些表面晶粒也很容易异常长大。金属材料中第二相粒子的存在会整体上阻碍晶界的迁移和晶粒长大，但对大尺寸的晶粒生长则阻碍较小。因此，具有某一特定取向的晶粒，其尺寸能够大于某临界尺寸时，它们就有可能在其他晶粒难以长大的情况下异常长大。可以想象，这些二次再结晶过程都可能造成明显的二次再结晶织构。

3.4.3 影响织构形成的因素

(1) 相变

在材料许多固态相变中，相变前后往往存在着固定的取向关系。其中最为典型的例子就是合金的马氏体转变。这时如果相变前多晶体内有某种织构，则这种织构会在相变后以特定的形式被继承下来。当然，由于相变取向关系的多重性，相变对织构生成的影响是非常复杂的，相关的规律还有待深入研究。

奥氏体不锈钢通常是一种以奥氏体为主并含有少量铁素体的双相合金。冷轧变形会诱发奥氏体像铁素体的转变，使铁素体量增多。铁素体多存在于剪切带变形组织附近。剪切带附近会形成高应变区，并因此会优先诱发附近奥氏体向铁素体转变，同时也会促使新生成的铁素体在高的剪切应力下变形，从而导致剪切织构的出现。因此在该轧板的铁素体中可以检测出明显的剪切织构，即板材剪切应力条件下形成的变形织构。

(2) 变形温度

通常位错滑移是晶体材料的主要变形方式，在变形过程中随着位错密度的增高，位错想要进一步运动就必然受到一定阻碍，这表现为材料的硬化现象。位错通过交滑移或攀移才能在晶体内移动，这是一个热激活的过程，所以与温度密切相关，所以高温会增加变形晶体内发生孪生的可能性，在织构上表现出来。

(3) 退火加热速度

温度是再结晶的先决条件，温度越高，再结晶过程进行得越快，在织构上也有相应的反应。加热得快慢也是如此，将试样在一定温度下分别进行快速加热和慢速加热，轧制织构均逐渐消失，被立方织构和 R 组分的再结晶织构所取代，尽管两种加热方式所获得的织构组成和百分含量基本相同，但是快速加热会使此进程明显加快。分级加热会使变形晶粒内的位错密度在再结晶之前的回复过程中有所降低。所以再结晶过程慢，规律明显，织构组分简单。

3.4.4 热轧 AFA 钢的变形织构分析

由文献可知，立方织构是再结晶织构的常见组分，且中心位置一般不偏离中心取向，且在一定条件下，立方织构可以完全在再结晶织构中消失。

图 3-23 为不同热轧变形量 4Al-AFA 钢试样的极图。其中图 3-23(a) 所

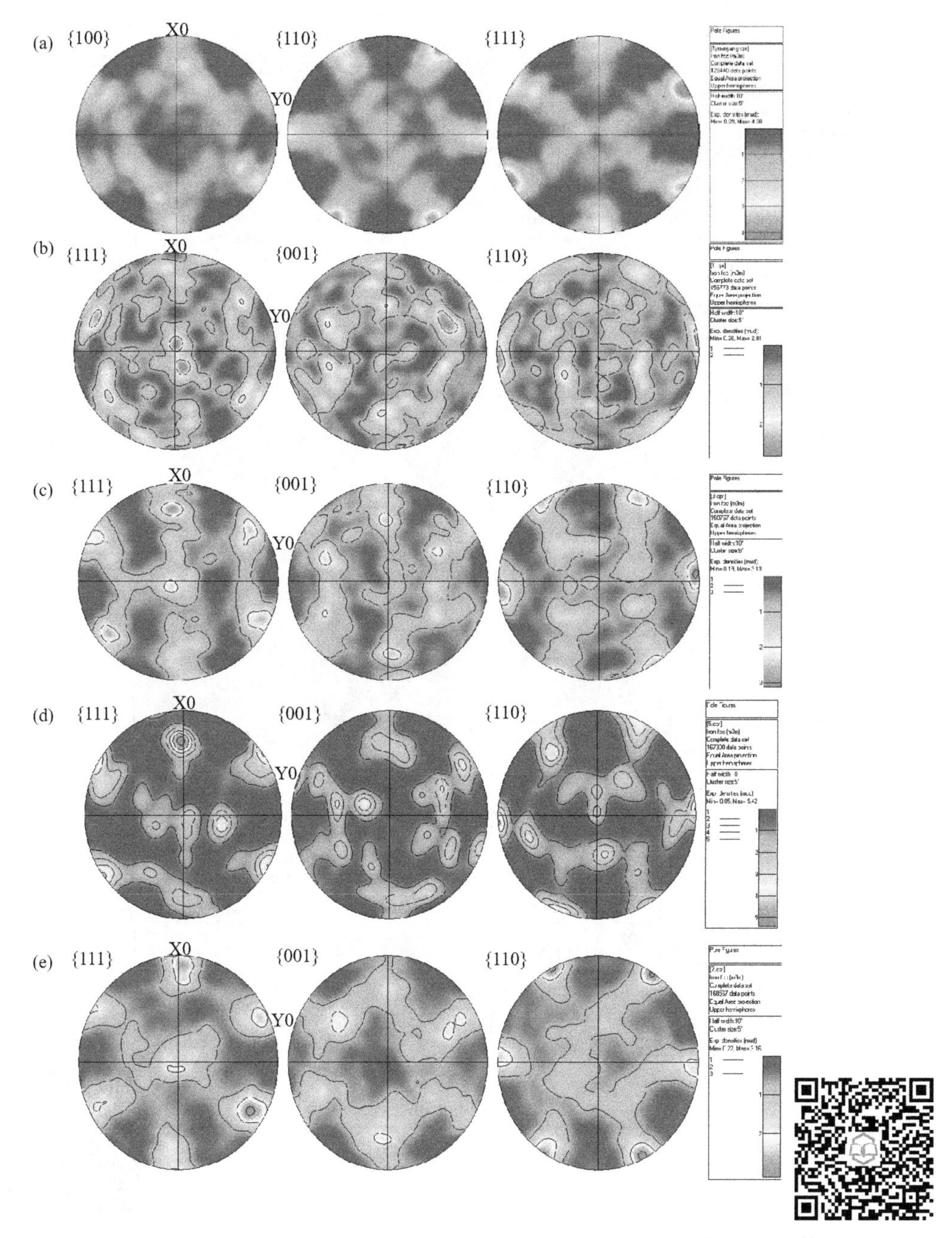

图 3-23 不同热轧变形量 4Al-AFA 钢试样的极图

(a) 原始试样；(b) 热轧 20%；(c) 热轧 40%；(d) 热轧 70%；(e) 热轧 90%

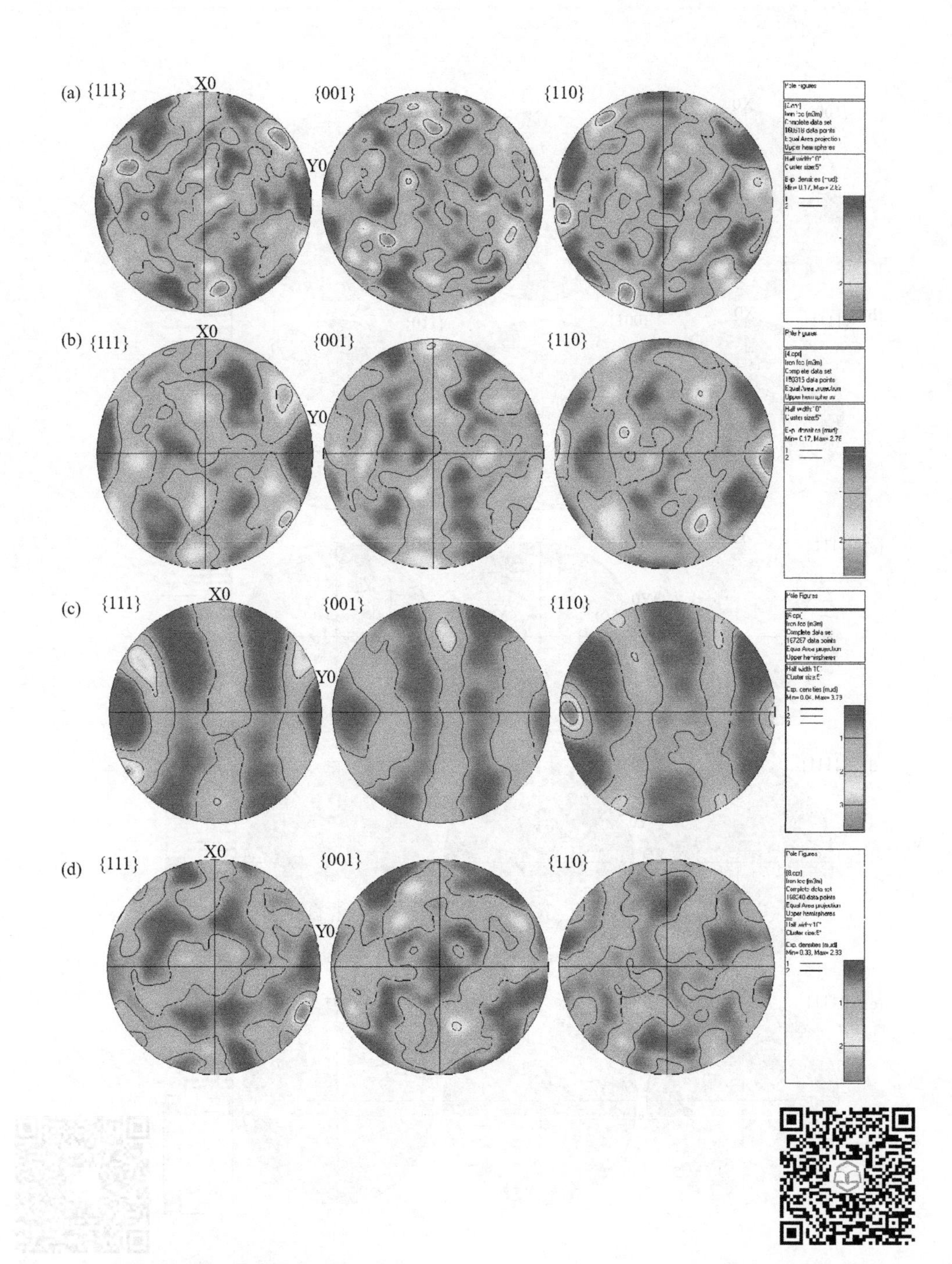

图 3-24 不同热轧变形量试样退火后的极图

(a) 原始试样；(b) 热轧 20%；(c) 热轧 40%；(d) 热轧 70%

示为未进行轧制的原始试样，从图中可以看出原始试样主要由铜织构{112}＜111＞和高斯织构{011}＜100＞组成，这缘于热轧过程中发生了动态再结晶。当试样发生热轧变形时，除了高斯织构{011}＜100＞外，在再结晶过程中出现了立方织构组分以及黄铜R型织构。热轧70%的试样中的织构组分为主要为黄铜R{011}＜111＞织构和少量S取向织构。当热轧变形量为90%时，R组分变得非常强，立方织构趋于消失，试样中黄铜R型{011}＜111＞织构以及铜织构{112}＜111＞依然存在，可以看出立方织构为不稳定的取向[18]，最终会朝着黄铜R{011}＜111＞织构转化。

退火后，不同变形量的热轧试样都主要含有三种织构，分别为立方织构{100}＜001＞、黄铜型织构{011}＜221＞和黄铜R型织构{111}＜110＞。热轧试样在退火过程中主要发生回复和形核、晶粒长大的再结晶过程，使得基体中位错缺陷的密度下降，显微结构发生变化，产生再结晶织构。图3-24为不同热轧变形量4Al-AFA钢试样退火后的极图。立方织构是面心立方金属再结晶退火后的典型织构。可以看到随着热轧变形量的增大，立方织构的取向是呈减弱趋势的。热轧时形成的高斯织构{011}＜100＞是一种亚稳态织构，在退火后会分别转化为B取向{011}＜211＞和R取向{111}＜110＞。和热轧试样相比，在变形量20%和40%时，相当一部分取向分布几乎没有变化，这表示试样中经过热变形后的组织在退火时只是发生了回复或者原位再结晶[18,19]。

3.5 热变形新型含铝奥氏体耐热钢的力学性能

3.5.1 热变形AFA钢的硬度分析

3.5.1.1 热轧试样硬度分析

由图3-25可知，当变形量为20%时，试样的维氏硬度值为200.2HV，较原始试样（变形量为0%）的维氏硬度值219.2HV减小，当试样的变形量依次达到40%、70%、90%时，其硬度值分别为224.7HV、252.8HV、296.3HV，呈现出逐渐上升的趋势。我们知道，测量硬度的实质就是塑性变形，因此和位错的运动密切相关。在本实验的热轧工艺中，尽管在热轧过程中同时存在加工硬化与软化，但当变形量增加时，位错数目增多，试样的加工硬化程度会逐渐增大。变形量为20%的试样的硬度比原始试样的小的原因是，当变形量不大时，加工硬化程度就不高，因此晶粒大小成为了影响硬度的主要因素。热轧压下20%试样的平均晶粒直径为33.83μm，比原始试样的平均晶粒直径大得多，而在单位面积内，晶粒越细小，晶界数量就越多，对位错运动的阻碍作用就强[20]，所以原始试样的硬度要比变形量为20%的试样的大得多。随着变形程度的增加，加工硬化对硬度的作用逐渐增大，且晶粒越来越细小。此外，在金相图片中发现，随着变形量的增加，析出物的数量也在增加，而析出物对位错运动也有阻碍的作用。因此，变形量为20%、40%、70%、90%时，试样的硬度逐渐增大。

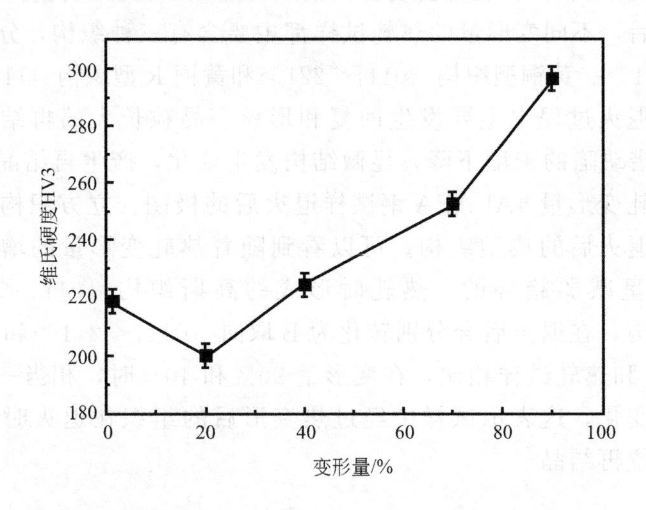

图 3-25 热轧试样的维氏硬度变化图

3.5.1.2 退火试样硬度分析

由图3-26可知，当变形量为20%、40%时，退火态试样的维氏硬度值分别为199.8HV、207.5HV，较原始退火态试样（变形量为0）的维氏硬度值231.9HV减小，当试样的变形量依次为70%、90%时，其硬度值分别为248.8HV、288.5HV，呈现出逐渐上升的趋势。如上文提到的，测试硬度的实质是塑性变形，与位错的运动相关。变形量为20%、40%的退火态试样在热轧时变形量较小，经退火后加工硬化程度不高，又因为退火态原始试样的平均晶粒尺寸较小，单位面积内的晶界数量就多，对位错运动的阻碍作用就强，所以原始试样的硬度比变形量为20%、40%的退火态试样硬度高。而变形量为70%、90%的退火态试样其加工硬化依然对硬度有较大的影响，并且晶粒尺寸也越来越小，因此变形量为70%、90%的试样硬度逐渐增大。

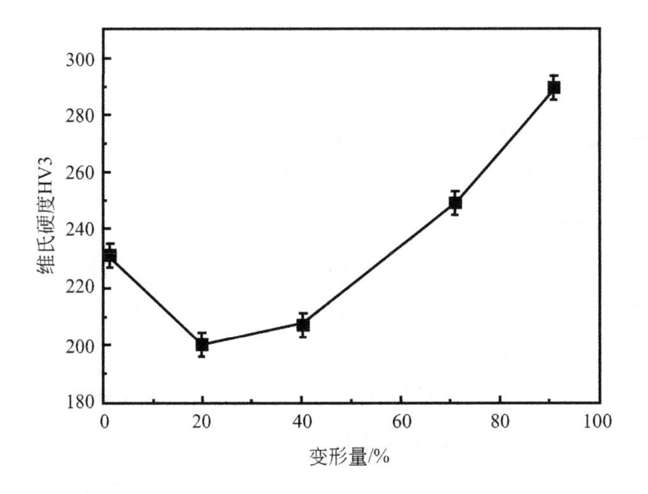

图 3-26 退火态试样的维氏硬度变化图

3.5.2 热变形 AFA 钢的室温拉伸性能

本次实验首先用线切割机对拉伸试样进行切割。由于进行了热轧实验，并且变形量不同，这就使得试样最终形状上产生了差别，且考虑到对于变形量较小的试样变形主要发生在表面，因此制作的拉伸试样的尺寸就产生了差别，最终出现了三种尺寸的拉伸试样，变形量 20%、40%的试样拉伸样尺寸相同，变形量 70%的试样拉伸样尺寸相同，变形量 90%的试样拉伸样尺寸相同。每组工艺的试样制备至少 3 个拉伸试样，然后用砂纸沿拉伸方向进行打磨，直至光滑。完成以上步骤后，在 WDW－3100 电子万能试验机上对拉伸试样进行拉伸，通过拉伸得到的数据可以算出材料的伸长率、屈服强度、抗拉强度等。在做拉伸试验时，试样的拉伸速度为 2mm/min，拉伸断裂率为 30%。

3.5.2.1 热轧试样的室温拉伸性能

(1) 数据处理

在拉伸试验中我们可以得到一部分原始数据，将实验得到的数据进行进一步处理，得到试样室温下的力学性能参数。使用式(3-4) 和式(3-5) 可以求出工程应力 σ_0 以及工程应变 ε，用 OriginPro 软件做图，得到工程应力-应变曲线。

$$\sigma_0 = \frac{P}{A_0} \tag{3-4}$$

$$\varepsilon=\frac{\Delta I}{I_0} \tag{3-5}$$

式中　P——载荷，N；

A_0——试样原始截面积，mm^2；

ΔI——试样在拉伸过程中的变形量，mm；

I_0——试样标距，mm。

对绘制好的工程应力-应变曲线的弹性阶段进行线性拟合，并测量出屈服强度。在工程应力-应变曲线上进行寻峰处理，得到的最大峰值即为材料的抗拉强度。

断后伸长率也是拉伸试样的重要参数，它可以表征试样的塑形变形能力，利用式(3-6)，可以求出试样的伸长率 e：

$$e=\frac{L_m-L_0}{L_0} \tag{3-6}$$

式中　e——伸长率；

L_m——试样断裂后标距的长度，mm；

L_0——试样原始标距的长度，mm。

(2) 处理结果

通过对热轧试样拉伸试验数据的处理，得到了热轧试样的工程应力-应变图（图 3-27）及其屈服强度、抗拉强度和伸长率的数值（表 3-3）。

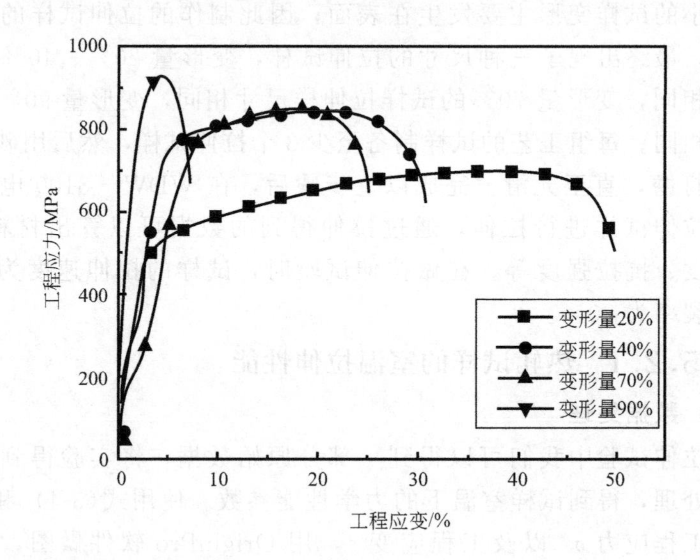

图 3-27　不同变形量热轧试样的工程应力-应变图

表 3-3 不同变形量的热轧试样的屈服强度、抗拉强度及伸长率变化表

热轧试样的变形量/%	屈服强度/MPa	抗拉强度/MPa	伸长率/%
20	526.24	698.32	0.358
40	715.89	843.79	0.222
70	757.83	849.63	0.161
90	834.09	924.69	0.044

对比以上数据我们可以发现：

1）变形量为 20%的试样，其屈服强度、抗拉强度最小，但断裂伸长率最大；

2）当变形量从 20%逐渐增大时，试样的屈服强度、抗拉强度呈现上升趋势，断裂伸长率呈下降趋势。

分析其原因如下。

1）首先解释屈服强度的变化。我们知道，影响材料屈服强度的因素有很多，其中主要的影响因素是晶粒大小。根据式(3-2) 及式(3-3)，Hall-Petch 关系式表达了在其他条件不变的前提下，随着晶粒直径的减小，屈服强度逐渐增大。另一方面，我们在上节讨论了施密特因子的变化规律，基于施密特定律，材料的屈服强度随着施密特因子的增大而逐渐下降。

如果在使用 Hall-Petch 关系式的同时考虑施密特因子的影响，Hall-Petch 关系式只考虑了晶粒的强化，并未考虑施密特因子所表示的织构强化，因此将两者结合起来分析屈服强度的变化将更为准确[21]，其公式如式(3-7) 所示：

$$\sigma_{s\text{-}t}=\frac{0.45}{m_t}(\sigma_0+Kd^{-1/2}) \tag{3-7}$$

式中 $\sigma_{s\text{-}t}$——考虑施密特因子影响的屈服强度，MPa；

0.45——无织构形成的面心立方结构的多晶体的平均施密特因子。

随着变形量的逐渐增大，热轧试样的平均晶粒直径逐渐较小，施密特因子的平均值也呈总体下降趋势，根据式(3-5) 可以得出试样的屈服强度的计算值也呈上升趋势，这与我们实验测试出的屈服强度相符合。此外，小角度晶界对材料具有直接强化的作用，而小角度晶界的数目随着变形量的增加而增加，同样解释了热轧态试样的屈服强度的变化。

2）下面解释断裂伸长率的变化。如图 3-10 所示，随着变形量的增加，加工硬化程度越来越大，CSL 晶界的数目越来越少。而大角度晶界可以显著阻碍裂纹的扩展，特别是“特殊”的大角度晶界 CSL 晶界，其具有更低的能量，对裂纹的扩展有很好的阻碍作用[11]。因此我们可以看到随着变形量的增加，断裂伸长率减小。

3.5.2.2 退火试样的室温拉伸性能

通过对退火态试样拉伸数据的处理得到了退火态试样的工程应力-应变图（如图 3-28 所示）及屈服强度、抗拉强度和伸长率的数值（如表 3-4 所示）。

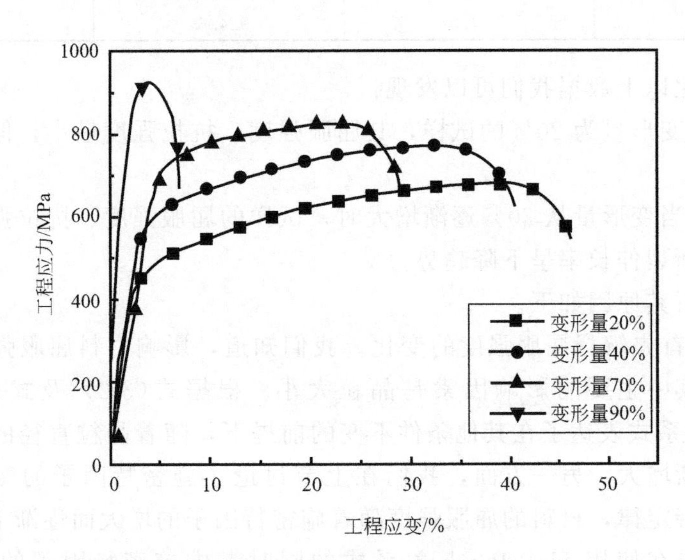

图 3-28 不同变形量退火态试样的工程应力-应变图

表 3-4 不同变形量的退火态试样的抗拉强度、屈服强度及伸长率变化表

退火态试样的变形量/%	屈服强度/MPa	抗拉强度/MPa	伸长率/%
20	455.40	680.03	0.361
40	590.84	773.48	0.277
70	684.41	828.80	0.201
90	829.32	919.63	0.093

对比以上数据我们可以有如下发现。

1）变形量为 20%的试样，其屈服强度、抗拉强度最小，但断裂伸长率最大。

2）当变形量从 20%逐渐增大时，试样的屈服强度、抗拉强度呈上升趋势，断裂伸长率呈下降趋势。

分析其原因如下。

1）屈服强度变化的原因。由图 3-16 和图 3-22 可以知道，随着压下渐增大，退火态试样的平均晶粒直径逐渐减小，施密特因子的平均值也呈总体下降趋势，根据式(3-5) 可以得出试样的屈服强度的计算值也呈上升趋势，与试验结果符合。此外，小角度晶界对材料具有直接强化的作用，而退火态试样的小角度晶界的数目随变形量的增大而增加，也可以用来解释退火态试样的屈服强度的变化。

2）CSL晶界对裂纹有很好的阻碍作用，如图3-20所示，随着变形量的增加，退火态试样的CSL晶界的数量越来越少，这时裂纹扩展的阻力减小，试样的断裂就会变得更加容易，因此退火态试样的断裂伸长率呈现出逐渐减小的趋势。

3.6 本章小结及展望

本章系统地阐述了钢的热变形原理、强化机制、对组织的影响等问题，对不同热轧变形量的AFA钢试样以及不同变形量热轧后退火的试样进行了研究，从试样显微组织形貌、试样的组织物相组成、粒形态尺寸、晶界演变、施密特因子的变化几个角度对AFA钢热轧试样进行分析，同时也对两组试样织构的分布情况及力学性能做了描述。

1）AFA钢经过热轧后，试样微观组织中主要含有B2-NiAl相、Laves相及NbC相；当热轧变形量增大时，试样中的析出物会逐渐增多。同时发现退火态试样微观组织中含有的相与热轧试样相同，但其析出物的数量较热轧试样少。

2）AFA钢的晶体取向在热轧过程中会发生变化，从原始态的＜101＞方向逐渐偏向于＜111＞和＜001＞方向。当变形量达到90%时，晶体取向趋向于＜111＞方向，这时材料择优取向，表现出各向异性；而退火态的试样晶体方向的改变规律性不强，当热轧变形量达到90%时，试样的晶体偏向于＜101＞、＜111＞和＜001＞三个方向，这时材料表现出各向同性。

3）在热轧过程中，随着变形量的增大，试样的晶粒尺寸会因为再结晶的发生逐渐变小，与变形程度相关的小角度晶界的数量会逐渐增多，对裂纹有良好抵抗用的CSL晶界逐渐减小，同时，与强度相关的施密特因子也会随着变形量的增大逐渐变小。

4）原始试样主要由铜织构和高斯织构组成，这缘于热轧过程中发生了动态再结晶。热轧变形时，除了高斯织构外，在再结晶过程中出现了立方织构组分以及黄铜R型织构。退火时不同变形量的热轧试样都主要含有三种织构，分别为立方织构、黄铜型织构和黄铜R型织构，与热轧试样相比，在较低变形量时相当一部分取向分布几乎没有变化，这表示试样中经过热变形后的组织在退火时只是发生了回复或者原位再结晶。

5）从硬度来看，得出当热轧变形量逐渐增大时，试样的硬度维氏硬度值呈一个上升的趋势，在变形量为20%时试样的维氏硬度值最小，当变形量达到90%时，试样维氏硬度值最大。

6）材料的拉伸性能随热轧变形量的增大呈上升的趋势，而试样的断后伸长率随变形量的增大呈下降趋势，当试样的热轧变形量达到20%时，其强度最低，但此时试样的塑性最好；当试样变形量增大到90%时，其强度最高，但此时试样的塑形最差。

但是，近年来研究人员主要把精力集中在AFA钢的高温氧化机理上，在高温下的力学行为和蠕变机制等诸多方面还有很多问题没有解决，对其高温变形行为及力学性能缺乏系统的、深入性的研究。高温力学方面的研究不足，制约了其实际工程应用。衡量一个材料是否能够满足实际需要，不能仅考虑一个或者几个性能的优劣，而要全面考虑这个材料的诸多性能是否都能满足实际需要。在兼顾更多优异性能的基础上对AFA钢的研究还比较困难。今后对于新型AFA钢的研究还需要解决以下几个方面的问题。

1）AFA钢在高温条件下的蠕变机制以及最契合此机制的强化手段，这是新型AFA钢高温力学性能研究中的一个挑战。

2）澄清AFA钢中各个第二相之间的析出关系。

3）细化奥氏体晶粒尺寸、增大晶界百分数是晶界强化AFA钢的主要手段。因此工艺参数的优化也是研究的一个重要方向。

参考文献

[1] Degtyarev M V, Chashchukhina T I, Voronova L M. Thermal Stability of a Submicrocrystalline Structure of Metals and Alloys [J]. Physics of Metals and Metallography, 2018, 119 (13): 1329-1332.

[2] Nan Y, Ning Y Q, Liang H Q, et al. Work-hardening effect and strain-rate sensitivity behavior during hot deformation of Ti-5Al-5Mo-5V-1Cr-1Fe alloy [J]. Materials & Design, 2015, 82: 84-90.

[3] 周德强．新型含铝奥氏体耐热钢相形成规律及高温变形行为研究 [D]. 北京：北京科技大学，2015.

[4] Owen D M, Langdon T G. Low stress creep behavior: An examination of Nabarro-Herring and Harper-Dorn creep [J]. Materials Science and Engineering: A, 1996, 216 (1-2): 20-29.

[5] Trotter G, Rayner G, Baker I, et al. Accelerated precipitation in the AFA stainless steel Fe-20Cr-30Ni-2Nb-5Al via cold working [J]. Intermetallics, 2014, 53: 120-128.

[6] Armstrong R W, Walley S M. High strain rate properties of metals and alloys [J]. International Materials Reviews, 2008, 53 (3): 105-128.

[7] Liu Z, Gao Q, Zhang H, et al. EBSD analysis and mechanical properties of alumina-forming austenitic steel during hot deformation and annealing [J]. Materials Science and Engineering: A, 2019, 755: 106-115.
[8] Hsiao Y-H, Lue H-T, Chen W-C, et al. Modeling the Impact of Random Grain Boundary Traps on the Electrical Behavior of Vertical Gate 3-D NAND Flash Memory Devices [J]. Ieee Transactions on Electron Devices, 2014, 61 (6): 2064-2070.
[9] Takehara Y, Fujiwara H, Miyamoto H. "Special" to "general" transition of intergranular corrosion in Sigma Σ3 {111} grain boundary with gradually changed misorientation [J]. Corrosion Science, 2013, 77: 171-175.
[10] Odnobokova M, Tikhonova M, Belyakov A, et al. Development of Sigma 3 (n) CSL boundaries in austenitic stainless steels subjected to large strain deformation and annealing [J]. Journal of Materials Science, 2017, 52 (8): 4210-4223.
[11] 钟振前，田志凌，杨春．EBSD技术在研究高强马氏体不锈钢氢脆机理中的应用 [J]. 材料热处理学报，2015，36 (2): 77-83.
[12] Cordero Z C, Knight B E, Schuh C A. Six decades of the Hall-Petch effect - a survey of grain-size strengthening studies on pure metals [J]. International Materials Reviews, 2016, 61 (8): 495-512.
[13] Seok M-Y, Choi I-C, Moon J, et al. Estimation of the Hall-Petch strengthening coefficient of steels through nanoindentation [J]. Scripta Materialia, 2014, 87: 49-52.
[14] Xin R, Wang M, Huang X, et al. Observation and Schmidt factor analysis of multiple twins in a warm-rolled Mg-3Al-1Zn alloy [J]. Materials Science and Engineering: A, 2014, 596: 41-44.
[15] 王文珂．ZK60镁合金板材降温轧制及织构对其成形性影响研究 [D]. 哈尔滨：哈尔滨工业大学，2019.
[16] Fang X, Wang W, Zhou B. The optimization research developments of grain boundary character distribution (GBCD) of polycrystalline metal materials [J]. Rare Metal Materials and Engineering, 2007, 36 (8): 1500-1504.
[17] Schwartz A J, King W E. The potential engineering of grain boundaries through thermomechanical processing [J]. Jom-Journal of the Minerals Metals & Materials Society, 1998, 50 (2): 50-55.
[18] 毛卫民，张新明．晶体材料织构定量分析 [M]. 北京：冶金工业出版社，1995.
[19] 许立然，苏钰，桑震，等．CSL晶界对TWIP钢变形行为的影响 [J]. 热加工工艺，2016，45 (14): 54-58.
[20] Zherebtsov S, Ozerov M, Povolyaeva E, et al. Effect of Hot Rolling on the Microstructure and Mechanical Properties of a Ti-15Mo/TiB Metal-Matrix Composite [J]. Metals, 2020, 10 (1): 1-12.
[21] Frick C P, Clark B G, Orso S, et al. Size effect on strength and strain hardening of small-scale 111 nickel compression pillars [J]. Materials Science and Engineering: A, 2008, 489 (1-2): 319-329.

第4章

新型含铝奥氏体耐热钢的热处理组织及性能

热处理是机械工业中的一项十分重要的基础工艺，对提高机电产品内在质量和使用寿命、加强产品在国内外市场竞争能力具有举足轻重的作用。但是人们认识到这一点却花了相当长的时间和很大的代价。由于热处理影响的是产品的内在质量，它一般不会改变制品的形状，不会使人直观地感到它的必要性，热处理实施不当还有可能产生严重畸变和开裂，破坏制品的表面质量和尺寸精度，致使制造过程前功尽弃，所以在我国的制造业中长期存在着“重冷（冷加工）轻热（热加工）”现象，以致这个行业一直处于落后状态。热处理是指在不改变其形状尺寸的情况下，将金属材料在一定的介质中进行加热、保温和冷却的手段。通过热处理可以改变金属材料的热力学状态、晶体结构、组织形态、物理化学性质及化学成分分布等，从而实现预期的组织结构和化学成分的改变，获得所需要的性能。钢铁材料作为工业上应用最广的金属，显微组织也最为复杂，因此热处理工艺极其繁多，目前主要包括整体热处理、表面热处理和化学热处理三个方面。热处理工艺方法的结合与应用，赋予了材料的不可确定的性能变化，这也拓宽了金属材料的应用范围及应用前景。

4.1 热处理知识介绍

4.1.1 钢的热处理原理

钢的热处理主要是指钢铁材料在固态下，通过加热、保温和冷却的手段，以获得预期组织和性能的一种金属热加工工艺。热处理时，对钢加热的目的通常是使组织全部或大部分转变成细小的奥氏体晶粒，这个过程就是奥氏体的形成过程，这种组织转变既可以称为奥氏体转变也可以称为奥氏体化。严格来说，奥氏体化就是指将钢加热至临界点以上使组织转变成奥氏体的热处理过程。加热的工件一般温度要达到共析温度以上，使常温下的铁素体和渗碳体再转变回奥氏体。奥氏体化温度的确定和典型的铁碳相图密不可分。图 4-1 为铁碳合金相图，图中奥氏体转变温度的确定是钢加热温度工艺参数设定的重要依据。

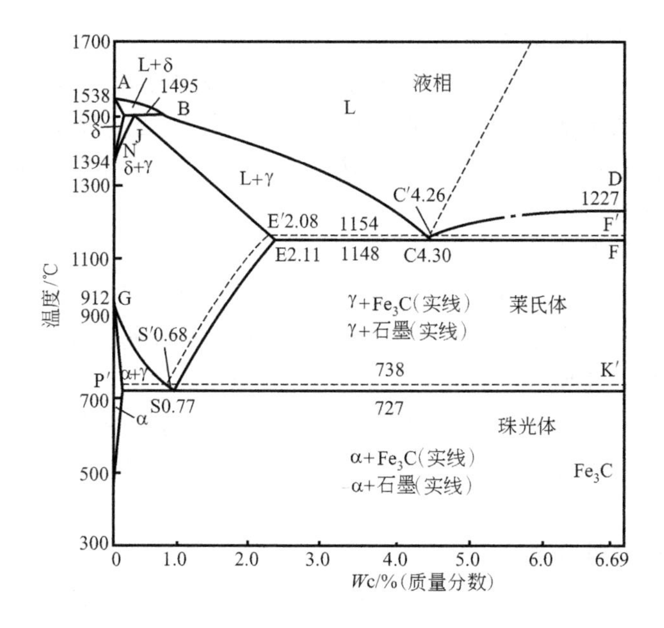

图 4-1 铁碳合金相图

γ—奥氏体区；α—铁素体区；L—液相区；Fe_3C—渗碳体区；δ—固溶体区

根据奥氏体转变的动力学规律，一般来说，钢的奥氏体化过程主要分为奥氏体形核、奥氏体长大、残余渗碳体溶解和奥氏体成分均匀化四个典型阶段，下面分别进行阐述。

奥氏体形核阶段是指在铁素体及渗碳体相界上或珠光体晶界面上由于存在能量差、结构变化以及合金元素成分起伏等，奥氏体晶核会优先在这些位置形核。常会通过细化原始组织来提高形核率。

奥氏体长大阶段会经历平衡与非平衡的反复循环过程。奥氏体形核之前，C 在铁素体和渗碳体各自相区内是平衡的。当奥氏体晶核形成之后，由于靠近铁素体的一侧含 C 量低，靠近渗碳体一侧的含 C 量高，故在奥氏体内部出现了 C 浓度梯度，引起了 C 的扩散，破坏了原先相界两侧的 C 平衡。为了恢复 C 平衡，会促使铁素体转变为奥氏体以及渗碳体溶解，使得奥氏体向两侧长大。

残余渗碳体的溶解是由于界面向铁素体的推移速度大于向渗碳体的方向，因而铁素体将首先消失，导致奥氏体生成后，还会有一部分渗碳体残余。这一部分渗碳体将在加热保温过程中进一步溶解，直至完全消失。

奥氏体成分均匀化指的是当残余渗碳体完全消失时，奥氏体中的 C 浓度仍是不均匀的，原渗碳体处 C 浓度高，而铁素体处 C 浓度低。继续延长加热保温时间，在浓度梯度的驱动下，借助加热扩散和 C 浓度梯度化学势，合金元素的成分逐渐均匀化。

需要注意的是奥氏体化过程的这四个阶段并非孤立进行而是相互交叉、共同作用完成奥氏体转变。可以看出，奥氏体转变过程中 C 浓度变化、温度等各种因素都会影响奥氏体形成，具体来说，影响奥氏体转变的因素主要有以下几种。

（1）加热温度

随着加热温度的升高，碳原子扩散速度增大，在温度升高的同时，*GS* 与 *ES* 线的距离被拉宽，奥氏体中 C 浓度梯度大，使奥氏体化速度加快。

（2）加热速度

在实际热处理条件下，加热速度越快，过热度越大，发生奥氏体转变的温度越高。另外，奥氏体转变的温度范围越宽，完成奥氏体转变所需的时间就越短。

（3）C 质量分数

C 质量分数增加时，渗碳体量增多，铁素体与渗碳体的相界面增大，因而奥氏体的形核核心变多，转变速度加快。

（4）合金元素

合金元素的加入，不改变奥氏体形成的基本过程，但显著影响奥氏体的形成速度。Co、Ni等元素增大C在奥氏体中的扩散速度，因而加快奥氏体化过程；Cr、V等对C的亲和力较大，能与C形成较难溶解的碳化物，显著降低C的扩散能力，所以减慢奥氏体化过程；Si、Al、Mn对C的扩散速度影响不大，不影响奥氏体化过程。由于合金化元素的扩散速度比C慢得多，所以合金钢的热处理加热温度一般要高一些，保温时间要长些。

(5) 原始组织

原始珠光体中的渗碳体主要有片状和粒状两种形式构成。原始组织中渗碳体为片状时，奥氏体形成速度快，因为其相界面积较大，而且渗碳体片间距越小，相界面越大，同时奥氏体晶粒中碳浓度梯度升高，长大速度随之变快[1]。

4.1.2 钢的热处理工艺

钢的热处理工艺是根据钢在加热和冷却过程中的组织转变规律制定的具体加热、保温和冷却的工艺参数。根据加热、冷却方式及获得组织和性能的不同，钢的热处理工艺主要有退火、正火、淬火（固溶处理）和回火(时效)，简称四把火。

4.1.2.1 退火

将组织偏离平衡状态的钢加热到适当温度，保温一定时间，然后缓慢冷却的热处理工艺，称为退火。根据处理目的和要求不同，退火可分为扩散退火、完全退火、等温退火、不完全退火、球化退火、再结晶退火和去应力退火等。

(1) 扩散退火

扩散退火是将钢锭、铸件或锻坯加热到略低于固相线的温度，长时间保温，然后随炉缓慢冷却的热处理工艺，又称均匀化退火，目的是消除晶内偏析，使成分和组织均匀化（实质是使钢中各元素的原子在奥氏体中进行充分扩散，所以扩散退火温度高，时间长）。

钢锭、铸钢件中常见的缺陷是成分偏析、晶粒粗大和铸造应力。实际金属或合金在结晶时一般都是不平衡结晶，往往存在成分的晶内偏析、枝晶偏析、宏观偏析等。

成分偏析都是在液态金属结晶时形成的。钢锭或铸钢件的截面积越大，成分偏析越严重，对工件的使用性能危害愈大。一些大型铸钢件，如汽轮机转子，发动机曲轴，冶金厂的大型冷、热轧辊等，由于凝固时的选择结晶和各部位冷却条件的不同，导致铸件的上下和内外成分的不均匀，尤以

C、S、P的偏析最为严重，当有合金元素存在时，Mn、Si、Ag、Cr、Ni等也存在着偏析。

由于钢锭内偏析的存在，造成大型轧锻件各部分成分差异，从而相变不同，组织性能极不均匀，同时产生较大的组织应力。偏析会导致力学性能恶化，锻轧后形成带状组织，力学性能各向异性。夹杂物偏析，特别是脆性夹杂，呈粗大、密集形式分布，将造成冷热加工变形及热处理时的废品。据统计，由夹杂物导致的大锻件报废率可达50%。而消除偏析的最好方法就是扩散退火。

扩散退火的应用范围主要针对优质合金钢及偏析严重的合金钢铸件(周期长，热能消耗大，成本高)。经过扩散退火后，钢的晶粒十分粗大，要进行一次完全退火或正火来细化晶粒，消除过热缺陷。但是扩散退火不可能完全解决偏析问题。它的任务是消除枝晶偏析和碳化物偏析，改善某些可溶入固溶体的夹杂物的状态，从而使钢的组织和性能趋于均匀。扩散退火对于高硫、磷及偏析严重的宏观偏析无能为力，这些缺陷只能在浇铸时予以解决。

(2) 完全退火

完全退火是将钢完全奥氏体化，随之缓慢冷却，获得接近平衡状态组织的退火工艺。又称重结晶退火。

目的有如下两点。

a. 细化晶粒，均匀组织，消除内应力和热加工缺陷。钢的热锻轧加热温度一般为1100～1200℃，处于钢的晶粒严重粗化的温度范围，加之钢锭、钢坯在均热炉或加热炉中停留时间较长，晶粒总是极为粗大。在热锻轧过程中，一边塑性变形，一边进行动态再结晶。锻轧加工停止后，由于终轧温度一般在900℃以上，再结晶仍将进行，因此获得晶粒粗大而不均匀的组织，其综合力学性能较差。

b. 降低硬度，改善切削加工性能。对中碳结构钢，由于珠光体晶粒粗大和不均匀，有时硬度偏高，难以机加工。完全退火主要用于亚共析钢(过共析钢不宜采用，因为加热到 A_{ccm} 以上温度慢冷时，二次渗碳体会以网状形式沿奥氏体晶界析出，使钢的的韧性下降，并可能在以后的热处理中引起裂纹)。对于锻、轧件应安排在锻、轧之后，切削加工之前。而对于焊、铸件一般在焊、铸后进行完全退火。

(3) 等温退火

等温退火是将奥氏体化后的钢快速冷却至稍低于 A_{r_1} 的温度等温，使奥氏体转变为珠光体，再空冷至室温的热处理工艺。等温退火目的与完全退火相同，但组织转变较易控制，能获得均匀的预期组织，对于奥氏体较稳定的合金钢，可大大缩短退火时间。其加热温度与保温时间和完全退火相同，只是冷却方式不同。等温温度应根据要求的组织和性能，由被处理钢的C曲线来确定。等温温度距 A_1 愈近，获得的珠光体组织愈粗，钢的硬度也愈低；反之，则硬度愈高。

(4) 不完全退火

不完全退火是将钢加热至 $A_{c_1} \sim A_{c_3}$ 之间，保温后缓慢冷却，以获得接近平衡组织的热处理工艺。不完全退火主要应用于大批或大量生产的亚共析钢锻件。如果亚共析钢锻件的锻造工艺正常，原始组织中的铁素体已均匀细小，只是珠光体片间距小、硬度较高、内应力较大，那么只要在 $A_{c_1} \sim A_{c_3}$ 之间进行不完全退火，即可使珠光体片间距增大，使硬度有所降低，内应力减小。与完全退火相比，不完全退火加热温度低，保温时间短，因此，消耗热能少，生产效率高。对锻造工艺正常的亚共析钢锻件可用不完全退火代替完全退火。

(5) 球化退火

球化退火是使钢中的碳化物球状化，获得粒状珠光体的一种热处理工艺。原理是过共析钢加热至稍高于 A_{c_1} 时，保留较多的未溶渗碳体粒子。当缓慢冷却时，共析渗碳体以未溶渗碳体粒子为核心，形成粒状渗碳体。

球化退火主要用于共析钢、过共析钢和合金工具钢，如工具钢（质量百分含量0.65%～1.35%）。目的是使二次渗碳体及珠光体中的渗碳体球状化，以降低硬度，改善切削加工性能，以及获得均匀组织，改善热处理工艺性能，为以后的淬火做组织准备。加热温度一般为 A_{c_1} +20～30℃，随炉加热，保温时间控制在2～4h。通常随炉冷（600℃出炉）或 A_{r_1} +20℃等温处理3～6h，再随炉降至600℃出炉。

(6) 再结晶退火

为消除材料或零件因冷变形而产生的加工硬化而进行的热处理，称为再结晶退火。目的是使冷变形钢通过再结晶而恢复塑性，降低硬度，以利于随后的再形变或获得稳定组织。加热温度一般控制在最低再结晶温度+100～200℃（钢650～700℃），保温时间为1～3h，空冷，主要用于冷轧低碳钢板和钢带。

(7) 去应力退火

为消除铸造、焊接、机加工和冷变形等冷热加工在材料中造成的残留内应力而进行的低温退火，称为去应力退火。目的是提高工件尺寸稳定性，防止变形和开裂。加热温度一般在 A_{c_1} 以下（钢500～650℃）。钢件保温时间，3min/mm；铸件保温时间，6min/mm。缓慢冷却，200～300℃出炉。主要应用于焊接件、铸件、机加、冲压。一般可以消除50～80%的内应力。

4.1.2.2 正火

正火是将钢加热到 A_{c_3} 或 A_{ccm} 以上适当温度，保温适当时间后，在空气中冷却的热处理工艺，通常形成珠光体类组织（索氏体），目的是使钢的组织正常化，所以生产上将正火称为常化处理。正文加热温度一般在 A_{c_3} 或 $A_{ccm}+30\sim50$℃，在空气中自然冷却，大件鼓风冷却。

正火的保温时间一般依据经验公式：

$$t=\alpha KD \tag{4-1}$$

式中 t——保温时间，min；

α——加热系数，min/mm；

K——工件装炉方式修正系数；

D——工件的有效厚度，mm。

工件有效厚度的计算原则是：薄板工件的厚度即为其有效厚度；长的圆棒料直径为其有效厚度；正方体工件的边长为其有效厚度；长方体工件的高和宽小者为其有效厚度；带锥度的圆柱形工件的有效厚度是距小端 $2/3L$（L 为工件的长度）处的直径；带有通孔的工件，其壁厚为有效厚度。

正火适应于碳钢及低、中合金钢，不适合于高合金钢。高合金钢的奥氏体非常稳定，即使在空气中冷却，也会获得马氏体组织。正火可改善低碳钢的切削加工性能，消除中碳钢的热加工缺陷，消除过共析钢的网状碳化物，提高普通结构钢的力学性能。

4.1.2.3 淬火

淬火是将钢加热到相变温度以上，保温一定时间，然后以大于上临界冷速快速冷却的热处理工艺称为，通称蘸火。获得的组织多数情况下为马氏体，有时为贝氏体以及少量残余奥氏体和未溶的第二相。淬火后必须有回火与之配合，消除其组织应力，提高硬度和耐磨性，如刃具、量具、模具等。淬火可提高各种机器零件的强度和韧性；提高高碳钢和磁钢制造的永久磁铁的硬磁性；提高弹簧钢的弹性；提高不锈钢和耐热钢的耐蚀性和耐热性。

在淬火温度方面，亚共析钢：$A_{c_3}+30\sim50$℃；过共析钢：$A_{c_1}+30\sim50$℃。对亚共析钢，若加热温度低于 A_{c_3}，组织中会保留一部分铁素体，使淬火后的强度和硬度都较低；若加热温度高，又容易引起奥氏体晶粒粗化，使淬火钢的力学性能变坏。对过共析钢，加热到 $A_{c_1}+30\sim50$℃，组织中会保留少量二次渗碳体，有利于钢的硬度和耐磨性。并且，由于降低了奥氏体中的碳含量，不但可以改变马氏体形态（减少粗片状），降低脆性，而且还可减少淬火后残余奥氏体量，有利于钢的硬度提高和减少变形。淬火的保温时间与正火相似，也需通过式(4-1）进行计算。一般在气体中加热时间为1.0～1.5min，而在盐浴中加热时间为0.3～0.5min。

不同的淬火介质和淬火方法对淬火后钢的效果也有着重要的影响。为了获得马氏体组织，淬火时冷却速度必须大于上临界冷却速度，但是冷却速度过大又会使工件淬火应力增加，产生变形或开裂。主要的淬火方法如下。

(1）单介质淬火法

钢件奥氏体化后，置于一种冷却介质中冷却的方法，叫做单介质淬火法。碳钢一般用水冷却，合金钢用油冷却。优点是操作简单，易实现机械化，应用广。缺点是水淬变形开裂倾向大；油淬冷却速度小，大件淬不硬。应用于形状简单及小尺寸钢件的淬火。

(2）介质淬火法

钢件奥氏体化后，先在一种强冷却介质中冷却，当钢件冷却到400℃以下时，迅速转入另一种弱冷却介质中冷却的方法称为介质淬火法。碳钢常先水冷后油冷，合金钢常先油冷后空冷。优点是马氏体转变时产生的内应力小，减少了变形和开裂的可能性。缺点是操作复杂，要求操作人员具有经验。

(3）分级淬火

钢件奥氏体化后，迅速淬入稍高于 M_s 点的恒温盐浴中，保温适当时间，在发生贝氏体转变之前，并且钢件内外都达到盐浴温度后取出空冷的方法称为分级淬火。常用硝盐（55%KNO_3+45%$NaNO_3$）作盐浴。优点是减少热应力和相变应力，从而降低钢件变形和开裂的倾向。缺点是盐浴冷却能力小，只能处理小件。应用于形状复杂和截面不均匀的小件（刀具）。

(4）等温淬火

钢件奥氏体化后，迅速淬入稍高于 M_s 点的恒温盐浴中，保温足够长时间，直至奥氏体完全转变为下贝氏体，然后出炉空冷的方法称为等温淬火。优点是大大降低了淬火内应力，减少了变形。缺点是生产周期长，生产效率低。应用于形状复杂和精度要求高的小件，如弹簧、螺栓、小齿轮、轴及丝锥等和高合金钢较大截面零件的淬火。

变形与开裂是淬火最常见的两种缺陷。缺陷产生原因是由淬火应力引起的。淬火应力包括热应力（钢件内部温度分布不均引起的内应力）和组织应力（马氏体转变时体积膨胀不均匀引起的内应力)。淬火应力超过钢的屈服极限时，引起钢件变形。淬火应力超过钢的强度极限时，引起钢件开裂。

4.1.2.4 回火

将淬火后（或正火后）的钢件重新加热至 A_{c_1} 以下某一温度，保温一定时间，然后出炉冷却到室温的热处理工艺叫做回火。回火目的是消除淬火产生的内应力，防止钢件开裂；使不稳定的马氏体和残余奥氏体转变成稳定组织，防止钢件尺寸改变；获得要求的综合力学性能，主要是塑性和韧性。

回火工艺中根据回火温度不同分为低温回火、中温回火和高温回火。低温回火温度范围一般为150～250℃，组织为回火马氏体（低过饱和度的α固溶体＋碳化物）＋残余奥氏体，可显著降低淬火应力和脆性，保持高硬度和高耐磨性，通常应用于淬火高碳钢和高合金钢模具、量具及工具。中温回火的回火温度一般为350～500℃。组织为回火屈氏体（针状α相＋细小粒状和片状渗碳体），可基本消除应力，硬度有所降低（35～45HRC），但具有极好的弹性极限和屈服强度，应用于各种弹簧的处理。高温回火的回火温度为500～650℃，组织为回火索氏体（多边形α＋粒状渗碳体），综合力学性能最好，即强度、塑性和韧性具有最佳的配合，硬度一般为25～35HRC。通常把淬火＋高温回火称为调质处理，主要用于中碳钢和低合金结构钢制造的各种机械结构件，如连杆、轴、齿轮等。

回火的保温时间一般为1～3h，或按式(4-2) 确定：

$$t_h = K_h + A_h D \tag{4-2}$$

式中 t_h——回火时间，min；

K_h——回火时间基数，min；

A_h——回火时间系数，min/mm；

D——工件有效厚度，mm。

回火后一般在空气中冷却，特殊情况为避免产生回火脆性，也可以采取缓冷或急冷方式。表4-1为不同回火条件下回火时间参数的变化情况。

表 4-1 不同回火条件下回火时间参数的变化

回火条件	300℃以下		300～450℃		450℃以上	
	自然	盐浴	自然	盐浴	自然	盐浴
K_h	120	120	20	15	10	3
A_h	1	0.4	1	0.4	1	0.4

4.2 新型含铝奥氏体耐热钢的热处理显微组织

不同的热处理工艺会对金属材料的微观组织产生显著的影响，本节将重点关注热处理时的冷却方式变化对所研究的新型 4Al-AFA 钢的组织性能的影响，为奥氏体钢的热处理工艺提供技术支撑。本次所用的材料为 1250℃热轧后空冷的新型 4Al-AFA 钢。图 4-2 是 4Al-AFA 钢 950℃不同冷却条件下相对应的金相显微组织照片。图 4-2(a) 是在 950℃水冷条件下的显微组织，可以看到有很多细小的晶粒分布在基体中，且晶界的颜色较深。由于加热温度较低且冷却速度较快，大量奥氏体晶粒未完全成形并长大。图 4-2(b) 是在空冷条件下的金相显微组织，在图中可以清晰地观察到密集细小且扁平的晶粒，与水冷条件下的金相组织相比，无论是晶粒大小还是晶粒数量上都没有特别大的变化，说明在这个条件下，冷却速度不是控制晶粒长大的主要影响因素。图 4-2(c) 是在炉冷条件下的金相显微组织。可以看出，在 950℃炉冷的条件下形成的组织与图 4-2(a) 和 (b) 类似，但晶粒略有长大。综上所述，在 950℃加热温度下，晶粒杂乱无章，且晶粒尺寸都十分细小，有渗碳体析出在晶界上，使晶粒颜色加深。加热至 950℃冷却后晶粒长大并不明显，是因为钢中添加了 Cr、Mo、Nb 等合金元素，这些合金元素会与 C 结合形成 MC 型碳化物，作为奥氏体基体中的第二相，弥散分布在基体中。一般情况下，奥氏体钢通过 MC 碳化物来提高钢的蠕变强度，这种碳化物的尺寸一般为纳米级，具有面心立方结构，碳原子在晶体点阵中占八面体中心位置，有很高的热力学稳定性[2]。当加热温度没有达到第二相粒子的溶解温度时，弥散于基体中的第二相粒子对晶界有钉扎作用，会阻碍奥氏体晶界的移动，因此在 950℃下晶粒长大的速度比较慢，保温 5min 后几乎没有长大。并且 AFA 钢中含有 11.16%的 Cr 元素，在加热过程中 C 会与 Cr 形成 Cr_7C_3 碳化物。钢中 Cr_7C_3 碳化物的固溶温度约为 1050℃，在较低温状态时不会固溶于奥氏体基体中。因此，950℃的奥氏体晶粒受制于第二相粒子的钉扎作用而长大非常缓慢，晶粒比较细小，也说明在 950℃温度下，影响奥氏体晶粒长大的主要因素是加热温度较低且晶粒内部第二相粒子的钉扎作用。

图 4-3 是 4Al-AFA 钢在 1050℃不同冷却方式下的金相显微组织。从图 4-3(a) 可以发现，奥氏体中基体分布许多细小长条状小晶粒，说明基体上原始的奥氏体晶粒比较稳定。但也有部分晶界通过凸出形核形成再结晶的

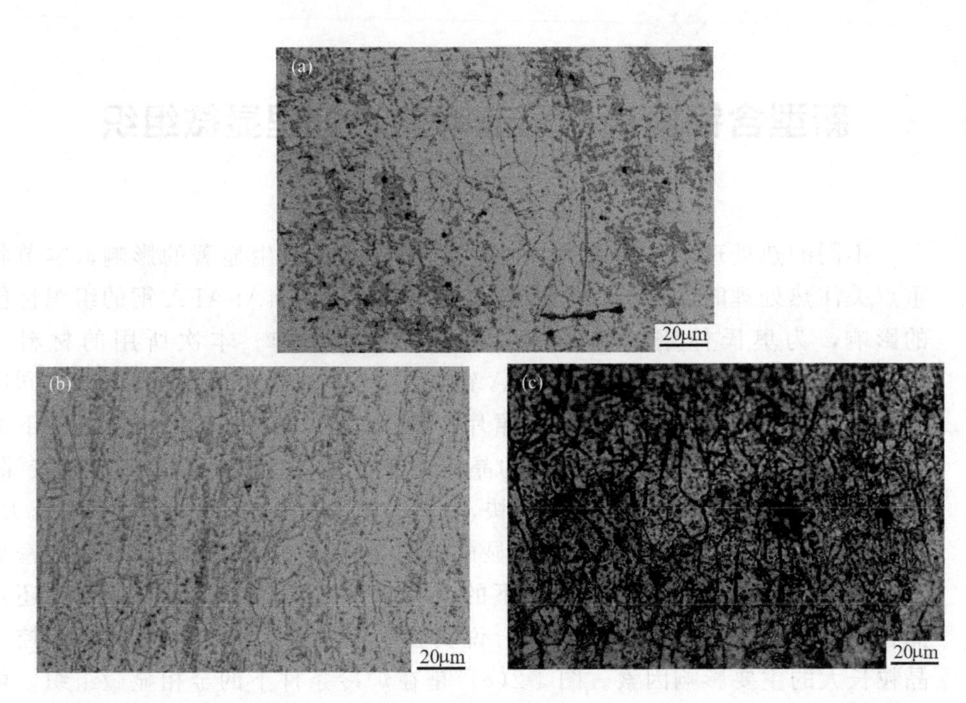

图 4-2 950℃保温冷却后 4Al-AFA 钢的金相显微组织照片

(a) 水冷组织；(b) 空冷组织；(c) 炉冷组织

奥氏体晶粒，一层一层地叠在原始晶粒上。图 4-3(b) 是该温度空冷条件下的金相显微组织。在室温冷却条件下，可以看出其晶粒的数量多于水冷条件下的晶粒数量，说明在该温度下，冷却速度的减慢，使得晶粒再结晶速度加快。相比较 950℃相同冷却方式下的奥氏体晶粒，可以确定 1050℃下第二相粒子对奥氏体晶界的钉扎作用有所减弱。图 4-3(c) 是该温度炉冷条件下的金相组织。图中可以观察到新形成的细小奥氏体晶粒，而且数量明显多于室温冷却。说明与另外两种冷却方式相比，由于炉冷时冷却速度更加缓慢，保温时间更长，奥氏体晶粒形核时间更加充分，最终导致形成数量更多的奥氏体晶粒。考虑到奥氏体中的第二相在 1050℃左右开始部分溶解，第二相粒子体积分数变小，粒子对于晶界的钉扎作用降低，于是固溶的第二相周围的大晶粒开始吞并小晶粒从而使晶粒粗化。不同的是，在 1050℃时第二相粒子只是开始部分溶解，溶解量比较少，因此晶粒并没有明显的长大。从图中还可以看出奥氏体晶粒开始长大，但长大程度很小，晶界和晶粒都不是特别明显。由于温度升高对第二相颗粒长大的促进作用抵消掉了更多的钉扎阻碍作用，使得部分晶粒变大。另外，由于第二相粒子在该温度下溶解量很小，依然可以起到钉扎晶界的作用，所以晶粒没有明显的长大。

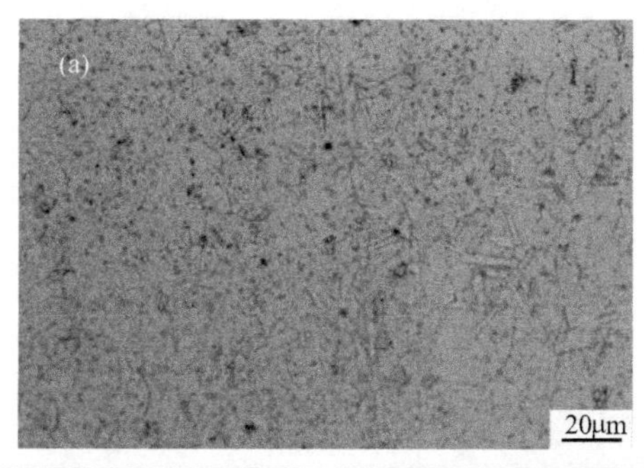

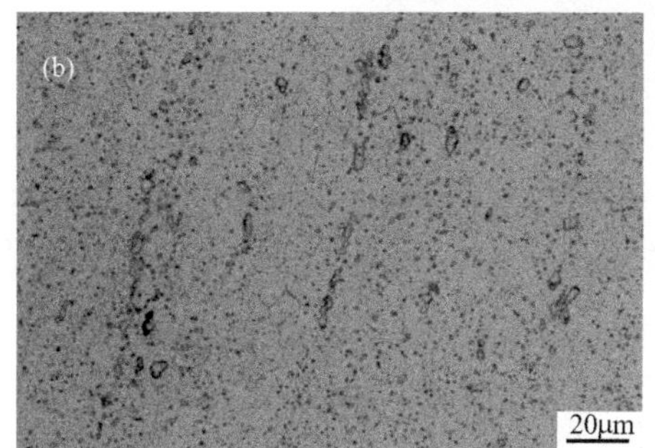

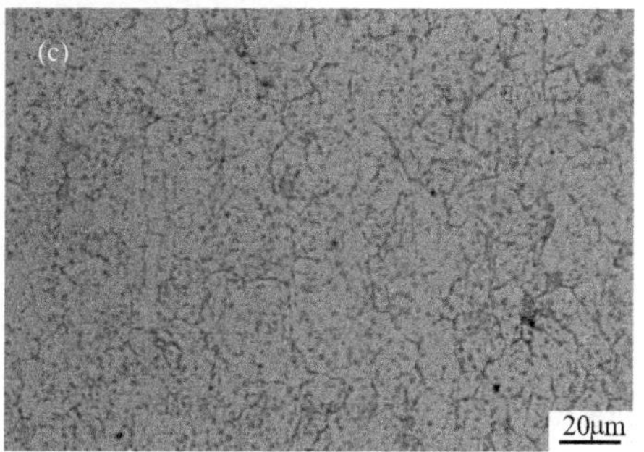

图 4-3 1050℃保温冷却后 4Al-AFA 钢的金相显微组织照片

(a) 水冷组织；(b) 空冷组织；(c) 炉冷组织

图 4-4 是 4Al-AFA 钢在 1150℃不同冷却方式下的金相显微组织。从图 4-4(a) 到图 4-4(c) 中可以发现，第二相的数量有明显减少，与此同时奥氏体晶粒发生了较明显的粗化长大。同时比较该温度的室温冷却和随炉冷却的组织，可以发现水冷组织的奥氏体晶粒尺寸明显较小，奥氏体晶粒内部析出的第二相数量多于另外两种冷却方式。说明了在这个条件下，水冷较快的降温速度，使得晶粒没有充足的时间长大，且第二相粒子的溶解也受到限制。从图 4-4(b) 可以看到 1150℃下的空冷组织中明显长大的晶粒，晶粒中的第二相粒子尺寸较小，发生了部分溶解。图 4-4(c) 是 1150℃炉冷条件下的金相显微组织，可以观察到晶粒的大小不一，但晶粒大小相比另外两种冷却方式有所增加。可以确定奥氏体晶粒长大还不完全，若将其升温到一定温度可以获得更均匀的奥氏体组织。综上所述，1150℃的显微组织的晶粒大小相比之前两个加热温度有着显著的长大过程。加热温度的升高伴随着晶粒周围的第二相粒子固溶速度加快，对晶粒附近位错的阻碍作用减少，奥氏体晶界移动受到的钉扎阻力减弱，致使晶粒发生再结晶现象。部分未溶解的第二相粒子控制着某些晶粒的生长条件，阻止晶界的移动，因而可以看到在大晶粒存在着一些小晶粒的现象。

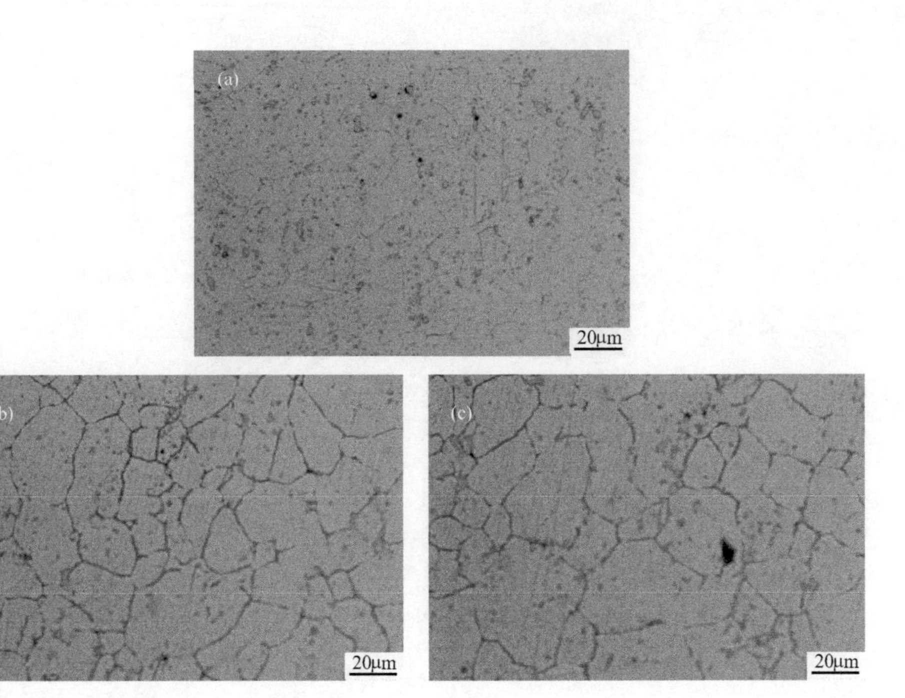

图 4-4 1150℃保温冷却后 4Al-AFA 钢的金相显微组织照片

(a) 水冷组织；(b) 空冷组织；(c) 炉冷组织

图 4-5 是 4Al-AFA 钢在 1200℃不同冷却方式下的金相显微组织。图 4-5(a) 可以看出，可以清晰地看出，水冷条件下的奥氏体晶粒较为粗大，尺寸可以达到 48.03μm，晶粒的大小也比较均衡，晶界能够明显辨别。第二相粒子析出的数量很少，主要分布在晶界附近。图 4-5(b) 是 1200℃空冷后的金相显微组织，可以看出，晶粒尺寸相比水冷有所减小，第二相的数量同比有所增加，在晶内和晶界均有分布。图 4-5(c) 是炉冷条件下的金相显微组织，可以看到，炉冷条件下的晶粒尺寸与空冷条件下类似，但平均尺寸略小为 46.62μm，晶粒的大小比较均匀，第二相弥散分布于奥氏体基体。三种冷却条件下均出现孪晶现象，可能是制样过程中产生的机械孪晶。综上所述，在炉冷和空冷条件下，冷却速度较慢，晶粒有足够的时间长大，且在 1200℃时，Nb、V 已全部固溶于奥氏体中，导致第二相的数量降低，第二相对晶界的钉扎作用减弱，因此晶粒可以长到较大的尺寸。水冷条件过程中，由于冷却速度快，NbC 等第二相的析出受到抑制[3]，因此第二相的数量较低，第二相粒子无法有效起到钉扎作用，致使奥氏体晶粒的尺寸较大。而缓慢的冷却过程有利于第二相及时析出，阻碍再结晶晶界迁移长大，使

得晶粒尺寸较小。

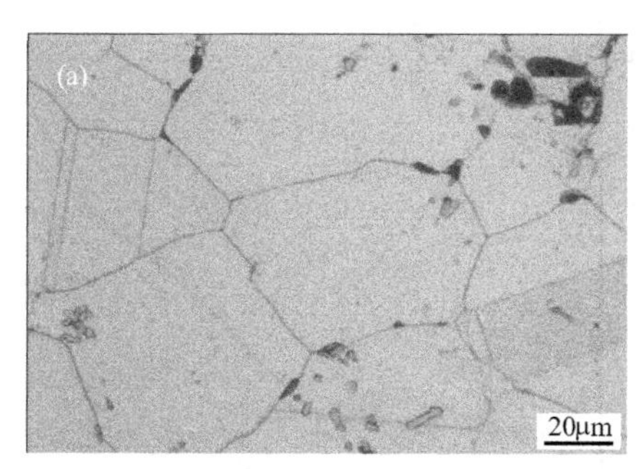

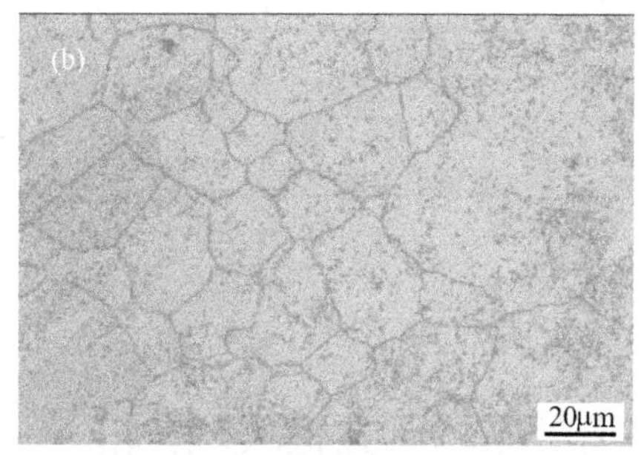

图 4-5　1200℃下 4Al-AFA 钢不同冷却方式的金相显微组织照片

(a) 水冷组织；(b) 空冷组织；(c) 炉冷组织

图 4-6 为根据金相显微组织照片统计的炉冷条件下新型 4Al-AFA 钢晶粒平均尺寸随温度的变化。可以看出，当加热温度为 950℃、1000℃ 和 1050℃时，晶粒的尺寸分别为 14.2μm、15.0μm 和 15.5μm，晶粒长大较为缓慢；当加热温度为高于 1050℃后，晶粒增长速率迅速增加，1100℃时的晶粒尺寸增长至 23.5μm；当温度上升为 1150℃时，晶粒的尺寸为 29.7μm；温度为 1200℃时，尺寸为 42.62μm，较之前三个温度增长了 3 倍。金属的再结晶温度是冷变形金属开始进行再结晶的最低温度。根据经验，金属的再结晶温度为 $T_k=(0.35\sim0.45)T_m$，(T_m 为金属的熔点)[4]。当加热温度较低时，虽然已经达到金属的再结晶温度，但是温度较低，促使结晶的能量输入较低，金属不能完全发生回复再结晶，因此晶粒呈扁长态。而奥氏体晶粒的长大伴随着晶界迁移的过程，晶界迁移过程受到扩散的控制[5]。当运动的晶界遇到第二相时，受到第二相的钉扎作用，从而阻碍晶粒长大[6]。从另一个角度分析，温度较低时，原子的扩散系数小，晶界不容易迁移；第二相的数量较多，这些第二相会钉扎晶界，阻碍晶粒长大。当温度较高时，一部分第二相溶解，同时原子扩散系数增大，晶界可以获得更大的能量进行移动。故晶粒尺寸的变化与加热温度成相关关系。

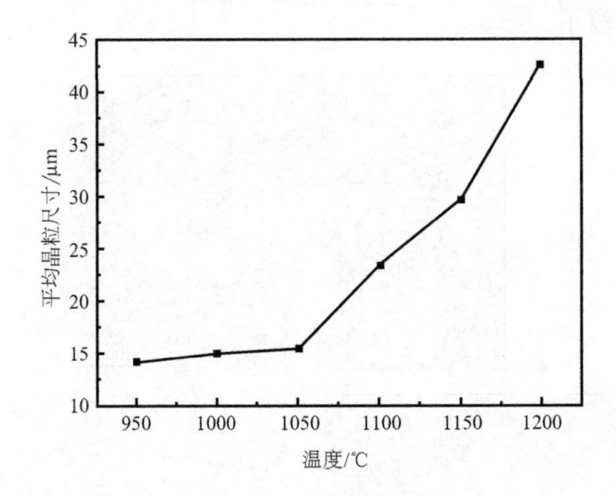

图 4-6 炉冷条件下新型 4Al-AFA 钢平均晶粒尺寸随温度的变化

4.3 新型含铝奥氏体耐热钢的相组成演变特征

4.3.1 加热温度对 AFA 钢相组成的影响

图 4-7 为加热至不同温度后炉冷条件下新型 4Al-AFA 钢的 XRD 图谱。

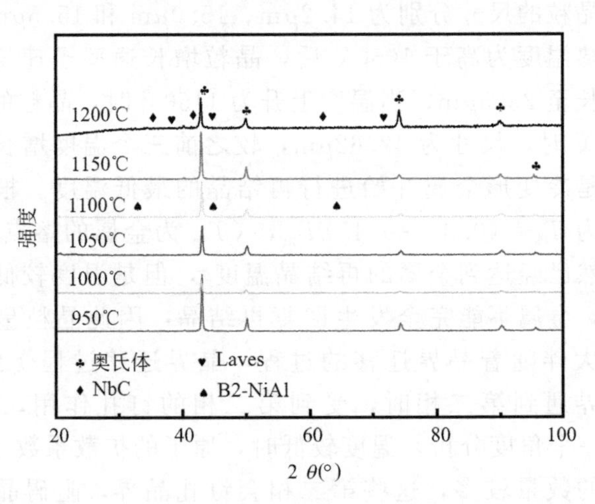

图 4-7 炉冷条件下新型 4Al-AFA 钢的 XRD 衍射图谱

图中衍射峰的半高宽随着加热温度升高而减小，也说明了高温下晶粒尺寸的增加。整体来看，随着保温温度的升高，新型 AFA 钢的基体均为奥氏体组织，且始终可以观察到 NbC 和 Laves 相的衍射峰。然而第二相的含量随着温度的升高发生了变化，具体为 NbC 相的含量降低，Fe_2Nb-Laves 相的含量升高。需要注意的是由于 B2-NiAl 相在基体中的含量较低，并未检测到含量的变化。随着保温温度的升高，一部分第二相会溶解于奥氏体基体，导致第二相的含量降低。从元素固溶角度来说，NbC 相在温度高于 1150℃开始溶解，并伴随与奥氏体基体半共格关系的消失，同时溶解后的 Nb 元素在奥氏体晶格中的固溶度也会随着温度的升高而迅速增加，所以 NbC 第二相含量降低较快。

图 4-8 所示为不同温度保温炉冷后新型 4Al-AFA 钢的 SEM 图像。可以看出，随着加热保温温度的升高，第二相的形态、尺寸、分布和数量均发生较大的变化。温度较低时，第二相的形状主要呈球状和棒状，颗粒尺寸较小，在奥氏体晶界和晶粒内部分布较为均匀，密度和数量都较高。在图 4-8(b) 中还可以看到粗大不规则形状的一次 NbC 的析出。原始试样中的 NbC 颗粒在加热过程中未完全溶解而保留在奥氏体基体中，在随后的保温和冷却过程中，基体中 Nb 元素的析出促使其长大而形成一次 NbC 相，因此尺寸较大。随着温度的升高，尤其是当温度高于 1050℃后，可以发现第二相的颗粒尺寸有了明显的增大，同时奥氏体晶粒内部细小的第二相逐渐变少，形态也逐渐变为球状或针状。受晶界位置特征的影响，奥氏体晶界处的第二相逐渐长大呈长条状沿晶界分布。温度进一步升高到 1150℃以上，奥氏体晶粒内部存在的第二相数量迅速降低，大部分开始溶解，而在晶界的第二相进一步沿晶界长大粗化。

为了进一步探究第二相的成分组成及演变，对一些具有特殊形态的第二相进行点扫描和面扫描分析。图 4-9 为 950℃炉冷条件下新型 4Al-AFA 钢的 EDS 分析结果。通过对第二相进行点扫描［图 4-9(b)］，可以看出该第二相中 Nb 元素和 C 元素的质量分数分别为 82.09%和 15.72%，并不含有 Ni 和 Al 元素，可初步确定该第二相为富 Nb 的 NbC 第二相。一般来说，Nb 在钢中易与 C、N 元素形成 Nb（C，N）化合物，具有一定的弥散强化效果，并可细化晶粒，提高蠕变强度，同时由于消耗了一定量的 C 元素而减少了 $M_{23}C_6$ 相的生成，保持了基体中的 Cr 固溶含量，有利于合金抗氧化性能的提高[7]。在元素的面分布扫描中，在大块的球状第二相中发现了 Nb 元素和 C 元素的富集，而 Fe 元素含量极低，可进一步确定该块状第二相为 NbC 第二相。在 AFA 钢中的二次 NbC 相的颗粒尺寸一般为 40nm 左右，而一次 NbC 相颗粒尺寸较大。对于均匀弥散的小颗粒状第二相，只发现了 Nb

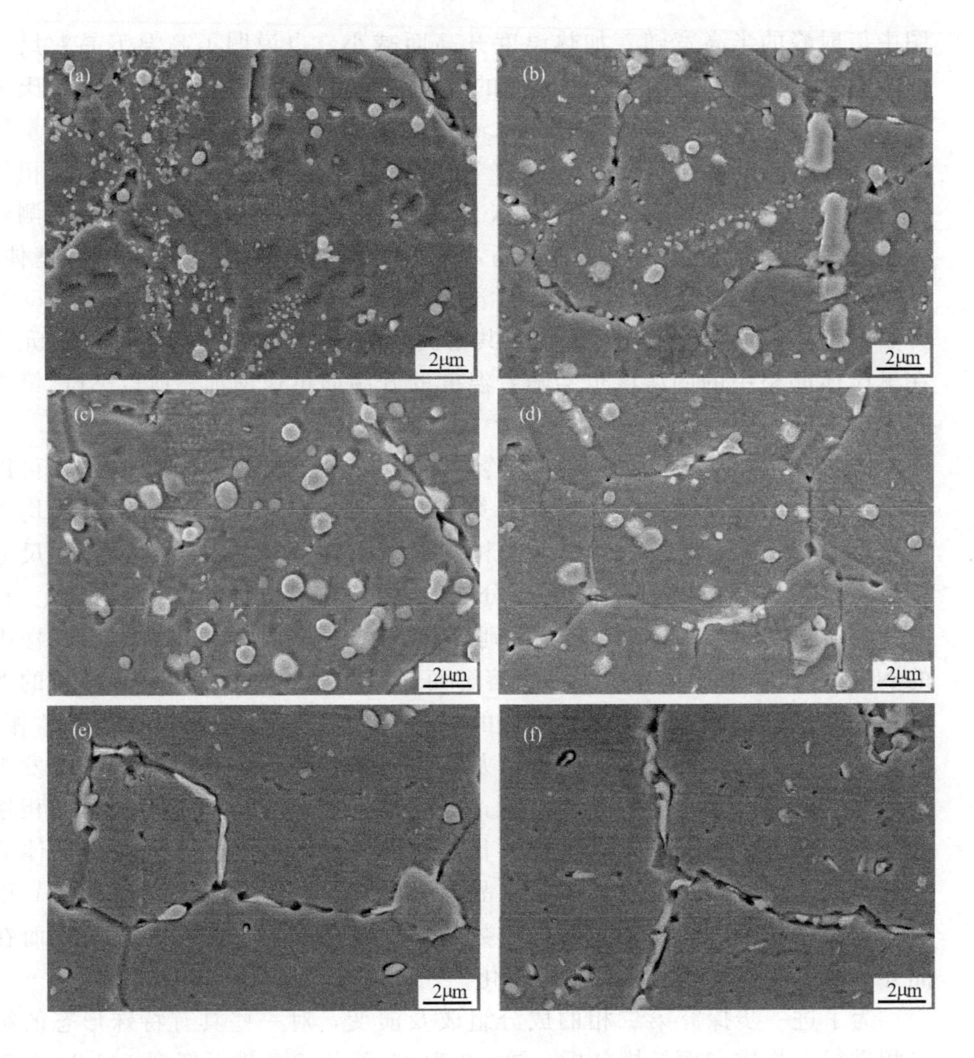

图 4-8 不同温度保温炉冷后新型 4Al-AFA 钢的 SEM 图像

(a) 950℃；(b) 1000℃；(c) 1050℃；(d) 1100℃；(e) 1150℃；(f) 1200℃

元素的富集，其余元素的含量变化在基体没有明显的区别，可以确定为 Fe_2Nb-Laves 相。综合 XRD 和 EDS 结果，初步确定在 950℃时，尺寸较大的条状和球状第二相为一次 NbC 相，均匀弥散的第二相是 Fe_2Nb-Laves 相。

图 4-10 为 1000℃炉冷条件下新型 4Al-AFA 钢的 EDS 分析结果。从对标示第二相的点扫描［图 4-10(b)］可以看出，第二相中 Nb 元素和 C 元素的质量分数分别为 79.97%和 17.07%，不含有 Al 元素和 Ni 元素。可以初步得知这种第二相也是富 Nb 相，即 NbC 第二相。基体中的一些细小的第二相为 Fe_2Nb-Laves 相。综合 XRD 和 EDS 结果，初步确定在 1000℃时，

第二相的成分没有发生变化。尺寸较大的条状和球状第二相为一次 NbC 相，均匀弥散分布的细小颗粒状第二相是 Fe_2Nb-Laves 相。

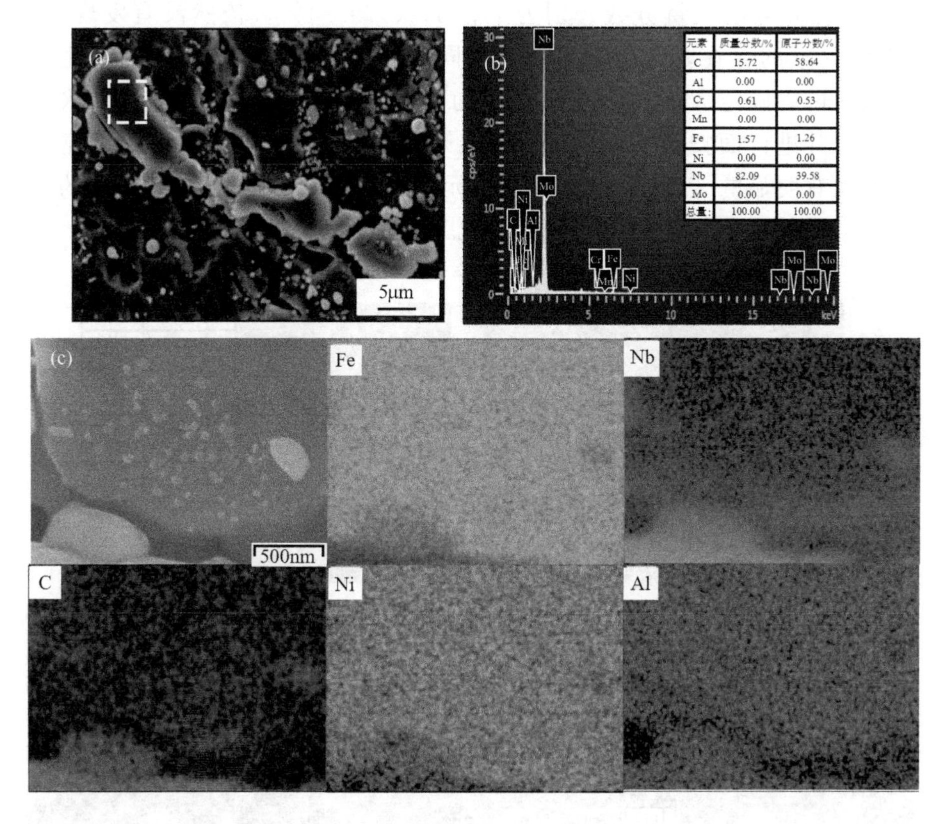

图 4-9　950℃炉冷新型 4Al-AFA 钢的扫描电镜组织照片和 EDS 分析结果

(a) SEM 图像；(b) 图 (a) 虚线框的 EDS 结果；(c) 面扫描的 EDS 结果

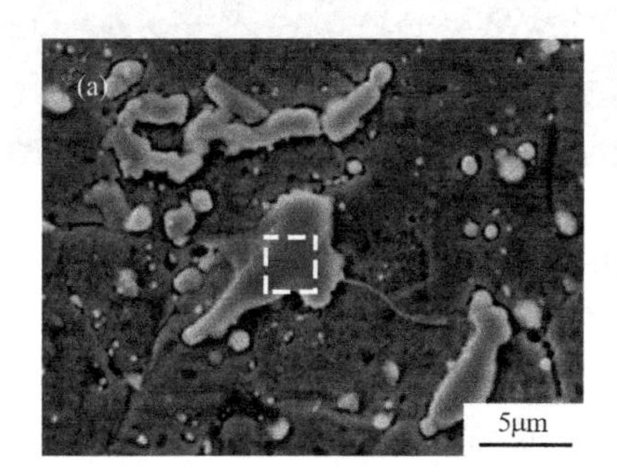

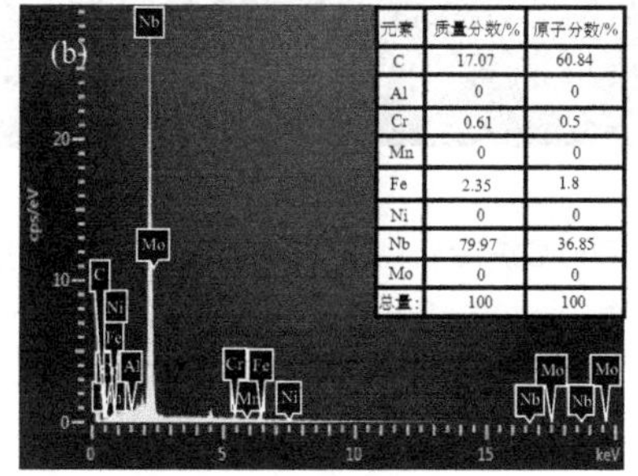

图 4-10　1000℃炉冷新型 4Al-AFA 钢的扫描电镜组织照片和 EDS 分析结果

(a) SEM 图像；(b) 图 (a) 中虚线框的 EDS 结果

图 4-11 所示是 1050℃炉冷条件下新型 4Al-AFA 钢的 SEM 图像和 EDS 分析结果。通过对标示第二相的点扫描分析可以看出，大块第二相中 C 元素和 Nb 元素的质量分数分别为 17.66%、79.94%，依然没有发现 Al 元素和 Ni 元素的存在，合金元素的含量同 950℃和 1000℃相比没有发生明显的变化，可以确定大块状第二相依然为一次 NbC。在基体中出现针状的第二相，对其进行面扫描发现，这些针状第二相出现了 Nb、Fe 元素的富集，Al 元素没有明显的变化，但出现了 Ni 元素的贫乏，结合这些第二相的尺寸较大，推测这些针状第二相为 Fe_2Nb-Laves 相。

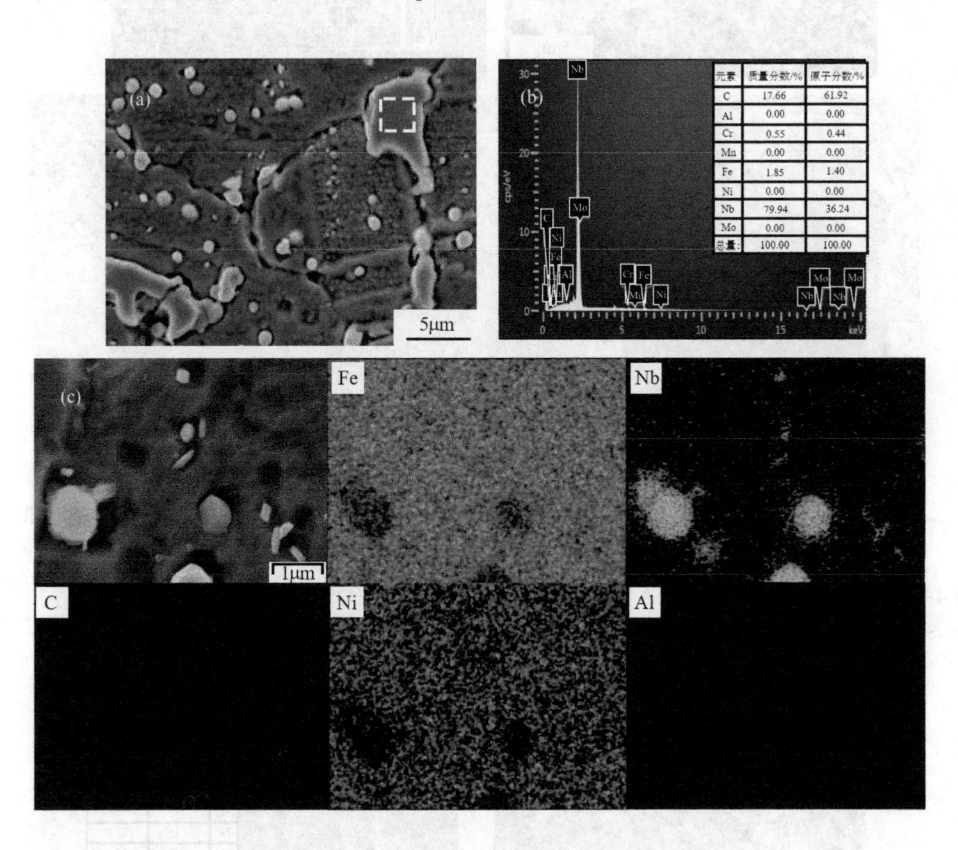

图 4-11 1050℃炉冷新型 4Al-AFA 钢的扫描电镜组织照片和 EDS 分析结果

(a) SEM 图像；(b) 图 (a) 虚线框的 EDS 结果；(c) 面扫描的 EDS 结果

图 4-12 所示为 1100℃炉冷条件下新型 4Al-AFA 钢的 SEM 图像和 EDS 分析结果。同前几个温度相比，C 和 Nb 元素下降比较明显，Fe 元素的含量升高。Al 的含量虽然为 0.77%，但考虑到材料的含 Al 量为 3.96%，该第二相不可能是富 Al 相。另外，根据 Mo、Nb 元素的变化，

并且由于该第二相颗粒尺寸较小，点扫描时可能会扫描到基体，从而影响结果的准确性，考虑到C含量的变化，该第二相基本可以确定为新析出的二次NbC相。对基体中一些呈立方形状的第二相进行面扫描，发现这些第二相Nb含量较高，出现Fe和Ni元素的贫乏，可以判定这些第二相为NbC第二相。

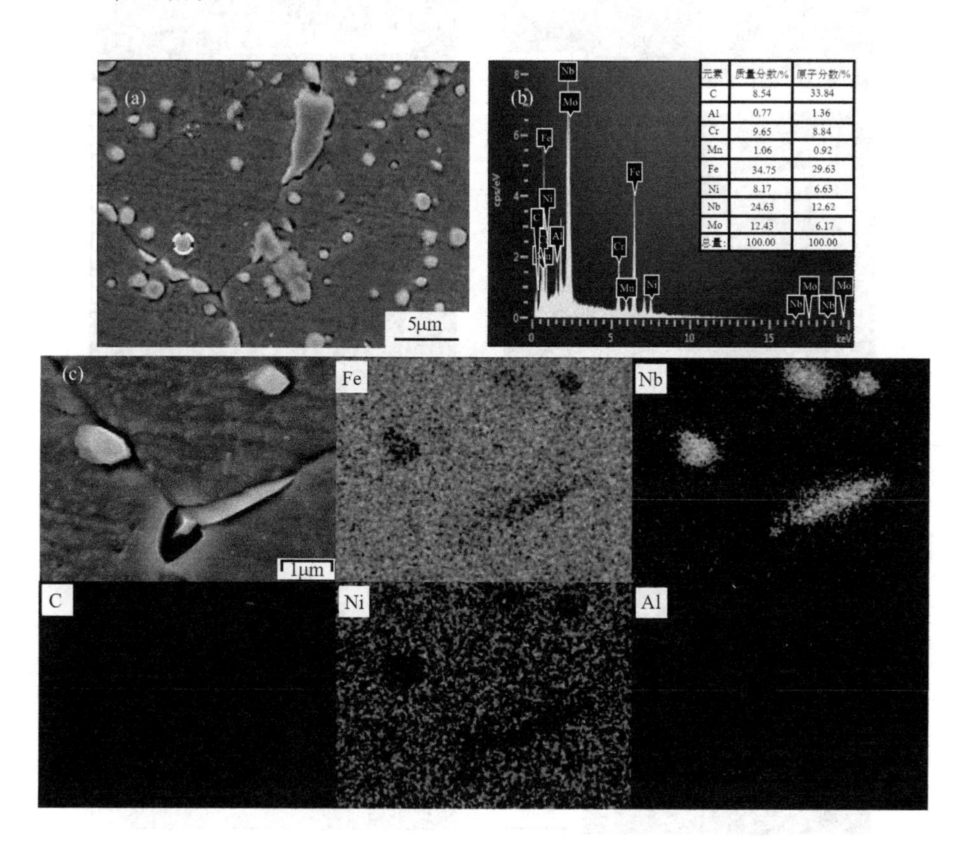

图4-12　1100℃炉冷新型4Al-AFA钢的扫描电镜组织照片和EDS分析结果

(a) SEM图像；(b) 图(a)中标定位置的EDS结果；(c) 面扫描的EDS结果

图4-13所示为1150℃炉冷条件下新型4Al-AFA钢的SEM图像和EDS分析结果。从图4-13(a)和(b)可以看出，C和Nb质量分数为9.1%和16.72%，Fe元素的质量分数为40.16%，Al元素的质量分数为1.1%，初步确定该第二相为Fe_2(Nb,Mo)-Laves相。从图4-13(c)和(d)中可发现，C和Nb元素的质量分数分别为17.67%和80.12%，Fe元素的质量分数仅为1.7%，不含Ni和Al元素，确定该第二相为一次NbC相。

图4-14所示为1200℃炉冷条件下新型4Al-AFA钢的SEM图像和EDS

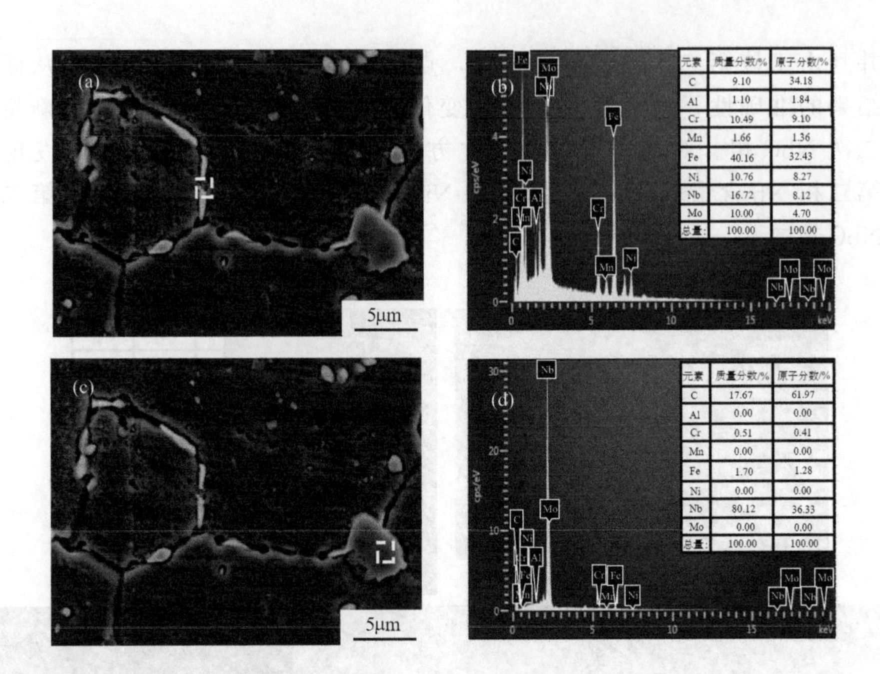

图 4-13　1150℃炉冷新型 4Al-AFA 钢的扫描电镜组织照片和 EDS 分析结果

(a) SEM 图像；(b) 图 (a) 中虚线框的 EDS 图像；(c) SEM 图像；(d) 图 (c) 中虚线框的 EDS 图像

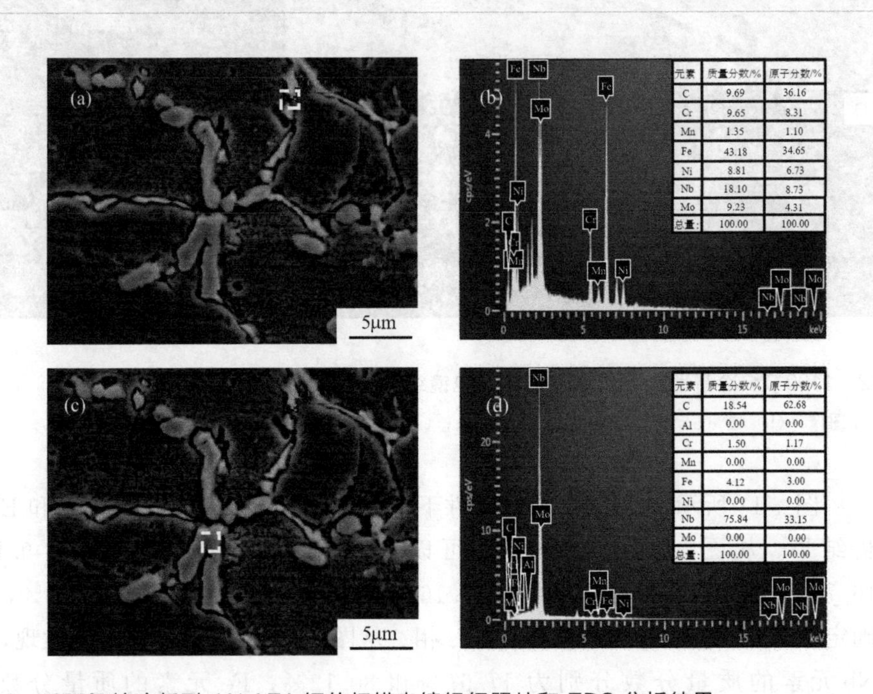

图 4-14　1200℃炉冷新型 4Al-AFA 钢的扫描电镜组织照片和 EDS 分析结果

(a) SEM 图像；(b) 图 (a) 中虚线框的 EDS 结果；(c) SEM 图像；(d) 图 (c) 虚线框的 EDS 图像

分析结果。晶界上较小的条状第二相［图4-14(a)］中，C和Nb的质量分数分别为9.69%和18.1%，Fe的质量分数为43.18%，Mo的质量分数为9.23%，不含Al元素，确定第二相主要为Fe_2(Nb,Mo)-Laves相。在晶界上较大的条状第二相［图4-14(c)］中，C和Nb的质量分数分别为18.54%和75.84%，Fe的含量很低，仅为4.12%，并未发现含有Ni和Al元素，从而可以确定该第二相为一次NbC相。

综合分析各个温度下炉冷后新型4Al-AFA钢显微组织结果，可以看出随着温度升高，析出第二相的类型并没有发生明显变化，奥氏体晶粒内部尺寸较大的块状和晶界处长条状第二相为一次NbC相，晶粒内部弥散分布和在晶界处析出的较小条状第二相为Laves相，并未观察到B2-NiAl相的存在。但是随着温度的升高，整体来看，第二相中的Nb元素含量降低，Fe元素的含量升高，这说明随温度的升高，NbC相的含量降低，Laves相的含量升高。这主要考虑随着加热温度的不断升高，一部分Nb会固溶于奥氏体基体中，导致NbC第二相的含量降低；另外，NbC第二相还会发生熟化作用，即尺寸较小的第二相溶解，尺寸较大的第二相会继续长大，这样的结果会导致NbC相含量的下降。

4.3.2 冷却速度对AFA钢相组成的影响

图4-15为1200℃不同冷却方式4Al-AFA钢的XRD衍射图谱。从图中可以看出，无论哪种冷却方式冷却，4Al-AFA钢的组织都是由奥氏体基体和沉淀相组成，这些沉淀相主要为NbC相和Laves相，还有少量的B2-NiAl相。从XRD衍射图谱中，可以发现冷却方式对第二相的含量影响较大，随着冷却速度的提高，第二相中NbC的体积分数增大，Laves相的体积分数减小。可能的原因是Laves相的析出速度较慢，当冷却速度增大时，Laves相来不及析出，固溶在奥氏体基体中的Nb就会以NbC的形式析出，从而产生NbC相的体积分数增大、Laves相的体积分数减小的结果。

图4-16为1200℃不同冷却方式下新型4Al-AFA钢的平均晶粒尺寸。在同一温度下，不同冷却方式下的晶粒尺寸相差不大，水冷、空冷和炉冷试样的平均晶粒尺寸分别为42.62μm、44.59μm和48.03μm。1200℃保温温度高于该材料中第二相的溶解温度，部分第二相已经开始溶解，对晶界钉扎作用减弱，同时奥氏体晶界高温下获得足够高的能量发生迁移，因此在保温阶段奥氏体晶粒已经开始迅速粗化长大。在随后的冷却过程中，晶粒的尺寸没有较大的变化。因此，整体水冷的晶粒尺寸略大于空冷，空冷的晶粒尺寸略大于炉冷。可以确定析出相是组织变化的重要组成部分。

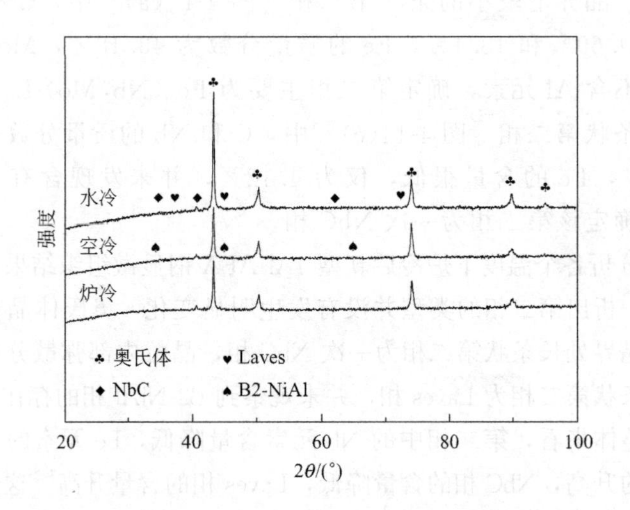

图 4-15 1200℃不同冷却方式 4Al-AFA 钢的 XRD 衍射图谱

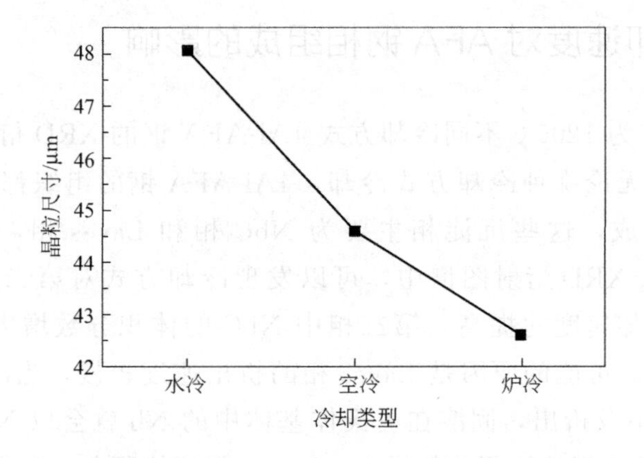

图 4-16 1200℃不同冷却方式下新型 4Al-AFA 钢的平均晶粒尺寸

图 4-17 为 1200℃不同冷却方式下新型 4Al-AFA 钢的低倍 SEM 图像。从图中可以看出，不同的冷却方式下第二相的形态并没有发生太大的变化，均为块状或棒状。但是第二相的数量和分布位置发生了较为明显的变化。水冷条件下第二相的数量最少，且主要分布在晶界附近；空冷条件下晶内第二相的数量减少；炉冷条件下第二相的数量最多，在晶内和晶界附近均匀分布。

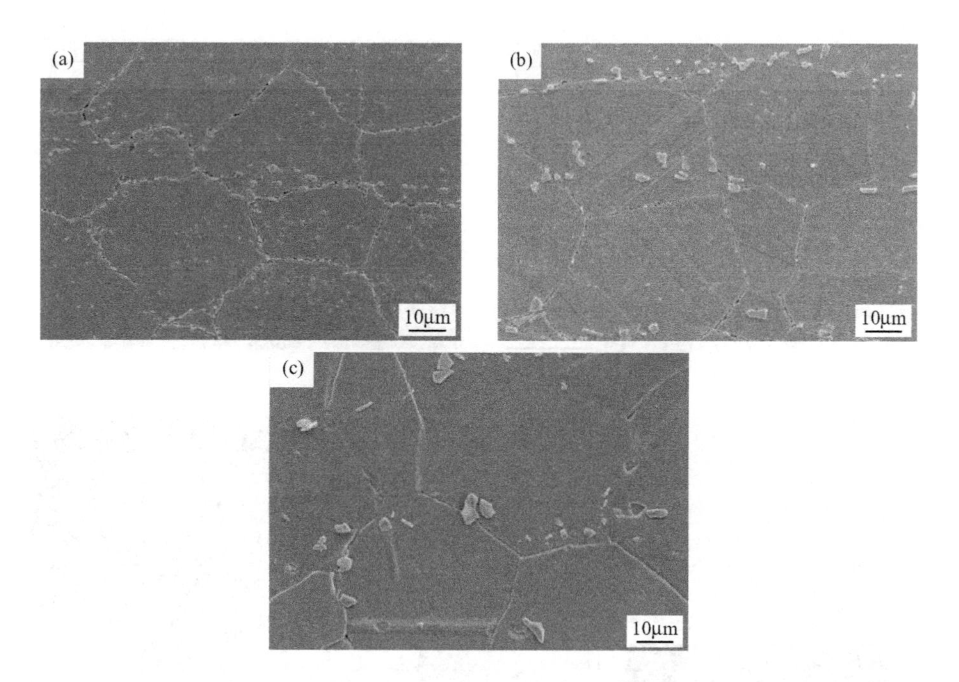

图 4-17　1200℃不同冷却方式的新型 4Al-AFA 钢的扫描电镜组织照片

(a) 炉冷；(b) 空冷；(c) 水冷

对特殊形态的第二相进行点扫描和面扫描分析。图 4-18 所示为 1200℃空冷条件下新型 4Al-AFA 钢的 SEM 图像和 EDS 分析结果。可以看出，P 处沉淀相元素含量发生了明显的变化，C 和 Nb 元素的质量分数分别为 27.06%和 67.96%，Fe 的含量为 3.08%，不含有 Al 元素，可见第二相为 NbC 第二相，还可以发现 NbC 相的含量有所增加。图 4-19 为 1200℃水冷条件下新型 4Al-AFA 钢的 SEM 图像和 EDS 分析结果，从图中可以看出，C 和 Nb 元素的质量分数分别为 25.48%和 71.09%，Fe 元素的含量为 2.73%，不含 Al 元素。因而，可以确定该位置的第二相为 NbC 第二相。

综合分析 1200℃时不同冷却方式下新型 4Al-AFA 钢的 EDS 分析结果，可以得出如下结论：随着冷却速度的提高，C 和 Nb 元素的含量有了明显的提高，Fe 元素的含量却下降，不含 Al 元素。这说明随着冷却速度的提高，NbC 第二相的析出倾向增大，Laves 相的析出倾向减小，且没有找到 B2-NiAl 相。可能的原因是 Laves 相的析出速度较慢，当冷却速度增大时，Laves 相来不及析出，固溶在奥氏体基体中的 Nb 就会和 C 发生反应，脱溶后以 NbC 相的形式析出。因此，冷却速度的加快可导致新型 4Al-AFA 钢中 NbC 相的体积分数增加，Laves 相的体积分数减小。

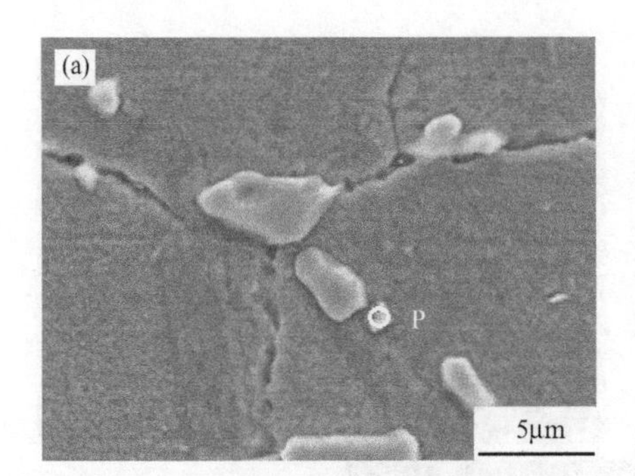

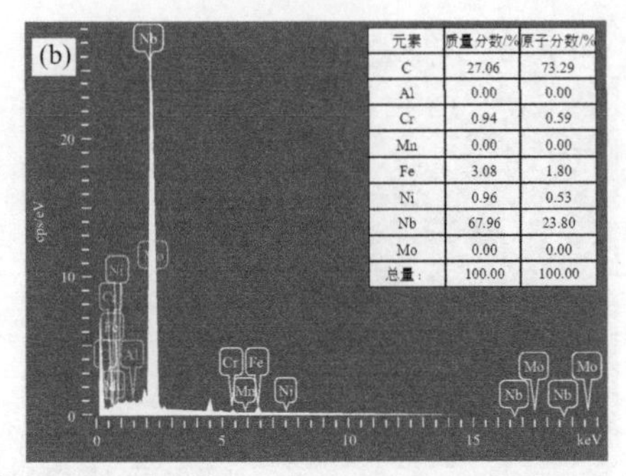

元素	质量分数/%	原子分数/%
C	27.06	73.29
Al	0.00	0.00
Cr	0.94	0.59
Mn	0.00	0.00
Fe	3.08	1.80
Ni	0.96	0.53
Nb	67.96	23.80
Mo	0.00	0.00
总量：	100.00	100.00

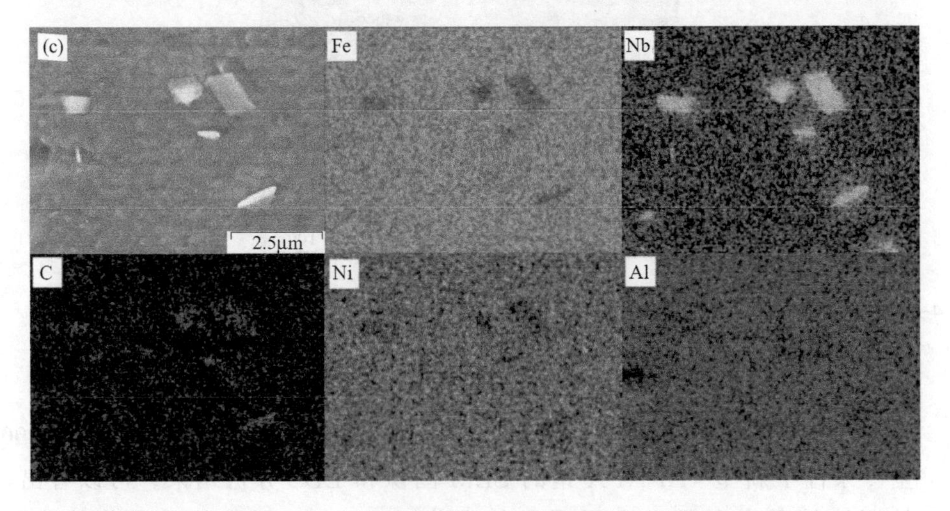

图 4-18　1200℃空冷新型 4Al-AFA 钢的扫描电镜组织照片和 EDS 分析结果

(a) SEM 图像；(b) 图 (a) 中 P 处的 EDS 结果；(c) 面扫描的 EDS 结果

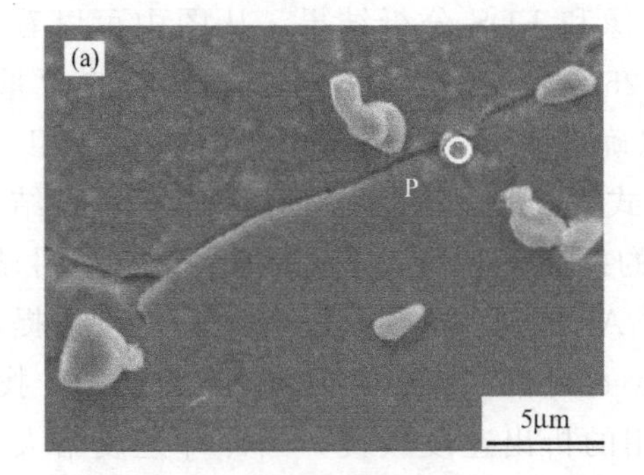

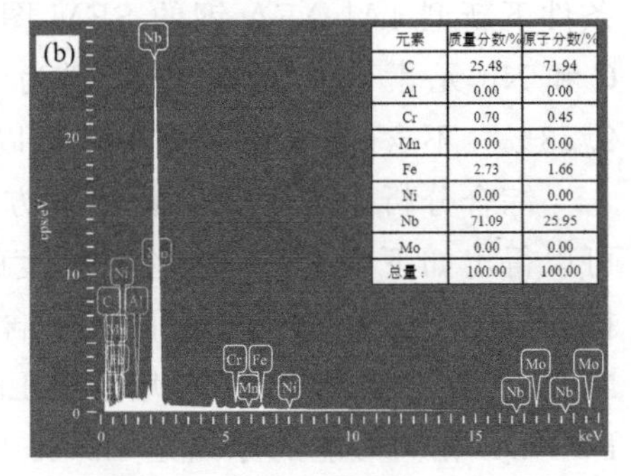

元素	质量分数/%	原子分数/%
C	25.48	71.94
Al	0.00	0.00
Cr	0.70	0.45
Mn	0.00	0.00
Fe	2.73	1.66
Ni	0.00	0.00
Nb	71.09	25.95
Mo	0.00	0.00
总量：	100.00	100.00

图 4-19　1200℃水冷新型 4Al-AFA 钢的扫描电镜组织照片和 EDS 分析结果

(a) SEM 图像；(b) 图 (a) 中 P 处的 EDS 结果

4.4 新型含铝奥氏体耐热钢中第二相的析出演变

4.4.1 加热温度对第二相析出演变的影响

第二相的析出形态、分布特征、颗粒尺寸和数量密度都受到加热保温温度的影响。一般来说，当温度较低时，第二相为球状和棒状，以小颗粒状弥散分布在基体中，在晶界和晶粒内均有分布。随着温度的升高，晶内的第二相受周围相对均质成分的影响逐渐变为颗粒状或针状，而晶界处的第二相由于受晶界界面的阻碍作用通常沿晶界逐渐演变成条状。由于 NbC 第二相和奥氏体基体的晶体结构均是面心立方（FCC）结构，他们之间存在平行位向关系，所以 NbC 相从奥氏体中以半共格关系析出[8]。随着温度的升高，第二相的尺寸会增大，导致其丧失与奥氏体基体的半共格关系，而以球形脱溶析出。随着加热保温温度的进一步提高，第二相会发生 Ostwald 熟化作用，即弥散分布的尺寸较小的第二相会溶解，而尺寸较大的第二相会继续长大，而晶界上的球状或棒状第二相析出则会长大成长条状，整体使得第二相的颗粒尺寸增大。

第二相在材料基体中的含量可以用第二相的体积分数和晶界覆盖率表征。根据第二相的特征，金属材料中第二相体积分数的计算测试方法也有所不同。如果第二相分布均匀，且呈球形，就可以用面积分数替代体积分数，运用计算机辅助软件对多张 SEM 图片进行灰度分析并取平均值。另一种更精确的方法，就是称取一定体积、重量的金属，采用一定的化学方法腐蚀掉基体组织，仅保留第二相，实现第二相的化学萃取，再精准测量第二相的体积和重量，就可以获得第二相的准确信息，不过这种方法比较麻烦，并且第二相的收集也存在一定的困难，有利的是这种方法获得纯第二相物质，没有基体的干扰，可以用于精准分析第二相的结构、成分等信息。最后可以利用 TEM 技术进行统计分析，透射电镜下观察某一个区域的第二相颗粒的多少，然后测试这个区域的厚度，就可以算出来第二相的体积分数，这种方法受统计区域及样本数量的影响。

图 4-20 是新型 4Al-AFA 钢炉冷后第二相体积分数和晶界覆盖率随保温温度的变化趋势。相关数据利用计算机辅助软件对多张扫描电镜显微组织照片进行统计分析获得。从图中可以看出，随着温度的升高，第二相的体积分数在逐渐降低，而晶界覆盖率在逐渐升高。当保温温度低于 1050℃时，

第二相的体积分数缓慢下降，晶界覆盖率缓慢上升；当温度高于1050℃时，第二相的体积分数和晶界覆盖率迅速变化。说明加热温度高于1050℃会对状态产生较大的影响。整体来看，当温度较低时，第二相的体积分数较高，但是晶界覆盖率比较低，可以推测此时的第二相主要分布在晶内，在晶界少有分布；当温度较高时，第二相的体积分数较低，然而晶界覆盖率较高，可能是由于加热过程发生Oswald熟化中晶内的尺寸较小的第二相部分被溶解吞并，尺寸较大的析出相持续长大，导致数量减少，此时晶界附近第二相逐渐析出长大。高温加热为第二相的析出长大提供了充足动力。

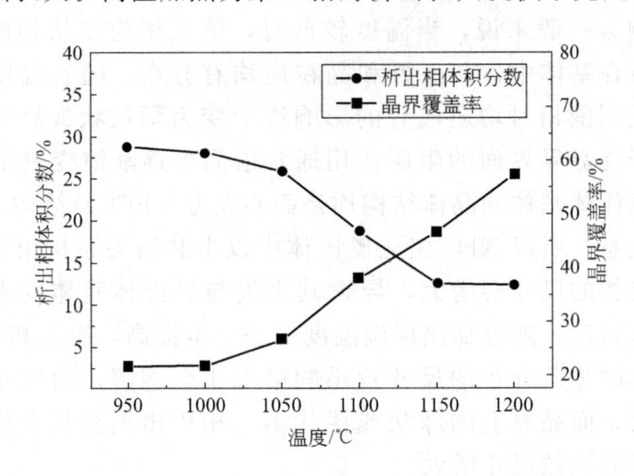

图4-20 不同保温温度下新型4Al-AFA钢中第二相的体积分数和晶界覆盖率

根据加热温度变化对V、Nb元素影响的研究结果[9]，在1050℃时，V元素全部溶解，固溶于奥氏体基体晶格中，在1150℃时，有86%的Nb元素固溶于奥氏体中；当温度升高到1200℃时，Nb几乎全部溶解。故从1050℃开始，第二相的数量明显降低。在耐热钢中添加Ti和V合金化元素，可以促进纳米级MC碳化物第二相的形成，对提升钢材的蠕变性能有很大作用[10,11]。从另一方面来看，温度升高会导致NbC相从基体中脱溶而出，导致第二相的数量降低。当温度较低时，溶质原子偏聚在位错线和空位等缺陷处，同时温度较低，第二相中原子扩散系数较小，故基体中的沉淀相数量有所增加。当温度升高时，回复再结晶的程度增大，晶内位错线的数量减少，故晶内第二相的形核数量较低，同时第二相中元素扩散系数增大，部分第二相溶解，所以温度较高时，晶内的第二相数量减少，而晶界处的第二相变为长条状，晶界覆盖率也随之升高。

统计所得的炉冷条件下新型4Al-AFA钢中第二相的平均颗粒尺寸和尺寸分布频率随保温温度的变化分别如图4-21和图4-22所示。

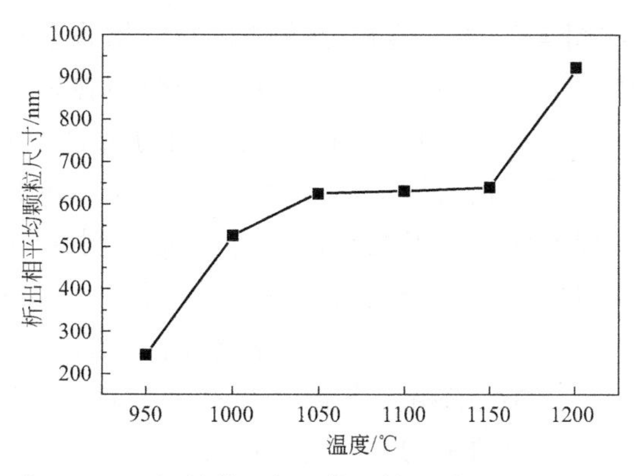

图 4-21　不同温度下新型 4Al-AFA 钢的第二相平均颗粒尺寸

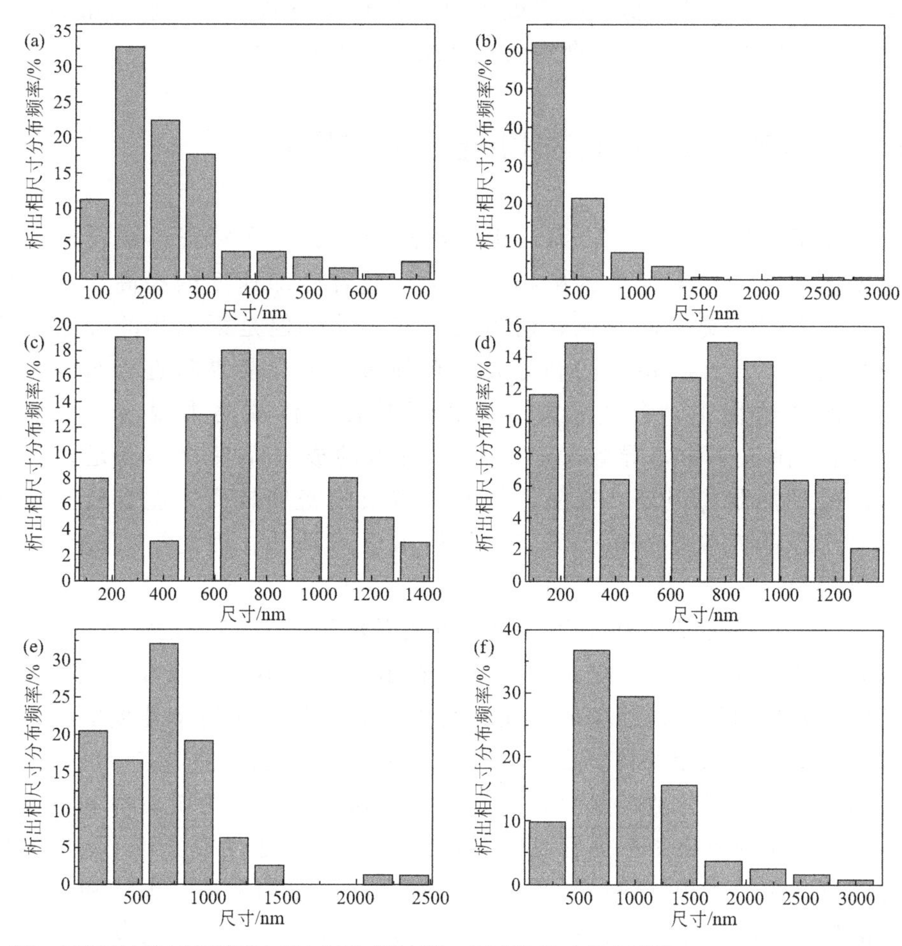

图 4-22　不同保温温度下新型 4Al-AFA 钢的第二相颗粒尺寸分布频率

(a) 950℃；(b) 1000℃；(c) 1050℃；(d) 1100℃；(e) 1150℃；(f) 1200℃

从图 4-21 和图 4-22 可以看出，第二相的平均颗粒尺寸随保温温度的升高而增大。在 950℃时，沉淀相的尺寸大部分分布在 300nm 以下，沉淀相的平均尺寸为 243.14nm。在 1000℃时，沉淀相的尺寸大小不均匀，大多数分布在 90～600nm，第二相的平均尺寸为 526.68nm。在 1050℃和 1100℃时第二相的尺寸发生较大变化，沉淀相的尺寸主要控制在 600～1000nm 且分布比较均匀，晶粒的平均尺寸分别为 626.04nm 和 630.51nm。在 1150℃，第二相的尺寸集中分布在 53～1530nm，晶粒的平均尺寸为 641.06nm，并开始出现大于 2000nm 的第二相。当温度为 1200℃时，沉淀相的尺寸主要分布在 200～2400nm，晶粒的平均尺寸为 936.4nm。

综合分析可以得出：随着温度的升高，晶内的第二相形态变为颗粒状或针状，数量迅速降低；晶界处的第二相长成条状，导致第二相的数量降低，但第二相的尺寸也逐渐增大，且晶界覆盖率增加。

4.4.2 冷却速度对第二相析出演变的影响

除了保温温度之外，第二相的析出形态、分布特征、颗粒尺寸和数量密度也会受冷却速度的影响。通常，随着冷却速度的提高，第二相的形态没有发生显著的变化，均为块状或棒状。但是第二相的分布位置发生了变化，第二相由晶内和晶界均有分布变为在晶界附近分布为主。在快速冷却过程中，合金元素原子来不及在基体晶格中脱溶，更多地被“冻结”在基体中，导致第二相析出所需的成分条件很难满足，第二相析出受到抑制。但是，在晶界处的位错缺陷密度较高，能量较高，相转变易于在晶界位置发生，第二相的析出也不例外，因此第二相会优先沿晶界析出。

图 4-23 所示为 1200℃不同冷却方式下新型 4Al-AFA 钢中第二相的体积分数和晶界覆盖率的变化情况。可以看出，采用不同的冷却方式，第二相的体积分数和晶界覆盖率的变化趋势相同，即均随着冷却速度的降低而增加。水冷时第二相的体积分数最小，晶界覆盖率也最低，空冷的次之，炉冷的第二相体积分数和晶界覆盖率最大。这主要是因为随着冷却速度的降低，第二相的析出条件更容易满足，相平衡条件更容易达到，从而造成水冷的第二相的体积分数最低，空冷的次之，炉冷的最高。虽然随着冷却速度的提高，沉淀相容易沿晶界析出，但是缓慢的冷却速度更易促进析出相的持续长大，最终导致炉冷条件下晶界覆盖率最大。综上，炉冷状态下晶界覆盖率和第二相的体积分数均为最高。

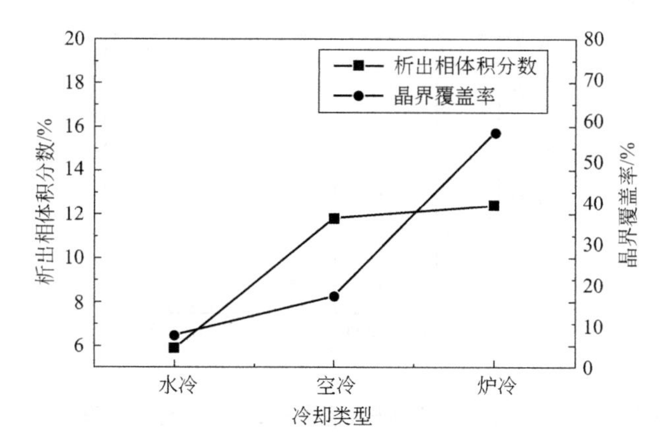

图 4-23　1200℃新型 4Al-AFA 钢中第二相的体积分数和晶界覆盖率变化与冷却方式的关系

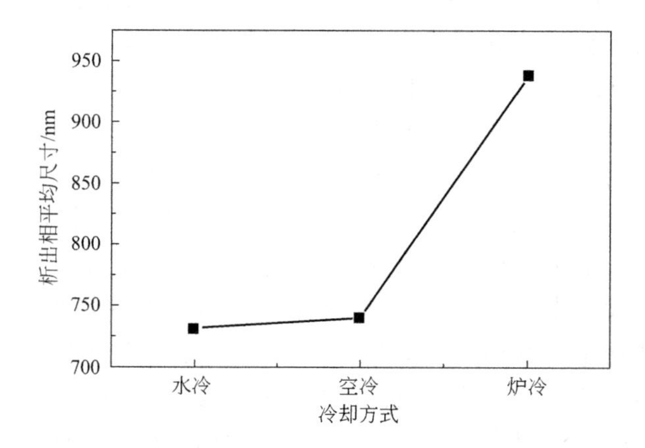

图 4-24　1200℃不同冷却方式的新型 4Al-AFA 钢中第二相的平均颗粒尺寸

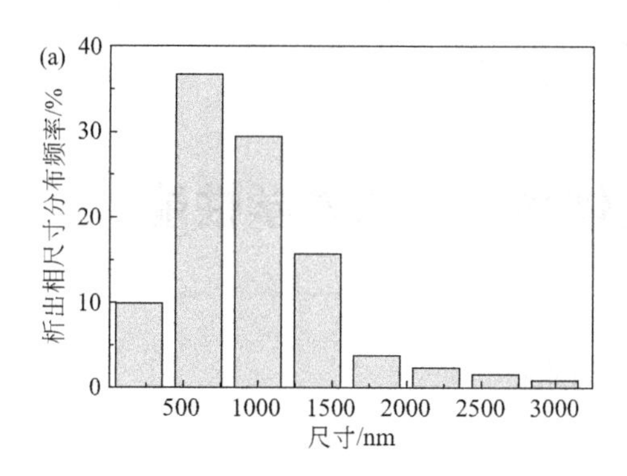

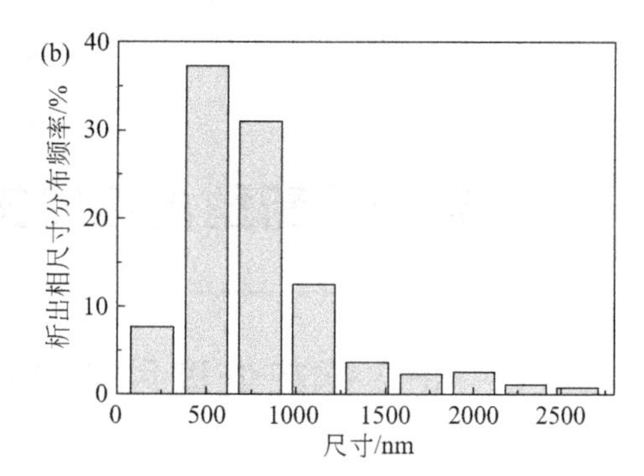

图 4-25

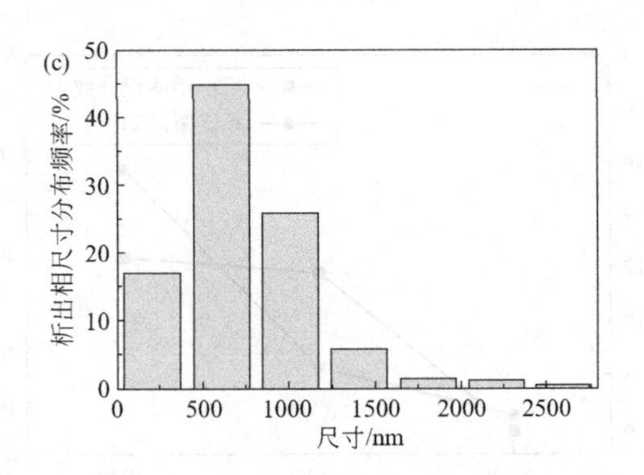

图 4-25 1200℃不同冷却方式的新型 4Al-AFA 钢中第二相尺寸分布频率

(a) 炉冷；(b) 空冷；(c) 水冷

图 4-24 和图 4-25 分别是 1200℃不同冷却方式的新型 4Al-AFA 钢中第二相的平均颗粒尺寸和尺寸分布频率。从图中可以看出，冷却方式的变化对新型 4Al-AFA 钢中第二相的平均颗粒尺寸变化影响显著。炉冷后第二相的平均尺寸为 936.4nm，析出相的尺寸主要分布在 200～2400nm；空冷后第二相的平均尺寸为 740nm，析出相的尺寸主要分布在 200～2000nm；水冷后第二相平均尺寸为 732nm，析出相的尺寸主要分布在 200～2000nm。三种冷却方式下第二相平均尺寸均小于 1000nm，其中炉冷条件下的第二相平均尺寸较大。由于 NbC 相与奥氏体基体均是半共格界面，而 Laves 相与奥氏体基体均是非共格界面，因此 Laves 相与奥氏体的错配度要大于 NbC 相与奥氏体的错配度。第二相界面的移动与原子越过界面的激活能有关，非共格界面中，错配度越大，原子越过界面的激活能越小。从前面的分析可知，随着冷却速度减小，NbC 相的含量降低，Laves 相的含量升高。而炉冷过程中可以为第二相的长大提供充足动力，所以随着冷却速度的减小，第二相的界面移动加快，导致第二相的尺寸逐渐增加。

4.5 热处理新型含铝奥氏体耐热钢的力学性能

4.5.1 AFA 钢热处理后的硬度分析

实验测试了试样的维氏硬度数据，加载力为 49N，加载时间 10s。为了减小实验误差，在每个样品表面上测试 8～14 个硬度值，然后取平均值得到对应硬度值，根据所得数据可以做出不同热处理工艺下的新型 4Al-AFA 钢的维氏硬度值对比图，如图 4-26 所示。

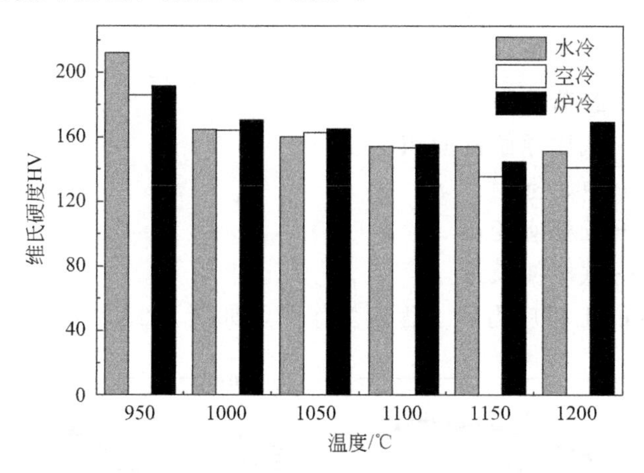

图 4-26 不同热处理工艺下的新型 4Al-AFA 钢的维氏硬度

从图 4-26 可以看出，无论采取何种冷却方式，随着加热温度的升高，硬度值先下降后增加。在同一温度下，炉冷和水冷试样的硬度值均比空冷试样的硬度值大，但是水冷的硬度值和炉冷的硬度值之间没有规律性。

硬度值是晶粒尺寸和第二相等显微组织综合作用的结果。随着加热温度的升高，晶粒的尺寸在逐渐增大，使得单位面积的晶界数量减少，同时第二相的体积分数也逐渐降低，位错遇到的阻碍随之减弱，这就导致了强化效果降低，硬度值下降。但 1200℃保温炉冷后，由于其晶粒尺寸小于水冷和空冷条件下晶粒尺寸，且析出相的数量以及晶界覆盖率最高，导致此时硬度有所升高。在同一温度下，炉冷的晶粒和空冷的晶粒尺寸相近，但炉冷试样的第二相的数量多，因此炉冷条件下的硬度值要高于空冷条件下硬度值。水冷时的第二相的数量少，但是由于冷却速度较快，会产生孪晶，导致水冷的硬度值会高于空冷的硬度值。

4.5.2 AFA 钢热处理后的拉伸性能

拉伸试验试样严格按照 GB 6397 规定标准计算加工而成。拉伸参数设置如下：拉伸速度：4mm/min，平行长度：20mm；原始标距：17mm。

(1) 应力与应变分析

根据式（4-3）和式（4-4），可求出拉伸时的工程应力 σ_0 和工程应变 ε_0：

$$\sigma_0 = \frac{P}{A_0} \tag{4-3}$$

$$\varepsilon_0 = \frac{\Delta L}{L_0} \tag{4-4}$$

式中 P——载荷；

A_0——试样原始截面积；

L_0——原始标距；

ε_0——工程应变；

ΔL——试样伸长量。

将得到的工程应力和工程应变作图，如图 4-27 所示。

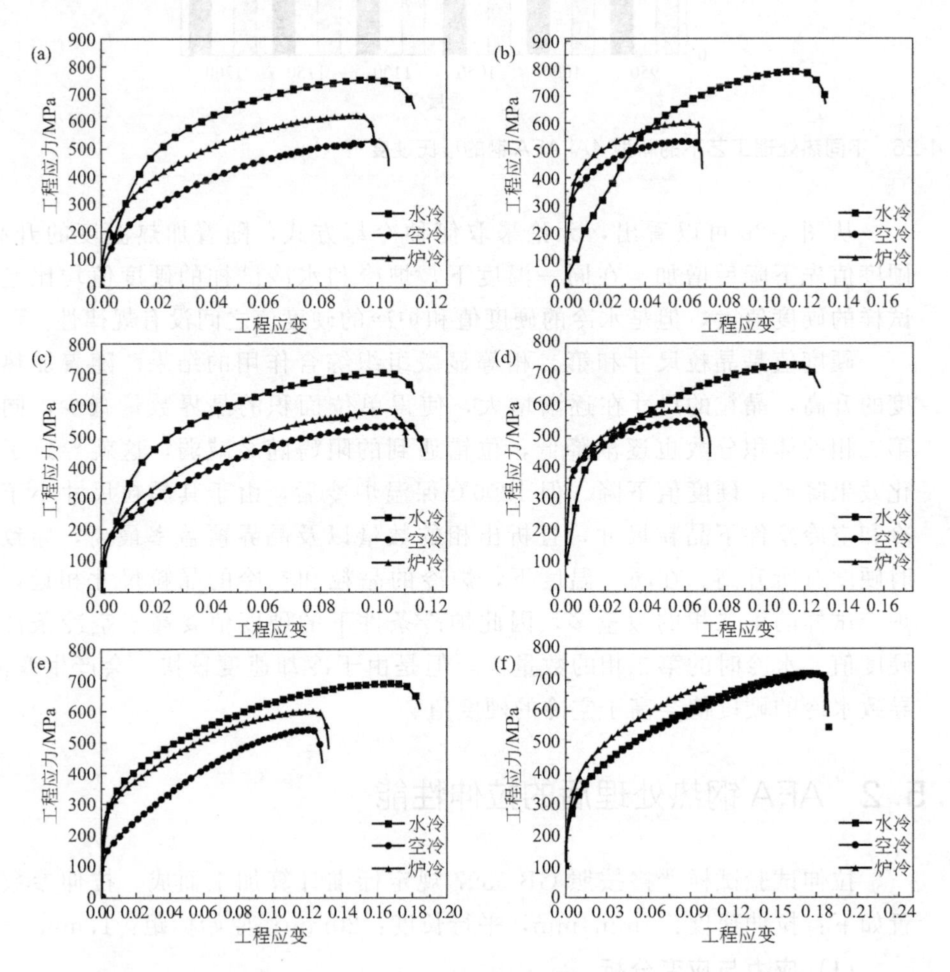

图 4-27 不同保温温度的新型 4Al-AFA 钢的工程应力-应变曲线

(a) 950℃；(b) 1000℃；(c) 1050℃；(d) 1100℃；(e) 1150℃；(f) 1200℃

由图 4-27 可以看出，在 950℃时，工程应变在 8%之前均处于弹性变形阶段。水冷试样的抗拉强度大于炉冷试样且大于空冷试样，且水冷试样的韧性最好。在 1000℃、1050℃和 1150℃时，试样的抗拉强度变化趋势与 950℃时相同，但韧性变化较大。当温度升高到 1200℃后，空冷试样的抗拉强度大于水冷和炉冷试样，韧性为空冷试样优于水冷试样优于炉冷试样。可以清晰地看出，工程应力的最大值基本保持在 700MPa 左右。图 4.27(a) ～ (d) 中，水冷试样的抗拉强度明显优于另外两种试样。随着温度的升高，水冷条件的工程应变也有增长的趋势，说明了其韧性有所增加。

(2) 抗拉强度和伸长率

根据拉伸试验曲线结果测得各项拉伸性能数据如表 4-2 和图 4-28 所示。

表 4-2 热处理新型 4Al-AFA 钢拉伸试验数据

温度/℃	水冷		空冷		炉冷	
	σ_b/MPa	δ/%	σ_b/MPa	δ/%	σ_b/MPa	δ/%
950	750.75	6.37	477.71	10.43	618.20	9.89
1000	729.19	8.79	503.33	6.88	565.83	6.74
1050	716.18	9.88	482.50	11.68	530.83	11.05
1100	728.86	11.87	469.58	7.34	491.25	6.78
1150	690.03	16.29	478.75	12.83	478.96	13.22
1200	691.23	18.04	708.43	18.71	680.26	13.04

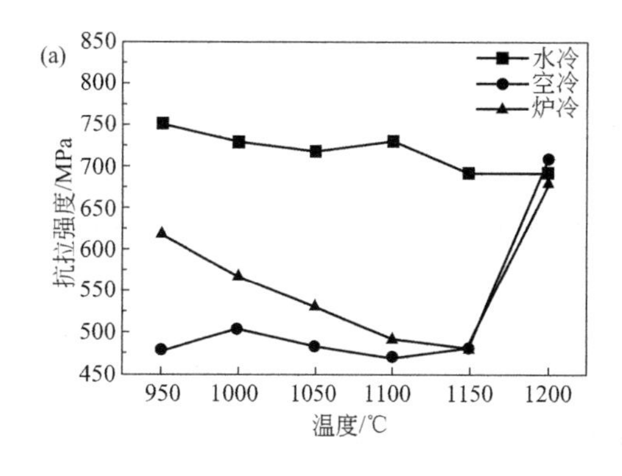

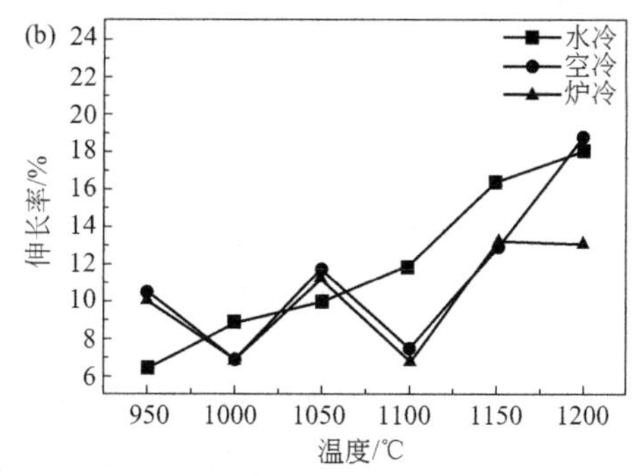

图 4-28 不同热处理工艺下的新型 4Al-AFA 钢拉伸试验数据图

(a) 抗拉强度；(b) 伸长率

从表 4-2 和图 4-28 可以直观地看出，无论采用何种冷却方式，随着温度的升高，材料的抗拉强度总体上呈现先下降后上升趋势，水冷条件的抗拉强度明显高于炉冷和空冷条件下的抗拉强度。水冷条件下材料冷却较快，可能出现孪晶，故抗拉强度高于炉冷和空冷试样。根据 Orowan 机制，加热温度升高，第二相数量减少，颗粒间距增大，使得抗拉强度逐渐下降。但1200℃时 Laves 相在晶界处大量析出长大，导致晶界覆盖率明升高而面密度变化不大，为塑性变形过程中位错的开动造成阻碍，提高变形抗力，使抗拉强度明显升高。不同的是，伸长率整体上大致呈现上升的趋势。空冷条件下的伸长率几乎总是大于炉冷条件下的伸长率，这与硬度值的变化规律刚好相反。原因是从之前的组织和沉淀相分析可知，空冷试样中第二相的体积分数较低，且 AFA 钢的晶粒长大较为明显，导致强化效果降低，因此抗拉强度较低而塑性较好。

(3) 真应力-应变曲线和加工硬化曲线

工程应力-应变曲线并不能真实的反映材料的力学特征。其原因主要有以下两点。

1）计算工程应力时，A_0 认为是恒定的数值，但在实际拉伸过程中，试样的面积会不断发生减小的过程。

2）试样在拉伸过程中产生加工硬化现象，为了使变形继续进行，需要不断增加外加应力，因此在发生颈缩后，真应力-真应变曲线的峰值不会下降，一直至试样断裂。

为了更加真实地反映塑性变形阶段的力学特征，需要作出真应力-真应变曲线。为了得到真应力和真应变，需要对式（4-5）、式（4-6）计算出来的工程应力和工程应变做进一步的计算，来求出拉伸过程中的真实应力 σ_T 和真实应变 ε_T。

$$\sigma_T=\sigma_0+(1+\varepsilon) \tag{4-5}$$

$$\varepsilon_T=\ln(1+\varepsilon) \tag{4-6}$$

式中　ε——应变。

在真实应力-应变曲线上，均匀塑性变形阶段的应力与应变之间符合 Hollomon 关系式[12,13]。

$$\sigma_T=K\varepsilon_T^n \tag{4-7}$$

式中　n——应变硬化指数；

K——硬化系数，亦称强度系数，是真实应变等于 1.0 时的真实应力。

应变硬化指数 n 反映了金属材料抵抗均匀塑性变形的能力，是表征金属材料应变硬化行为的性能指标。应变硬化指数可用理论计算方法确定，也可用直线作图法求得。对式（4-6）两边取对数可得：

$$\lg\sigma_T=\lg K+n\lg\varepsilon_T \tag{4-8}$$

根据 $\lg\sigma_T$ 和 $\lg\varepsilon_T$ 直线关系，作 $\lg\sigma_T$-$\lg\varepsilon_T$ 曲线，直线的斜率即为所求的 n 值，纵截距即为 $\lg K$。由于三种冷却方式的趋势基本相同，所以在此只分析不同温度下水冷的变化规律。求得的 n 值和 K 值如表 4-3 所示。

表 4-3 不同温度下新型 4Al-AFA 钢的 n 值和 K 值

温度/℃	n	K
950	0.3165	1791.73
1000	0.3993	2216.66
1050	0.3067	1625.40
1100	0.3308	1731.81
1150	0.3692	1642.97
1200	0.4295	1885.43

然而，由于应变硬化指数 n 是变化的，所以 n 并不能表示整个变形过程的应变硬化程度。为了描述整个变形过程的应变硬化程度，目前常采用 Crussard-Jaoul 分析法，简称（C-J 法）[14]。此方法可以较灵敏地反应低应变下应变硬化机制的变化，因此 C-J 法是一种有效的评价工艺制度和显微组织对钢的变形特性影响的方法。

C-J 法的基础方程为：

$$\sigma_T = K\varepsilon_T^n + \sigma_0 \tag{4-9}$$

分析方程为：

$$\ln\frac{d\sigma_T}{d\varepsilon_T} = \ln(Kn) + (n-1)\ln(\varepsilon_T) \tag{4-10}$$

通过计算，得出的真应力-真应变曲线和加工硬化曲线如图 4-29 所示。

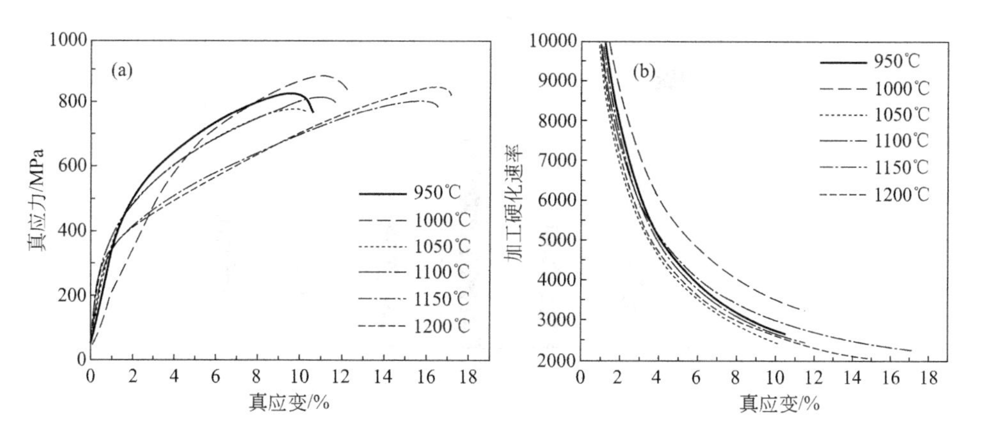

图 4-29 新型 4Al-AFA 钢的拉伸实验结果

(a) 真应力-真应变曲线；(b) 加工硬化曲线

通过观察加工硬化曲线，可以发现整个过程可分为三个阶段，第一阶段的加工硬化速率较高，第二阶段的加工硬化速率迅速下降，第三阶段的加工硬化下降缓慢。这种加工硬化曲线可以近似认为是理想状态下塑性变形方式。

(4) AFA 钢的应变硬化机制

在变形的初始阶段，应变和应力较小，虽然处于有利取向的滑移系开始滑动，但是由于第二相的数量较多，遇到基体中的第二相粒子，运动着的位错只能绕过或切过，位错只在平面内运动。当应变增大时，位错开始增殖，数量增多，位错之间相互作用，产生大量的位错缠结和位错塞积，阻碍位错的进一步运动。这些都导致加工硬化速率较大。

当应变继续增大时，螺位错可以通过交滑移绕过障碍，异号位错还可以相互抵消，降低位错密度，使加工硬化速率迅速下降。第三阶段的加工硬化速率下降较慢，可能的原因是第二阶段金属已经发生了屈服现象，故加工硬化速率变化不大。

4.5.3 AFA 钢热处理后的冲击韧性

采用带缺口的摆锤冲击实验测试冲击性能，每个条件下设置三组平行实验，得到三组冲击吸收功，取其平均值，得到的不同热处理工艺的新型 4Al-AFA 钢的冲击性能数据如图 4-30 所示。

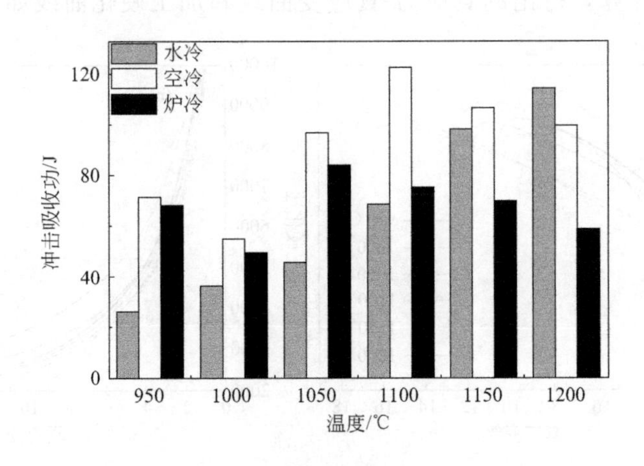

图 4-30 不同热处理工艺的新型 4Al-AFA 钢的冲击吸收功

由图 4-30 可以看出，随着热处理温度的升高，水冷后的材料冲击吸收功不断升高，从 26.3J 上升到 114.4J；空冷后的材料冲击吸收功也逐渐升高，但是炉冷试样的冲击吸收功变化较为复杂。这表明，随着温度的升高，经过水冷和空冷的 4Al-AFA 钢的韧性在逐渐提高。从冷却方式来看，在任一温度下，空冷的冲击吸收功要大于炉冷试样的冲击吸收功，表明空冷试样的韧性要优于炉冷试样的韧性，这与伸长率分析的结果相一致。

随着加热温度的提高，晶粒的尺寸在不断变大，第二相的数量在不断降低，这就导致了强化效果减弱，使新型 4Al-AFA 钢的强度降低，塑韧性提高，所以水冷和空冷条件下，随着温度的升高，冲击吸收功会增大。对于炉冷条件下的试样，虽然金相的晶粒也有明显的长大，但冲击吸收功对材料的内部结构缺陷、显微组织的变化很敏感。炉冷条件下，晶粒有充足的时间和能量长大，但是在材料发生回复再结晶后的长大过程中，可能由于某些原因会发生部分晶粒的异常长大，影响材料的性能。同时观察到金相组织中晶粒的大小不是均匀连续的，所以推测晶粒的异常长大是炉冷试样冲击吸收功不规则变化的主要原因。在不同加热温度下，尤其当温度高于 1050℃时，部分空冷的晶粒尺寸略大于炉冷晶粒尺寸，且空冷的第二相少，故空冷的冲击吸收功要高于炉冷的冲击吸收功。

4.5.4 AFA 钢热处理后的高温蠕变性能

新型 4Al-AFA 钢高温蠕变实验过程中采用光栅尺测量试样在高温蠕变过程中实时的变形量。蠕变实验条件为 700℃，130MPa。蠕变试样的总长度为 74mm，其中夹持部分的直径为 10mm，表面有 M10 的螺纹与蠕变机夹具相配合，试样标距为 25mm，直径为 5mm。

4.5.4.1 高温蠕变后 4Al-AFA 钢的显微组织

图 4-31 为蠕变实验前/后原始试样和 1050℃（试样命名为 A1050）、1230℃退火试样（试样命名为 A1230）的显微组织。从图 4-31（a）、(c）和（e）中可以看出，在蠕变实验前，原始试样中只存在少量的一次 NbC 相。随着退火实验的进行，金属元素在 1050℃退火试样的晶界处偏聚，促进尺寸小于 100 nm 的 Laves 相的析出。当退火温度升高到 1230℃时，晶界处形成的长条状 Laves 相的尺寸增大，晶界覆盖率相较于 1050℃退火试样的明显升高。此外，在原始试样和退火试样的基体中都未发现 B2-NiAl 相，这与 XRD 的检测结果不一致，可能是 B2-NiAl 相的析出尺寸较小，扫描电镜难以准确检测造成的。与蠕变实验前原始试样和退火试样相比，蠕变后的原始试样和退火试样显微组织的变化主要体现在第二相尺寸的变化以及

B2-NiAl 相的变化两个方面。图 4-31（b）、（d）和（f）显示了蠕变实验后原始试样和退火试样中的微观组织。从图 4-31（b）中可以看出，由于蠕变过程中形成的第二相发生严重粗化，蠕变后的原始试样中晶界特征明显消退。如图 4-31（d）和（f）所示，尽管蠕变后的 1050℃和 1230℃退火试样晶界处最先形成的第二相发生粗化，平均尺寸分别达到 783 nm 和 988 nm，晶界覆盖率显著增加，但是在奥氏体晶内形成大量小尺寸、高稳定性的第二相。此外，蠕变实验后，在原始试样和退火试样中 B2-NiAl 相的尺寸和体积分数都明显增大，这与蠕变时效过程中试样的变形密切相关。

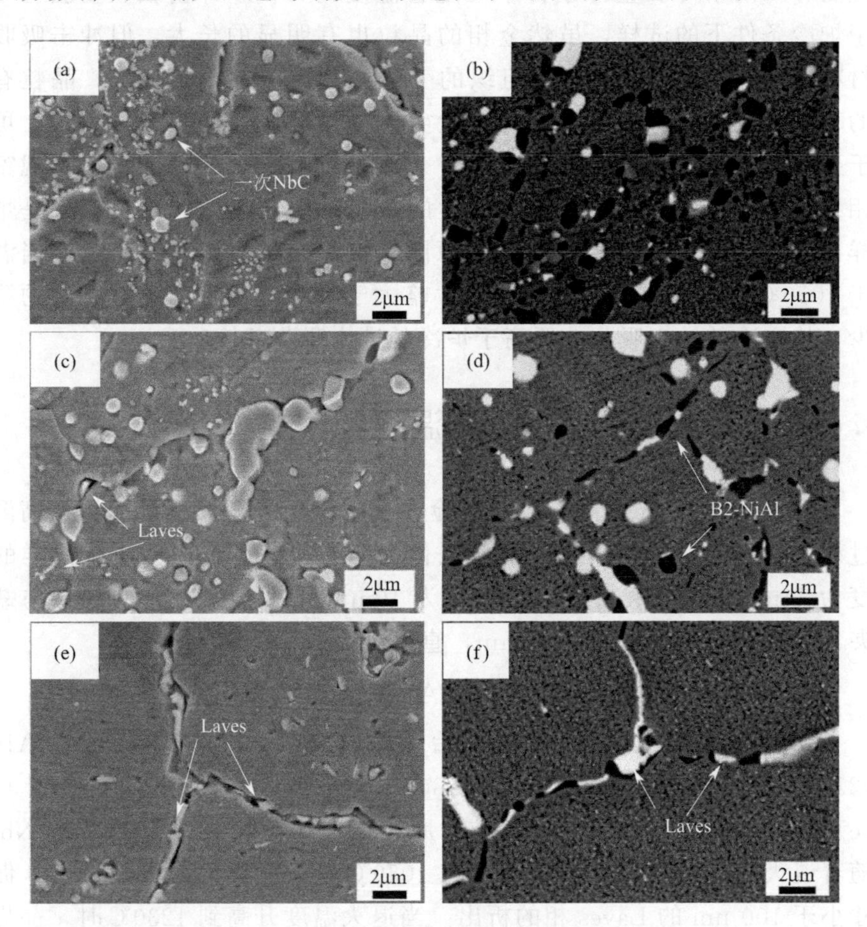

图 4-31　原始试样和 1050℃、1230℃退火试样的扫描电镜显微组织照片

(a)、(c) 和 (e) 蠕变实验前；(b)、(d) 和 (f) 蠕变实验后

4.5.4.2　高温蠕变后 AFA 钢中的第二相

图 4-32 为退火试样在蠕变实验前、后的 XRD 图谱。从图 4-32（a）中可以

看出，原始试样、1050℃以及1230℃退火试样中的相由具有面心立方结构的奥氏体相、高熔点的一次NbC相、具有密排六方结构的Laves相以及具有面心立方结构的B2-NiAl相组成，其中奥氏体相具有最高的衍射峰。与蠕变前退火试样相比，蠕变后的退火试样的Laves相、B2-NiAl相以及奥氏体相具有更高的衍射强度。由于在蠕变过程中大量Laves相和B2-NiAl相在退火试样的晶界和晶内析出，所以与蠕变前退火试样相比，蠕变后的退火试样的Laves相、B2-NiAl相以及奥氏体相的衍射峰强度增大。值得注意的是，在4Al-AFA钢退火试样的XRD图谱中并未检测到σ相的存在，这也间接说明了4Al-AFA钢的组织更加稳定。图4-33为蠕变实验前原始试样与1050℃退火试样的点扫描照片和蠕变实验后1050℃退火试样的面扫描照片。从图4-33中可以看出，原始试样中的第二相为一次NbC相，而1050℃退火试样在蠕变前基体中有较小尺寸的Laves相的形成，这与图4-32（a）中的XRD检测结果一致。蠕变实验后，退火试样中第二相的种类和形貌变化非常明显，如图4-33所示。1050℃退火试样在蠕变实验后基体中有一定数量的B2-NiAl相的存在。

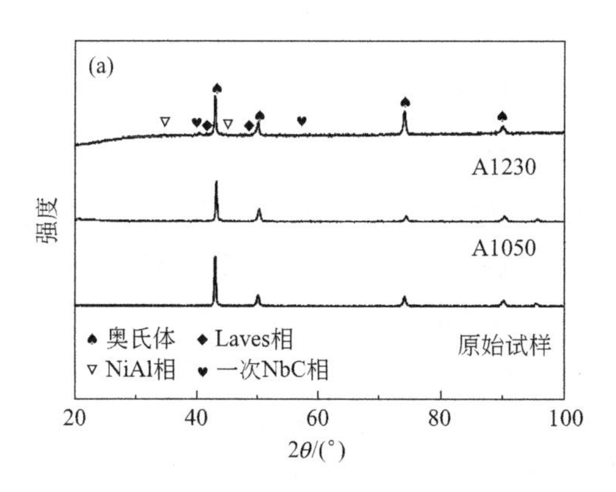

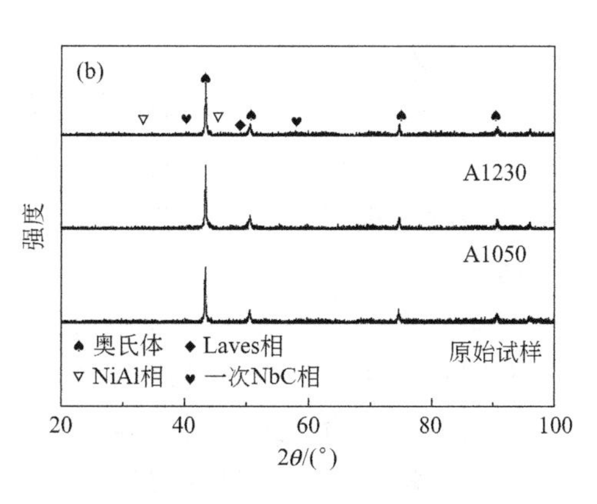

图4-32 原始试样和退火试样在蠕变实验前、后的XRD衍射图谱

（a）蠕变前；（b）蠕变后

	质量分数/%	原子分数/%
Fe	36.77	30.04
Nb	33.44	15.66
C	10.76	39.36
Cr	9.78	8.28

图4-33

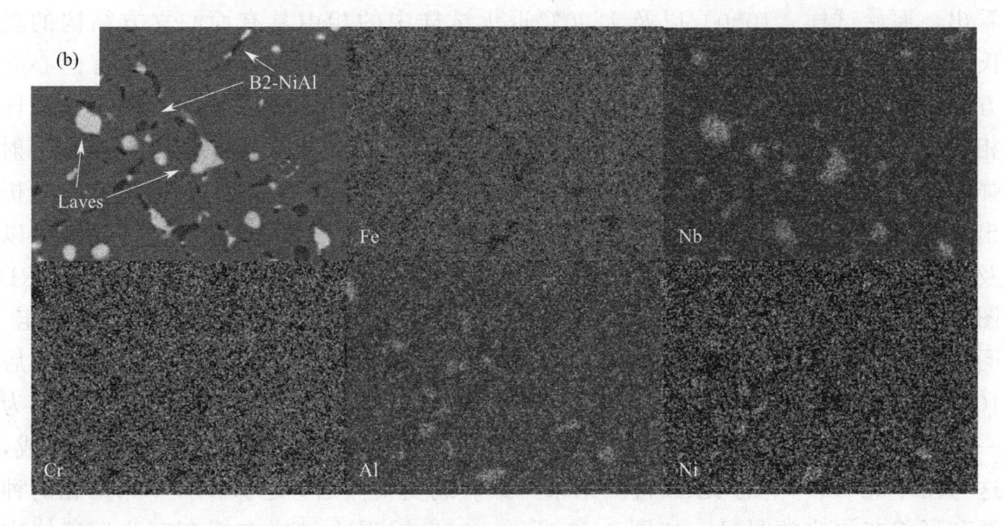

图 4-33 1050℃退火新型 4Al-AFA 钢蠕变实验前、后的扫描电镜显微组织

（a）蠕变前的组织和 EDS 结果；（b）蠕变后的面扫描结果

4.5.4.3 退火态试样的高温持久蠕变行为

为了探究退火处理对 4Al-AFA 钢蠕变性能的影响，在 700℃、130MPa 的条件下进行了蠕变实验。图 4-34 为蠕变过程中试样的应变及蠕变速率随时间的变化曲线。典型的蠕变曲线通常包括三个部分，即低速蠕变阶段、稳态蠕变阶段和加速蠕变阶段。可以看到，蠕变过程中原始试样以最短的时间从低速蠕变阶段过渡至加速蠕变阶段，并在 72.2h 时发生断裂，具有最小的蠕变寿命。根据图 4-34（a）很难确定 1050℃退火试样的稳态蠕变阶段与加速蠕变阶段的过渡时间，而 1230℃退火试样经过约 50h 的低速蠕变阶段后进入稳态蠕变阶段，并且直至 200h 蠕变实验结束都没进入加速蠕变阶段。此外，在实验时间达到 200h 时，1050℃和 1230℃退火试样均未发生断裂，此时的蠕变应变分别为 6.03%和 2.01%。而蠕变寿命曲线和蠕变速率曲线是息息相关的。如图 4-34（b）所示，在初始蠕变阶段，试样的蠕变速率从较高值急剧下降至较小值，进入平稳变化阶段，但原始试样的蠕变速率在经过短时间平稳变化后开始快速增加，这与原始试样具有短时间稳态蠕变阶段相一致。值得注意的是，1230℃退火试样在稳态蠕变阶段的蠕变速率随着时间的增加而逐渐减小，这说明 1230℃退火试样在整个 200h 的蠕变过程中得到强化，蠕变强度逐渐增大，这也是其具有优异蠕变性能的主要原因。与 1230℃退火试样相比，1050℃退火试样的蠕变速率在稳态蠕变阶段和加速蠕变阶段波动较大，其锯齿形波动可能是实验环境不稳定造成

的，并且大约当实验进行到175h时，蠕变速率具有快速增加的趋势，这说明1050℃退火试样在175h时开始进入加速蠕变阶段。通过拟合稳态蠕变阶段的蠕变寿命曲线，得到4Al-AFA钢原始试样、1050℃以及1230℃退火试样的稳态蠕变速率分别为$5.69\times10^{-5}s^{-1}$、$7.22\times10^{-6}s^{-1}$以及$1.61\times10^{-6}s^{-1}$。因此，具有最长稳态蠕变阶段以及最小稳态蠕变速率的1230℃退火试样具有最好的蠕变性能，预期可得到最长的蠕变寿命。

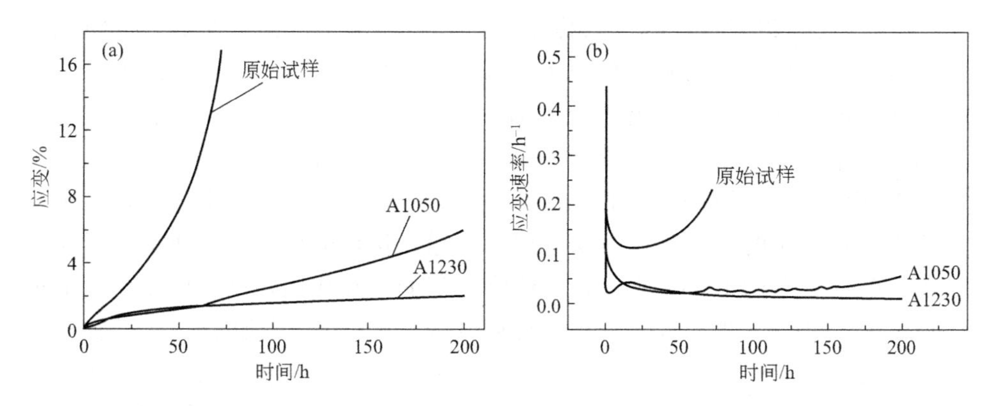

图 4-34 原始试样和1050℃、1230℃退火试样的蠕变实验结果

(a) 蠕变曲线；(b) 蠕变速率曲线

4.5.4.4 退火态AFA钢的强化机制

耐热钢蠕变强度的变化是由不同强化机制相互影响、共同作用而导致的，这些强化机制主要包括：固溶强化、沉淀强化以及位错强化[15]。不同强化机制对蠕变强度的贡献程度不同，通常可以表示为：

$$\sigma_{总}=\sigma_{固溶}+\sigma_{沉淀}+\sigma_{位错} \tag{4-11}$$

式中 $\sigma_{总}$——总蠕变强度；

$\sigma_{固溶}$——固溶强化对蠕变强度的贡献；

$\sigma_{沉淀}$——沉淀强化对蠕变强度的贡献；

$\sigma_{位错}$——位错强化对蠕变强度的贡献。

新型4Al-AFA钢的合金成分在蠕变实验前、后基本保持一致，固溶情况理论上只存在微小的变化。因此固溶强化对4Al-AFA钢蠕变强度的作用可以忽略不计，退火处理对4Al-AFA钢的强化机制主要包含沉淀强化以及位错强化。

沉淀强化对新型含铝奥氏体耐热钢蠕变强度的贡献，可通过Orowan机制表示。

$$\sigma_{沉淀}=\frac{Gb}{2r}\sqrt{f} \tag{4-12}$$

式中　G——剪切模量，80.3GPa；

b——柏氏矢量，$2.5\times10^{-4}\mu m$；

r——第二相的平均颗粒半径，μm；

f——第二相的体积分数，%。

根据式（4-12）可以发现，第二相的平均粒径和体积分数的变化将会直接影响沉淀强化的效果。通过分析蠕变实验前、后微观组织的变化（图4-31）可以发现，原始试样中Laves相和B2-NiAl相发生严重粗化，晶界特征减弱，这造成原始试样组织的稳定性急剧下降。而对1050℃、1230℃退火试样而言，退火处理后预先在晶界处形成的第二相尽管对晶界的覆盖率较高，但由于发生严重粗化，降低了晶界强度。此外，由于B2-NiAl相在700℃下的稳定性较差，粗化速率高，因此在讨论沉淀强化时只考虑Laves相的作用。在蠕变过程中，退火试样的位错处形成了大量尺寸较小、弥散分布的Laves相，它与位错之间的交互作用，有效地提高了退火试样的蠕变强度。为了具体分析沉淀强化对4Al-AFA钢原始试样以及退火试样的高温蠕变强度的贡献，本文将蠕变前、后Laves相的尺寸、体积分数以及通过式(4-12）计算的Laves相对蠕变强度贡献的预测值汇总于表4-4中。

表4-4　蠕变实验前、后4Al-AFA钢中Laves相的平均粒径、体积分数及强化贡献

试样	蠕变前			蠕变后		
	平均粒径/μm	含量/%	$\sigma_{沉淀}$/MPa	平均粒径/μm	含量/%	$\sigma_{沉淀}$/MPa
原始	—	—	—	0.32±0.01	4.11±0.2	6.3±0.3
A1050	0.23±0.01	2.5±0.2	6.9±0.5	0.36±0.01	6.25±0.2	6.9±0.3
A1230	0.26±0.01	7.94±0.2	10.83±0.3	0.30±0.01	8.52±0.2	9.7±0.3

Vujic等人[16]的研究表明位错强化对总蠕变强度的贡献值与总蠕变强度的值有着相同的数量级。由式（2-7）已知位错密度与位错强化密不可分。根据Williamson-Hall方法[17]计算了蠕变实验后原始试样和退火试样的位错密度，所得相关数据如表4-5所示。可以发现新型4Al-AFA钢原始试样和1050℃、1230℃退火试样在蠕变实验后的位错密度分别为$2.5\times10^{6}m^{-2}$、$7.6\times10^{6}m^{-2}$和$1.25\times10^{7}m^{-2}$，位错密度随退火温度的增加而增加，且原始试样和1050℃退火试样蠕变后的位错密度相较于1230℃退火试样的位错密度小了一个数量级，这与纳米第二相钉扎位错，长期维持材料中位错密度，维持组织稳定的理论吻合[18,19]。一般来说，蠕变过程就是位错不断增殖与湮灭的过程，而大量位错的聚集产生的高畸变能为第二相的析出提供了大量有利的形核点。根据Orowan机制，大量弥散分布的第二相降低了颗

粒之间的距离，提高位错绕过该第二相的临界切应力，因此 1230℃退火试样在蠕变过程中析出的大量弥散分布的小尺寸的 Laves 相有效地钉扎了位错，使其获得优异的蠕变性能。

表 4-5　蠕变试样后原始试样和退火试样的位错密度

试样	原始	A1050	A1230
位错密度 ρ/m^{-2}	2.5×10^6	7.6×10^6	1.25×10^7

4.6 本章小结及展望

本章阐述了不同热处理工艺对新型 4Al-AFA 钢的组织、第二相和力学性能影响。利用光学显微镜、扫描电镜以及 X 射线衍射仪，观察组织和第二相的变化；通过硬度试验、拉伸试验以及冲击实验测定 AFA 钢的塑性、韧性和强度等力学性能。深入分析加热温度和冷却速度对组织和第二相的影响，进而研究高温蠕变性能的变化。主要结论如下。

1）加热温度和冷却速度对显微组织的影响十分明显。加热温度升高，晶粒尺寸明显增大。但 1200℃保温炉冷后晶粒尺寸（42.62μm）要略小于水冷和空冷后的晶粒尺寸。加热温度的升高可以有效促进奥氏体晶粒再结晶及长大过程。大量弥散分布的第二相颗粒可以有效钉扎晶界，减小晶粒尺寸。

2）奥氏体基体上存在的第二相主要为 NbC、Fe2Nb-Laves 相，第二相形状呈球状和棒状。此外晶粒内部还存在微量的 B2-NiAl 相。但在 SEM 与 EDS 能谱图中并没有发现 B2-NiAl 相的存在，这与其 Ni、Al 元素的低含量有关。伴随着温度的升高，有一部分 Nb 元素发生固溶，一次 NbC 中的 Nb 含量由 82.09%降低到 75.84%，最终使 NbC 含量下降，Laves 含量增高。同时，温度的升高也引起第二相粗化长大并逐渐覆盖奥氏体晶界。

3）第二相尺寸的变化与加热温度成正相关关系，但冷却速度的加快会导致第二相的尺寸减小。加热温度的升高使得第二相的体积分数由 28.80%下降至 12.40%，晶界覆盖率由 21.55%上升至 57.25%。而冷却速度的减缓会导致第二相的晶界覆盖率提高。同时发现，冷却速度的提高影响着 Nb 与 C 元素的析出速度，冷却速度较快会促进 NbC 相的析出，而对 Fe2Nb-Laves 相的析出效果不明显。

4）冷却速度的加快会促进材料中孪晶的生成，引起硬度的升高。同时，随着加热温度的升高，试样的硬度先降低后升高。抗拉强度的变化也随温度的升高先降低再升高，水冷试样的抗拉强度整体要高于空冷和炉冷试样。而伸长率的变化与硬度值恰恰相反，温度上升伸长率有所增加。1200℃保温后，炉冷条件下试样硬度最高，为169.6HV。而空冷条件下抗拉强度及伸长率最高，为708.43MPa和18.71%。

5）退火处理促进了第二相在基体中的位错处形核、长大，而纳米第二相的形成有效地钉扎位错，维持基体中的位错密度，并与位错产生交互作用，有效地提高4Al-AFA钢的高温蠕变性能。蠕变过程中，晶界处的第二相发生严重粗化，降低了晶界强度。1230℃退火试样具有更小尺寸的第二相、更大的第二相体积分数以及更高的位错密度，显示出优异的高温蠕变性能。此外，B2-NiAl相在蠕变过程中大量析出，粗化速率大，不能显著提高4Al-AFA钢蠕变性能。相反，晶内析出的Laves相粗化速率较小，可与位错产生交互作用，增强AFA钢的高温蠕变性能。

热处理工艺作为材料制备过程中的重要工序，直接决定着材料的最终组织及服役性能。新型含铝奥氏体耐热钢作为最具发展前景的耐热钢之一，利用热处理进行组织调控、第二相强化设计的相关研究还在开展中，很多具体的工艺还有待于进一步摸索。未来的研究应该重点集中在以下两个方面：一是关注热处理工艺参数变化与第二相定量析出信息方面的联系；二是结合预变形处理实施适当的热处理调整位错密度作为第二相析出的优先形核位置，并促进第二相在高温蠕变过程的析出，保证高温蠕变沉淀强化效果。总之，奥氏体钢尤其是奥氏体耐热钢涉及第二相的强化问题，其热处理工艺的控制非常关键，也决定着奥氏体耐热钢的发展应用速度，同时相关热处理技术的开发也可扩展应用到沉淀强化型钢材中。

参考文献

[1] 姜越. 新型马氏体时效不锈钢及其强韧性[M]. 哈尔滨：哈尔滨工业大学出版社，2017.

[2] 孙胜英. 合金成分设计对含铝奥氏体耐热钢组织和性能的影响[D]. 北京：北京科技大学，2019.

[3] Gao Q Z, Gong M L, Wang Y L, et al. Phase Transformation and Properties of Fe-Cr-Co Alloys with Low Cobalt Content [J]. Materials Transactions, 2015, 56 (9): 1491-1495.

[4] 刘智恩. 材料科学基础[M]. 4版. 西安：西北工业大学出版社，2013.

[5] 杨颖，侯华兴，马玉璞，等. 再加热温度对含Nb，Ti钢第二相粒子固溶及晶粒长大的影响[J]. 钢铁研究学报，2008，20(7)：38-42.

[6] 雍岐龙. 微合金钢：物理和力学冶金[M]. 北京：机械工业出版社，1989.

[7] 乔永锋. 700℃等级超超临界电站锅炉用含铝奥氏体耐热钢的高温抗氧化机制研究[D]. 太原：太原理工大学，2017.

[8] 李新梅，邹勇，张忠文，等. 时效温度对Super304H钢析出相的影响[J]. 材料热处理学报，

2009，30（6）：51-56.

[9] 陈贻宏．管线用钢热轧规程物理模拟［J］．武汉科技大学学报：自然科学版，1997，（3）：265-271.

[10] Yamamoto Y，Santella M L，Brady M P，et al. Effect of alloying additions on phase equilibria and creep resistance of alumina-forming austenitic stainless steels［J］．Metallurgical and Materials Transactions A，2009，40（8）：1868-1880.

[11] Maziasz P J. Developing an austenitic stainless steel for improved performance in advanced fossil power facilities［J］．JOM，1989，41（7）：14-20.

[12] 束德林．工程材料力学性能［M］．北京：机械工业出版社，2015.

[13] 宋玉泉，管志平，马品奎，等．拉伸变形应变硬化指数的理论和实验规范［J］．金属学报，2006，42（7）：673-680.

[14] 马鸣图，吴宝榕．双相钢：物理和力学冶金［M］．2版．北京：冶金工业出版社，2009.

[15] Jang M H，Kang J Y，Jang J H，et al. Microstructure control to improve creep strength of alumina-forming austenitic heat-resistant steel by pre-strain［J］．Materials Characterization，2018，137：1-8.

[16] Vujic S，Sandström R，Sommitsch C. Precipitation evolution and creep strength modelling of 25Cr20NiNbN austenitic steel［J］．Materials at High Temperatures，2015，32（6）：607-618.

[17] Williamson G，Smallman R. III. Dislocation densities in some annealed and cold-worked metals from measurements on the X-ray debye-scherrer spectrum［J］．Philosophical Magazine，1956，1（1）：34-46.

[18] Ma K，Wen H，Hu T，et al. Mechanical behavior and strengthening mechanisms in ultrafine grain precipitation-strengthened aluminum alloy［J］．Acta Materialia，2014，62：141-155.

[19] Adhikary M，Chakraborty A，Das A，et al. Influence of annealing texture on dynamic tensile deformation characteristics of Dual phase steel［J］．Materials Science and Engineering：A，2018，736：209-218.

第5章

新型含铝奥氏体耐热钢的等温时效及持久蠕变行为

超超临界火电机组的蒸汽参数越高，其工作效率越高，发电所需的燃煤越少。而发展超超临界火电机组使用的高效发电技术的瓶颈就是高温合金及其高温部件的研制。目前，可用于600℃超超临界火电机组的耐热合金有铁素体耐热钢和P92马氏体耐热钢，它们具有热膨胀系数小、高温性能良好的优点，但随着温度的进一步升高，铁素体耐热钢和P92马氏体耐热钢的组织稳定性急剧下降[1,2]。钢铁研究总院和宝山钢铁股份有限公司在国内率先开始研究的G115马氏体耐热钢可焊性高，热膨胀系数小，具有优异的620～650℃温度区间组织稳定性，有潜力应用于620～650℃温度段大口径锅炉管和大型厚壁构件的制造[3]。随着超超临界火电机组蒸汽参数的进一步升高，前面提到的几种高温合金已不能满足需求。镍基高温合金虽然在650～700℃下组织稳定，高温性能优异，但作为超超临界火电机组高温材料会大幅提高使用成本。而新型含铝奥氏体耐热钢以其在高温下组织稳定、高温性能优异以及制备成本低廉成为超超临界火电机组的候选材料[4]。研究表明[5]，材料在长期服役过程中由于组织结构发生回复、晶界迁移发生粗化等原因，组织稳定性降低，继而造成耐热合金高温持久蠕变强度降低。目前，调控第二相的弥散强化效果是提高AFA钢的高温持久蠕变强度有效方法，而在AFA钢中起到第二相弥散强化效果的主要是纳米NbC相、B2-NiAl相以及Laves相。研究者通过优化合金设计、构建缺陷工程以及热处理促进起到弥散强化效果的第二相在AFA钢中析出，以期提高AFA钢高温持久蠕变性能。

本章主要研究了新型含铝奥氏体耐热钢的组织稳定性以及高温持久蠕变行为。

5.1 新型含铝奥氏体耐热钢的等温时效显微组织

在真空管式炉加热至700℃后，将2.5Al-AFA钢试样放入炉中，分别时效20h、50h、100h、500h、1000h、2000h、3000h后随炉冷却至室温。将等温时效前的试样作为参考状态，命名为0h。图5-1为700°C下等温时效0h、20h、50h、100h、500h、1000h、2000h以及3000h后的2.5Al-AFA钢的光学显微组织。从图5-1（a）中可以看出，在原始试样的奥氏体基体中分布着未固溶的第二相颗粒，且奥氏体晶粒呈长条状，晶界上存在少量第二相颗粒。在时效20h试样中，晶界上开始有第二相颗粒析出，晶界明显变宽，但奥氏体基体中的第二相颗粒的数量变化不明显，如图5-1（b）所示。随着时效时间的增加，第二相颗粒在奥氏体晶界上的析出愈加剧烈。图5-1（a）～（d）表明第二相颗粒优先在晶界析出，然后逐渐覆盖晶界。在时效500h试样中，依然可在试样中观察到完整的晶界，而由于第二相颗粒在晶界处持续析出，在时效1000h、2000h及3000h的试样中很难找到完整的晶界。在对几种时效试样的平均晶粒尺寸统计后发现，原始试样的平均晶粒尺寸约为8μm左右，而当时效500h后，平均晶粒尺寸减小到6μm（对长时间时效试样的平均晶粒尺寸不做统计），晶粒尺寸随着时效时间的增加逐渐减小，这是奥氏体基体在高能晶界处发生再结晶造成的[6]。

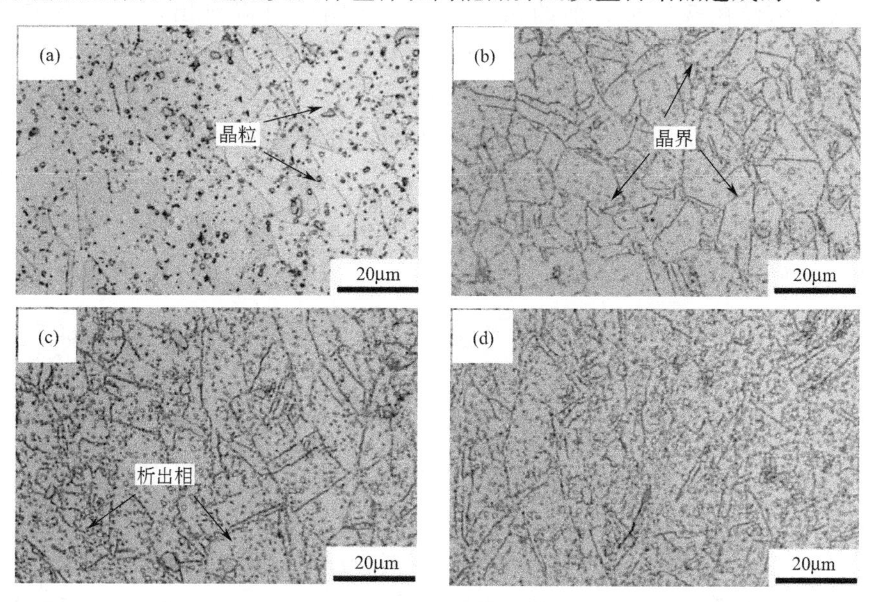

图5-1

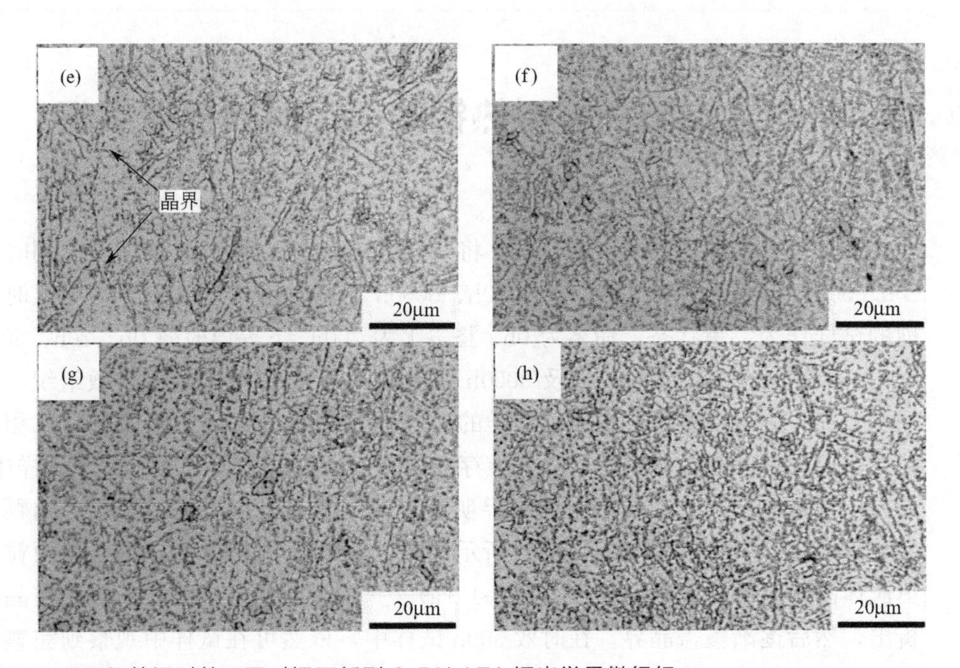

图 5-1 700℃等温时效不同时间下新型 2.5Al-AFA 钢光学显微组织

(a) 0h；(b) 20h；(c) 50h；(d) 100h；(e) 500h；(f) 1000h；(g) 2000h；(h) 3000h

为了更好地研究蠕变实验前时效试样中第二相的尺寸和析出位置的变化，本文对蠕变实验前时效试样进行 SEM 观察。图 5-2 显示了 2.5Al-AFA 钢时效试样在蠕变实验前的微观结构。从图中可以看出，在原始试样中只有少量一次 NbC 相的存在，这与金相观察相一致。对晶界而言，随着时效时间的增加，Laves 相和 B2-NiAl 相在晶界上相间析出，且数量和尺寸在逐渐增大，相比晶粒内第二相的粗化速率，晶界上第二相的粗化速率要大得多，这也导致晶界强度的降低。此外，奥氏体内的第二相的形成时间要晚于晶界上第二相的形成时间。本文也对蠕变前时效试样第二相的颗粒尺寸和晶界覆盖率进行了统计。

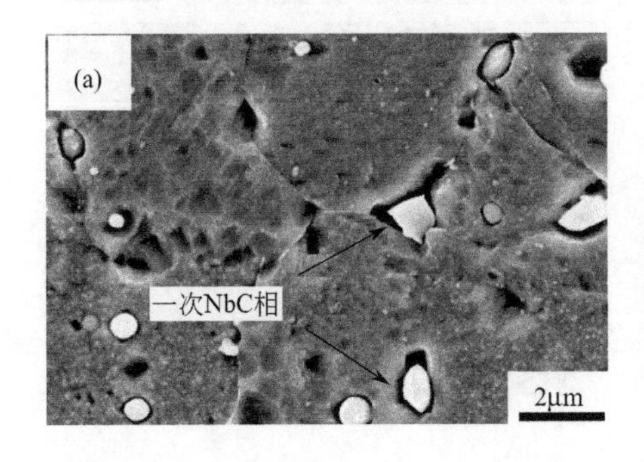

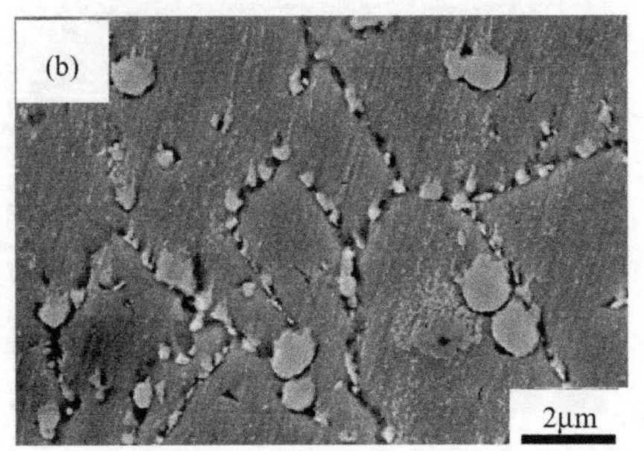

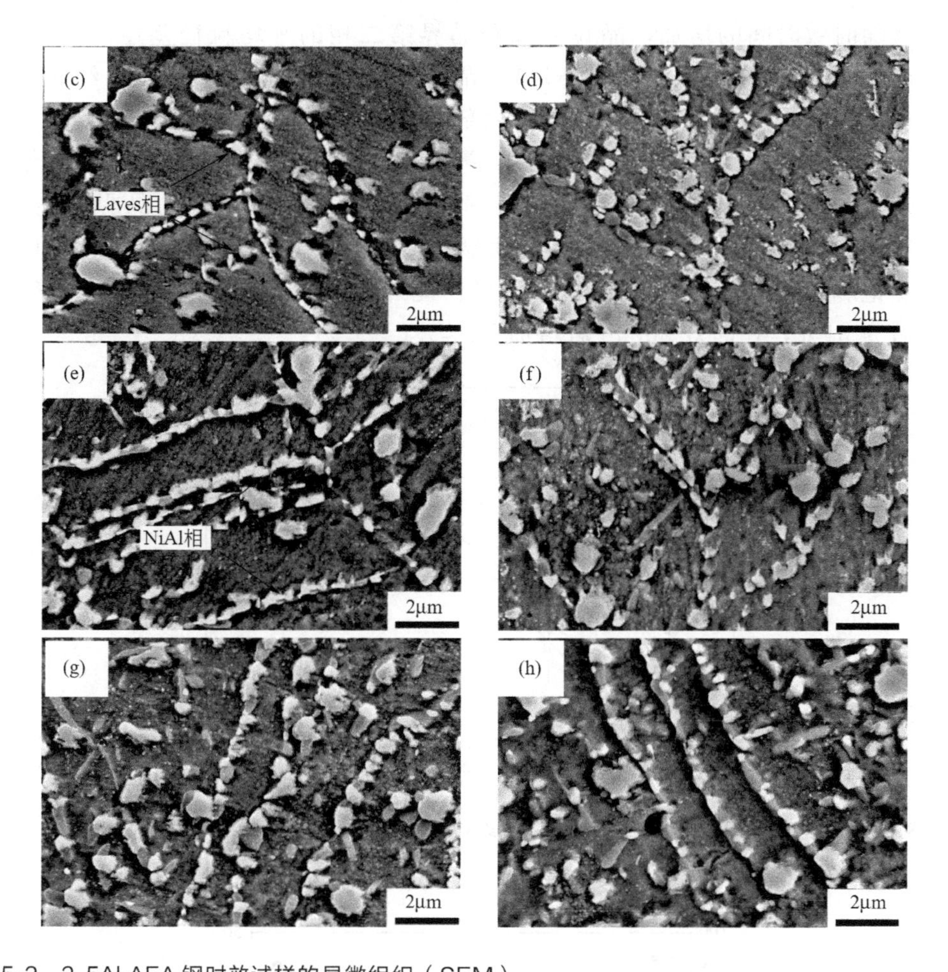

图 5-2 2.5Al-AFA 钢时效试样的显微组织（SEM）

(a) 0h；(b) 20h；(c) 50h；(d) 100h；(e) 500h；(f) 1000h；(g) 2000h；(h) 3000h

图 5-3 为 AFA 钢在 700℃时效过程中第二相平均粒径与时效时间的关系图。图 5-3（a）中显示了不同时效时间内第二相（包括 NbC 和 Laves 相）平均粒径的变化。时效 20h 后，第二相的平均粒径为 199nm，随时效时间的延长，第二相平均粒径逐渐增加，并且在时效 3000h 后达到 372nm。在整个时效过程中，晶粒内部和晶界处的第二相平均粒径显著不同，分别对其进行统计，统计结果绘制在图 5-3（b）中。从图 5-3（b）中可以发现，时效时间从 20h 增加到 3000h，晶界第二相的平均粒径从 199nm 相应地增加至 369nm。晶粒内部第二相在时效 50h 后开始析出，平均粒径为 189nm。当时效时间增加至 3000h 时平均粒径增加到 377nm。从图中还可以得出，从时效初期到时效 2000h 的过程中，晶界第二相的平均粒径大于晶粒内部，

且随时效时间的增加，晶粒内部和晶界第二相的平均粒径差逐渐减小。在时效达到2000h后，晶粒内部和晶界第二相的平均粒径都增长至约346nm。此后，随时效时间的延长，晶粒内部的平均晶粒直径开始大于晶界，平均粒径差又逐渐增大。图5-4为晶界覆盖率和第二相体积分数的统计测量图。未经时效处理的试样无晶界覆盖率，而时效20h后试样的晶界覆盖率为37%，并且随着时效时间的增加而显著增加。在时效3000h后，晶界几乎完全饱和，此时的晶界覆盖率为93%。此外，第二相的体积分数在时效50h后为31%，在时效3000h后增加至44%。

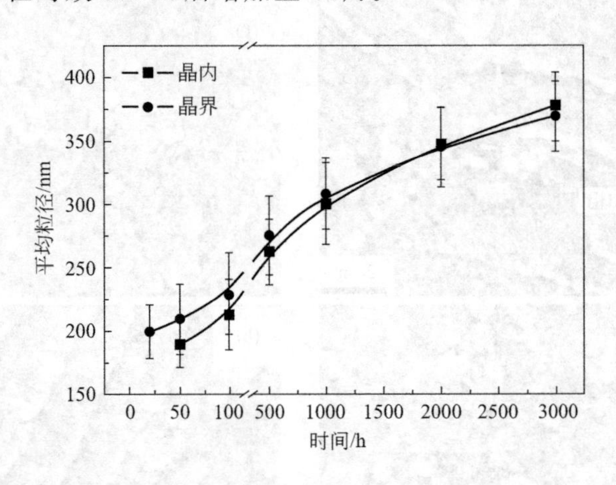

图5-3　不同时效时间下AFA钢中第二相的平均粒径

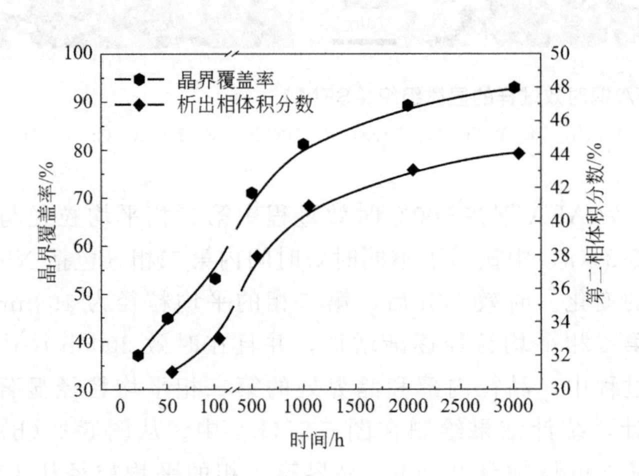

图5-4　不同时效时间下AFA钢中的晶界覆盖率和第二相的体积分数

5.2 新型含铝奥氏体耐热钢等温时效过程的第二相

5.2.1 第二相的确定

本小节通过 XRD 以及 SEM-EDS 等测试方法确定了蠕变实验前 2.5Al-AFA 钢时效试样中第二相的种类。图 5-5 为 700℃下时效不同时间后 2.5Al-AFA 钢的 XRD 图谱。从图中可以看出，2.5Al-AFA 钢的基体为具有面心立方结构的奥氏体相，并且奥氏体相具有最高的衍射峰。由于一次 NbC 相具有很高的熔点，很难分解，在整个时效过程中一次 NbC 相的衍射峰具有相似的强度。对时效 0h、20h 的试样而言，短时时效使试样中第二相的数量较少，因此在 XRD 测试时很难检测到除奥氏体基体以外其他第二相的衍射峰。当等温时效进行到 100h 时，可以检测到 Laves 相的衍射峰，而由于 B2-NiAl 相的数量少、尺寸较小，直到时效 500h 时 B2-NiAl 相的衍射峰才清楚地显示出来。随着时效时间的增加，Laves 相和 B2-NiAl 相的衍射峰强度也逐渐增大。

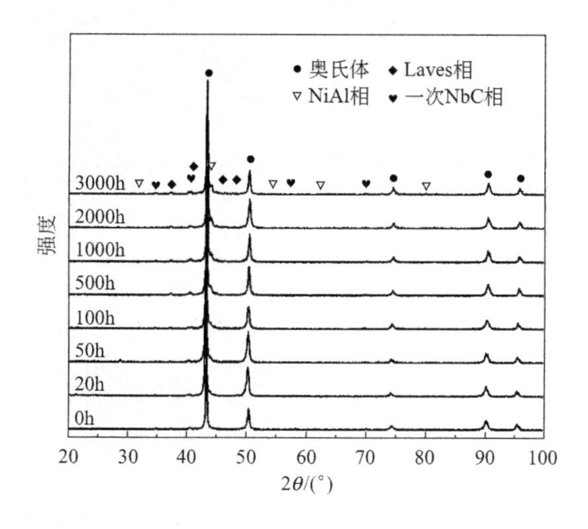

图 5-5 时效试样的 XRD 图谱

为了进一步确定一次 NbC 相、Laves 相以及 B2-NiAl 相的存在，本文采用扫描电子显微电镜对各个第二相进行能谱分析。图 5-6 为时效不同时间后的 2.5Al-AFA 钢试样第二相的 SEM 照片及元素分布。从图 5-6（a）中可以看到，在原始试样的晶内和晶界上存在着椭圆形第二相。由 EDS 分析结果可知，Fe、Nb 和 C 元素的含量较高，其中 C 质量百分含量达到 11.47%，可以鉴定为一次 NbC 相。时效试样中的一次 NbC 相主要来源于固溶处理后未熔融的一次 NbC 相以及从过饱和固溶体中沉淀出来的一次 NbC 相[7]。而这种尺寸为几微米至十几微米的一次 NbC 相是原始试样中存在最多的第二相。图 5-6（c）显示了在等温时效 20h 试样的晶界上有很多球状和棒状的第二相，其化学成分主要包含 Fe、Nb 和 Mo 等元素。有文献[8] 指出，奥氏体钢中的 Laves 相主要有 Fe_2Nb 和 Fe_2Mo 两种形式，因此具有相似成分的球状和棒状第二相都是 Laves 相。此外，在图 5-6（d）能谱中发现 Laves 相也含有部分 Si 元素，这也验证了 Yamamoto 等人提出的 Si 可以促进奥氏体钢中 Laves 相的形核。

由于 B2-NiAl 相是纳米尺寸的第二相，因此可通过面扫描说明 B2-NiAl 相的存在。图 5-7 是等温时效 100h 试样的元素分布图。从图 5-7 中可以看到，尺寸为 200 nm 左右、长条状的第二相富含 Ni 和 Al 元素，即为 B2-NiAl 相。而值得注意的是，与 B2-NiAl 相相邻的椭圆形第二相由 Fe、Nb、Mo、Si 等元素组成，这是 Laves 相。B2-NiAl 相与 Laves 相相邻析出，关于这种析出位置关系将放在下节进行讨论。

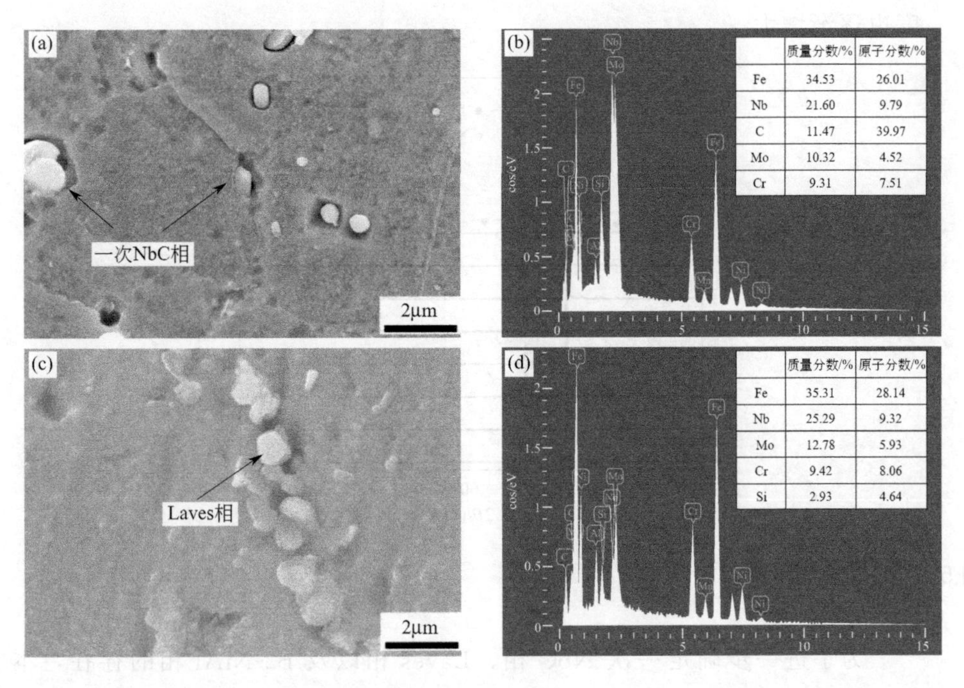

(b)

	质量分数/%	原子分数/%
Fe	34.53	26.01
Nb	21.60	9.79
C	11.47	39.97
Mo	10.32	4.52
Cr	9.31	7.51

(d)

	质量分数/%	原子分数/%
Fe	35.31	28.14
Nb	25.29	9.32
Mo	12.78	5.93
Cr	9.42	8.06
Si	2.93	4.64

图 5-6 原始试样和时效 20h 试样的显微组织（SEM）

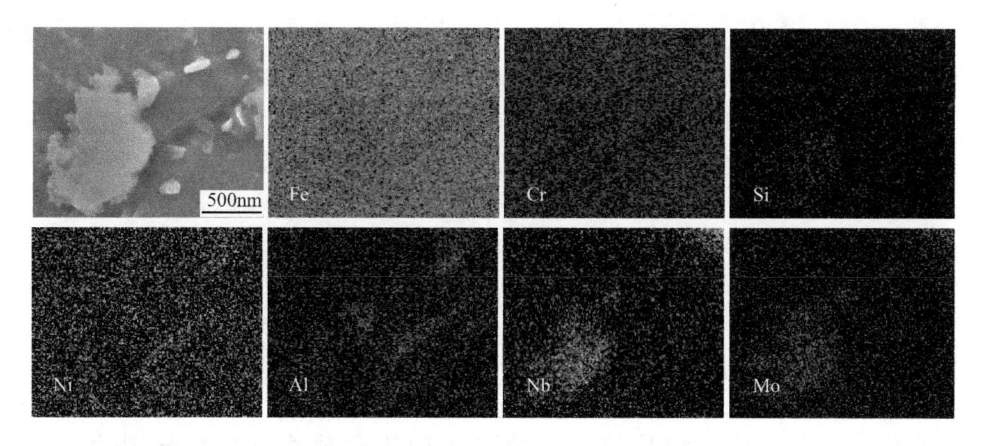

图 5-7 等温时效 100h 后试样的 EDS 面扫结果

5.2.2 等温时效过程中第二相的粗化

为了定量分析第二相的粗化行为，本节根据第二相在等温时效过程中平均尺寸的变化计算了其粗化动力学。从理论上讲，在界面处形成第二相的合金元素来自奥氏体基体，而基体中第二相的粗化行为通常遵循基体扩散控制的粗化行为。第二相的这种粗化行为可由经典的 Lifshitz-Slyozov-Wanger（LSW）粗化模型来解释[9,10]。根据 LSW 理论，粗化动力学可由以下公式给出：

$$d^3 - d_0^3 = kt \tag{5-1}$$

式中 d——平均粒径，nm；

d_0——初始粒径，nm；

t——时效时间，h；

k——粗化速率，$m^3 \cdot s^{-1}$。

粗化速率可由下式得出[11]：

$$k = \frac{8C_e V_m D \Omega}{9RT} \tag{5-2}$$

式中 C_e——原子的平均浓度；

V_m——第二相的摩尔体积；

D——原子在基体中的扩散系数；

Ω——第二相与基体的界面能；

R——气体常数；

T——时效温度。

图 5-8 为第二相颗粒尺寸的线性拟合，其中拟合线的斜率为第二相的粗化率。图 5-8（a）显示了时效过程中基体中第二相的粗化率，由拟合线（直线）的斜率可以确定粗化率 k_0 为 $4.12\times10^{-27}m^3\cdot s^{-1}$，拟合常数 R^2 约为 0.9731，表明拟合结果不准确。因此，粗化率曲线应分为两个阶段。第一阶段是从时效开始到时效 1000h，第二相的粗化速率为 k_1，为 $5.73\times10^{-27}m^3\cdot s^{-1}$，此时拟合常数 R^2 约为 0.9923。第二阶段为时效 1000h 至 3000h，第二相的粗化速率 k_2 为 $3.34\times10^{-27}m^3\cdot s^{-1}$。与第一阶段相比，第二阶段的粗化率较低。此外，根据图 5-8（b）和图 5-8（c）分别计算了晶界和晶粒内部第二相的粗化速率，分别为 $3.93\times10^{-27}m^3\cdot s^{-1}$ 和 $4.21\times10^{-27}m^3\cdot s^{-1}$。晶界和晶粒内部第二相的粗化速率曲线也在时效 1000h 分为两个阶段。在第一阶段，晶界和晶粒内部第二相的粗化速率（k_1）分别为 $5.88\times10^{-27}m^3\cdot s^{-1}$ 和 $6.23\times10^{-27}m^3\cdot s^{-1}$。在第二阶段，晶界和晶粒内部第二相的粗化率（$k_2$）分别为 $2.94\times10^{-27}m^3\cdot s^{-1}$ 和 $3.54\times10^{-27}m^3\cdot s^{-1}$。显然，在时效过程中，晶界处第二相的粗化速率明显慢于晶粒内部。

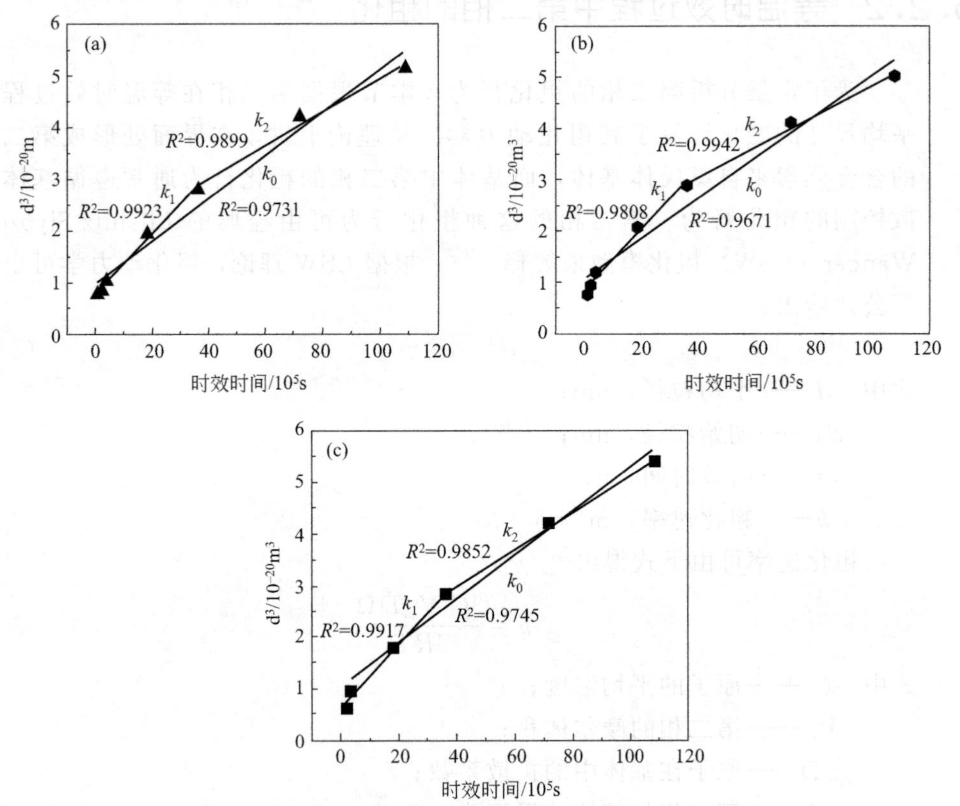

图 5-8 等温时效过程中第二相的粗化速率

（a）基体；（b）晶界；（c）晶内

从图 5-8 中还可以发现，在时效 1000h 后，出现第二相的粗化速率显著降低的现象，这是因为在扩散控制的第二相粗化过程中，扩散系数最低的组分的扩散是粗化动力学的关键。基体主要包含 Fe、C、Nb、Mo 等元素，其中 Nb 元素在奥氏体基体中的缓慢扩散是含 Nb 颗粒生长的关键因素[12]。从时效开始到时效 1000h，大量含 Nb 的第二相从奥氏体基体中析出，消耗了大量 Nb 原子。而含 Nb 第二相的粗化要求 Nb 原子向第二相的表面扩散[13]，但是 Nb 的排列使得 Nb 原子的扩散变得困难，因此，含 Nb 第二相的粗化速率大大降低。

耐热钢中析出物的粗化速率（k）的比较如表 5-1 所示。众所周知，析出物的粗化率主要取决于时效温度。理论上，对于相同材料，其随着时效温度的升高而增加。从表 5-1 中可以清楚地确定，本文所研究的 AFA 钢中第二相的粗化速率可与其他耐热钢中第二相的粗化速率相媲美。

表 5-1 在不同时效温度下 AFA 钢与其他耐热钢第二相粗化速率的比较

第二相	温度/K	$k/(m^3/s)$	合金
Laves-Fe_2Nb	873	2.91×10^{-31}	P92[14]
	923	41.6×10^{-31}	
Laves-$Fe_2(Nb,Mo)$ 和 NbC	973	7.01×10^{-27}	Fe-15Cr 铁素体钢[15]
		$k_0=4.12\times10^{-27}$	2.5Al-AFA 钢
		$k_1=5.73\times10^{-27}$	
		$k_2=3.34\times10^{-27}$	
Nb(C,N)	973	3.41×10^{-28}	Fe-15Cr 铁素体钢[15]
Laves-Fe_2Nb	1023	2.41×10^{-27}	3Al-AFA 钢[16]

5.3 新型含铝奥氏体耐热钢时效后的高温持久蠕变行为

5.3.1 高温蠕变后 AFA 钢的显微组织

图 5-9 为在 700℃、130MPa 下蠕变实验后 2.5Al-AFA 钢时效试样的 SEM 照片，图中灰白相为 Laves 相，黑色相为 B2-NiAl 相，深灰相为 σ 相。

如图 5-9 所示，在时效试样中，Laves 相与 B2-NiAl 相相间析出，σ 相与 B2-NiAl 相相邻析出。对 Laves 相与 B2-NiAl 相尺寸变化而言，蠕变后各时效试样中的 Laves 相与 B2-NiAl 相与蠕变实验前的相比发生明显粗化，晶粒内的 Laves 相与 B2-NiAl 相的数量急剧增加，晶界明显变宽，晶界覆盖率显著增大，且时效时间越长试样中 Laves 相与 B2-NiAl 相尺寸粗化得越明显。对原始试样蠕变实验前、后的微观组织观察可以知道，在蠕变实验过程中有大量的 Laves 相在晶界和晶粒内析出，同时也有部分 B2-NiAl 相和 σ 相析出。σ 相是 AFA 钢的一种脆硬性有害相。图 5-9（a）和图 5-9（h）也显示了在原始试样和时效 3000h 试样中有尺寸较大的 σ 相析出，而在其他时效试样中 σ 相析出得并不明显。此外，值得注意的是，在时效试样的晶界附近都存在一个无沉淀析出带（precipitate free zone，简称 PFZ）。而高温时效过程中形成无沉淀析出带的主导机制是贫溶质机制。有文献[17] 指出，由于 PFZ 的强度比基体低，在应力作用下 PFZ 中更容易发生塑性变形，使材料发生沿晶断裂。也有研究表明，PFZ 越宽，越有利于抑制裂纹的产生和发展。由于关于 PFZ 对合金力学性能影响的研究尚不统一，本节将忽略 PFZ 对 2.5Al-AFA 钢蠕变性能的影响。

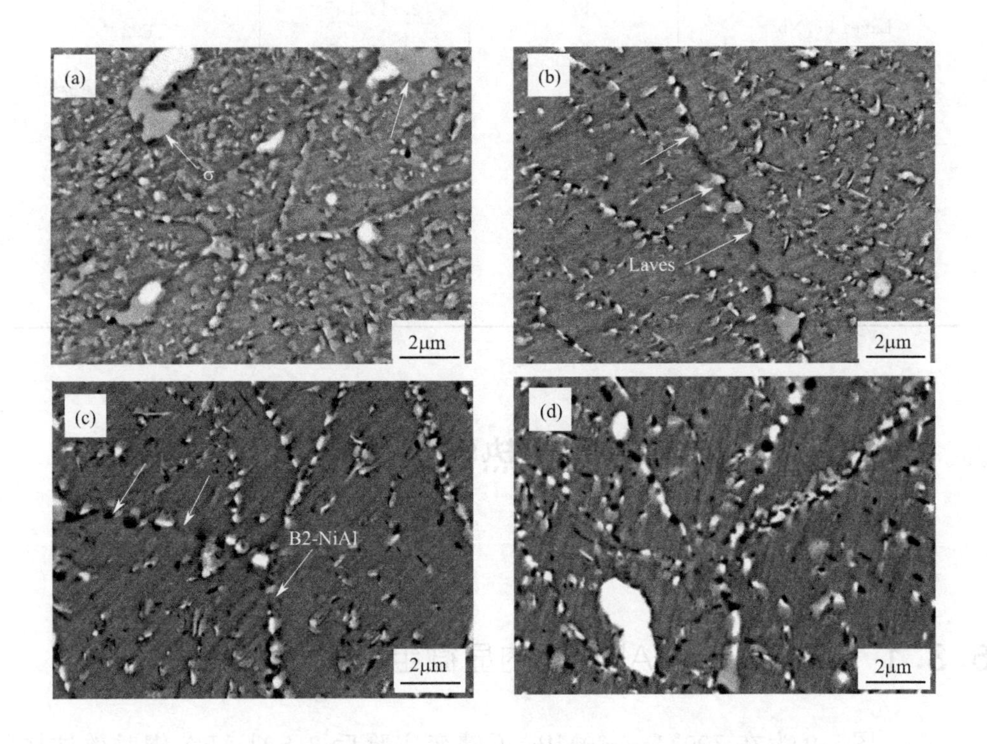

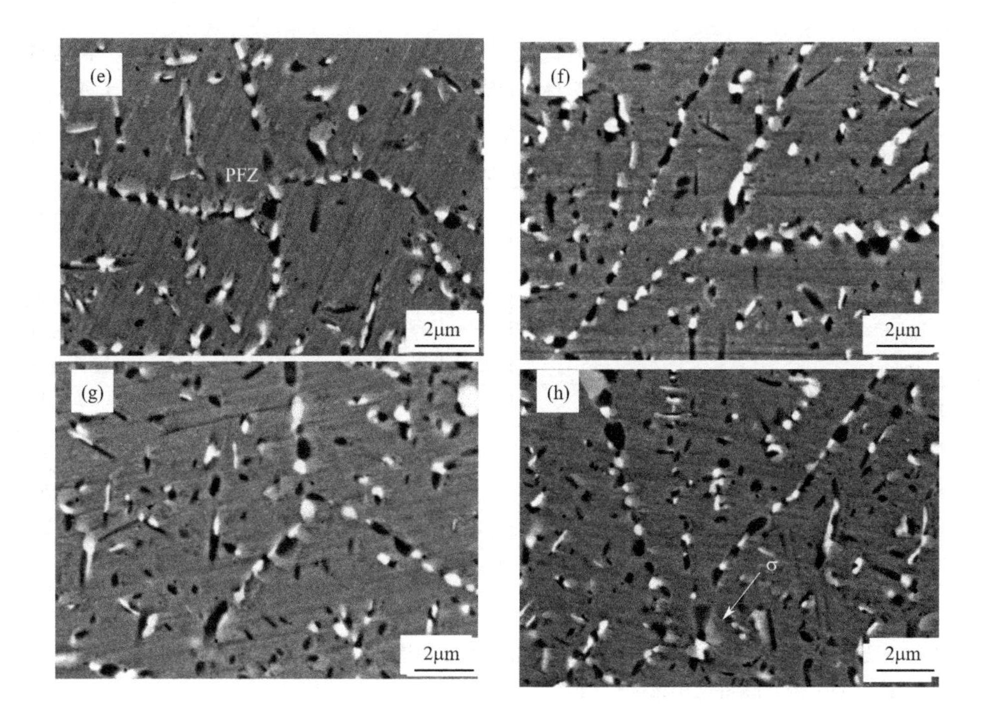

图 5-9 蠕变实验后时效试样的显微组织（SEM）

(a) 0h; (b) 20h; (c) 50h; (d) 100h; (e) 500h; (f) 1000h; (g) 2000h; (h) 3000h

5.3.2 高温蠕变后 AFA 钢中的第二相

为了确定蠕变实验后有无新第二相的形成，本节对在 700℃、130MPa 下蠕变时效后的 2.5Al-AFA 钢时效试样进行了 X 射线衍射分析。图 5-10 为 2.5Al-AFA 钢时效试样在蠕变实验后的 XRD 图谱。从图中可以看到，在蠕变实验后的 2.5Al-AFA 钢时效试样中存在新第二相的衍射峰，即 σ-FeCr 相，且在蠕变实验后时效 3000h 试样中 σ-FeCr 相的衍射峰强度最高。σ-FeCr 相是一种具有体心立方结构、无磁性、脆性的金属间化合物相，其粗化速率高，在 AFA 钢中不能稳定存在，是奥氏体钢中的有害相。σ 相的形成机制可以分为三种，a. 在双相不锈钢中，由于 Cr 在 bcc 结构的铁素体中的扩散速率是在 fcc 结构的奥氏体中的 100 倍，因此易于高温铁素体发生共析反应形成 σ 相[18]；b. 通过 $Cr_{23}C_6$ 相的相变反应形成 σ 相[19]；c. 由不稳定的奥氏体相发生共析反应生成新的奥氏体相和 σ 相[20]。本文所研究的 2.5Al-AFA 钢在蠕变时效后的原始试样中没有发现铁素体和 $Cr_{23}C_6$ 相的存在，而B2-NiAl相的形成使奥氏体中Ni含量降低，从而导致奥氏体基体稳定性下降，所以可以确定奥氏体相发生的共析反应是生成σ相的主要途径。在经过较长时间蠕变实验后，2.5Al-AFA钢时效试样中Laves相和B2-NiAl相大量析出，部分发生粗化，这使它们的衍射峰在图5-10中更加明显。

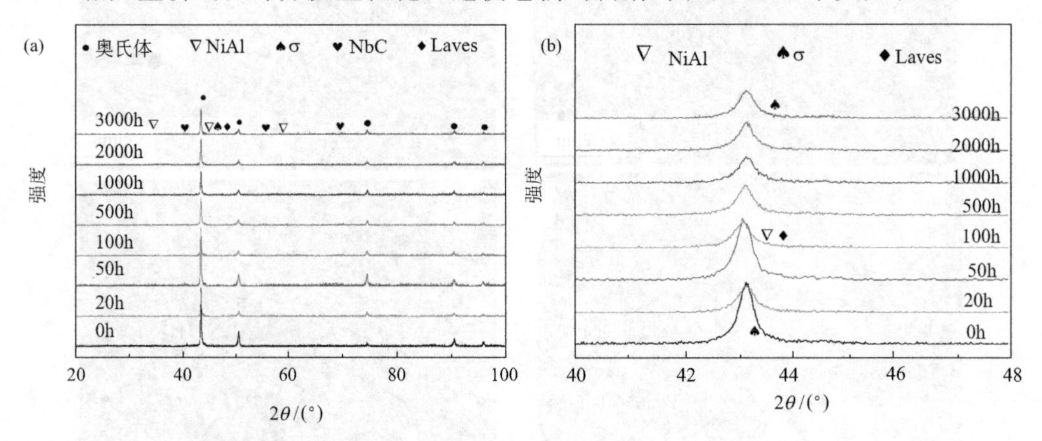

图5-10 2.5Al-AFA钢时效试样在蠕变实验后的XRD图谱

(a) XRD图谱；(b) 图(a)中矩形区域放大图

为了进一步确定在蠕变实验后2.5Al-AFA钢时效试样中的第二相，本文采用TEM技术对第二相进行分析。图5-11(a)和(b)为时效20h试样在蠕变实验后的TEM照片。由SAED衍射花样可以确定具有六方结构、尺寸约为150nm的黑色第二相为Laves相，如图5-11(a)箭头所指；而具有面心立方结构、尺寸约为200nm的灰白色第二相B2-NiAl相如图5-11(b)箭头所指。图5-11(c)和(d)为时效500h试样在蠕变实验后的TEM照片和EDS能谱图。从EDS能谱图中可以确定富含Fe、Mo两种元素的第二相为Laves-Fe_2Mo相，富含Ni、Al元素的第二相为B2-NiAl相，且未发现新相的产生。蠕变时效过程使时效500h试样中等温时效形成的Laves相和B2-NiAl相发生明显粗化，尺寸达到300nm左右。

5.3.3 第二相的析出关系研究

有文献[21]指出，澄清AFA钢中各个第二相在析出顺序、析出位置上的关系，是研究等温时效对AFA钢析出行为影响的关键。为了研究2.5Al-AFA钢中B2-NiAl相与σ相、Laves相的析出关系，本节对蠕变实验后的2.5Al-AFA钢原始试样的第二相进行了表征。图5-12为2.5Al-AFA钢原始

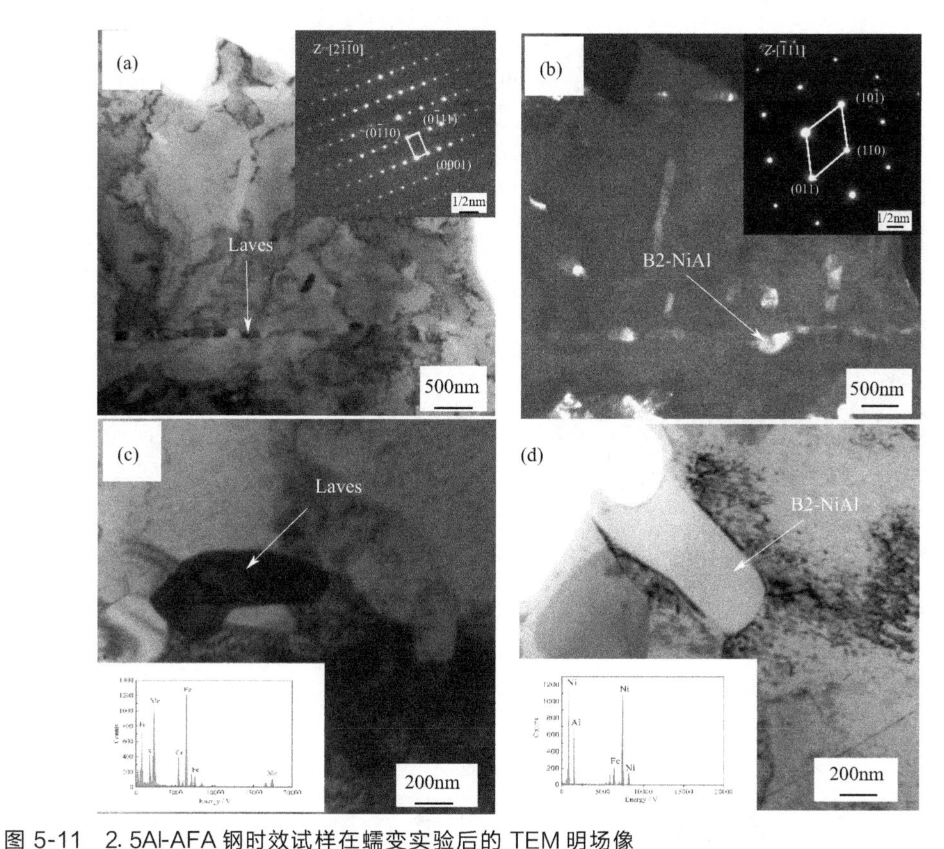

图 5-11 2.5Al-AFA 钢时效试样在蠕变实验后的 TEM 明场像

(a) 时效 20h 试样的明场照片；(b) B2-NiAl 相的暗场照片；(c)、(d) 时效 500h 试样的明场照片

试样 BSE 照片的线扫描路径与 EDS 线扫描元素轮廓。从图中可以看到，2.5Al-AFA 钢原始试样在 700℃、130MPa 条件下的蠕变时效过程中，B2-NiAl 相与 σ 相、Laves 相相邻析出。关于 B2-NiAl 相与 σ 相和 Laves 相析出的位置关系可以通过二维的原子分布图来解释。图 5-13 为 2.5Al-AFA 钢中 B2-NiAl 相与 σ 相、Laves 相析出的二维示意图。从图中可以看到，固溶后的原始试样中 Cr、Ni、Al、Nb 等溶质均匀地分布在奥氏体基体中，占据奥氏体晶格的定点位置，如图 5-13（a）所示。原始试样进行蠕变时效实验过程中，溶质原子在奥氏体中的溶解度降低，因此，Ni、Al 之间强烈的交互作用使得 B2-NiAl 相在奥氏体中析出，溶质之间的排列被打乱。随着蠕变实验继续进行，在贫 Ni 区域，Fe 与 Cr 的距离相对拉近，形成远程有序的 Fe-Cr-Fe-Cr…排列，最终形成具有体心立方的 σ 相，如图 5-13（b）所示。而在贫 Ni 区域，Nb 原子过饱和使得 Fe、Nb 元素呈 FeNb-FeNb-FeNb…的形式堆积，形成 Laves 相。这与图 5-12（a）所观察到的 B2-NiAl 相与 σ 相相邻析出的结果相一致。

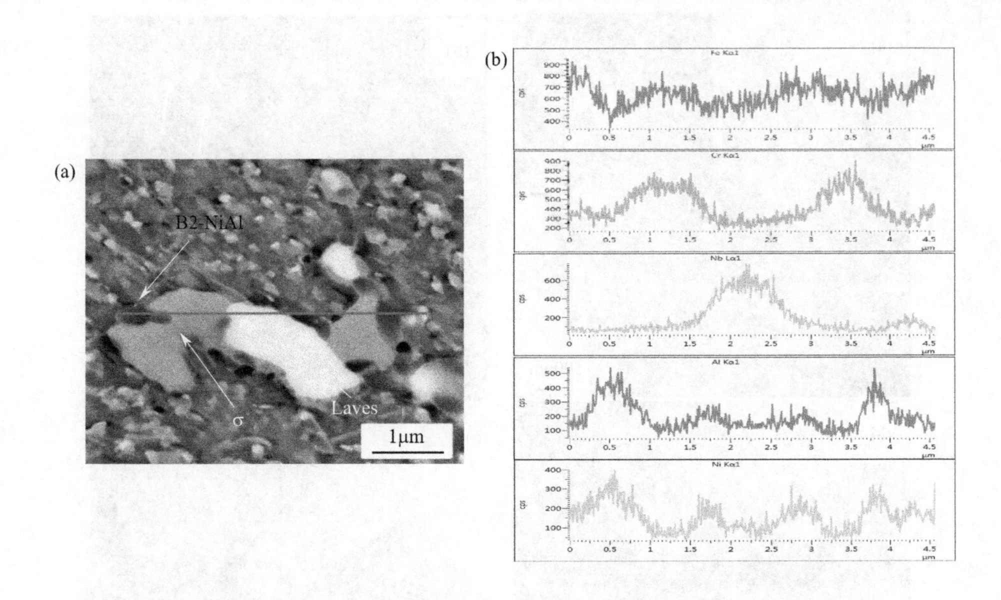

图 5-12　2.5Al-AFA 钢原始试样的线扫描分析

（a）SEM 像；（b）EDS 线扫描元素轮廓

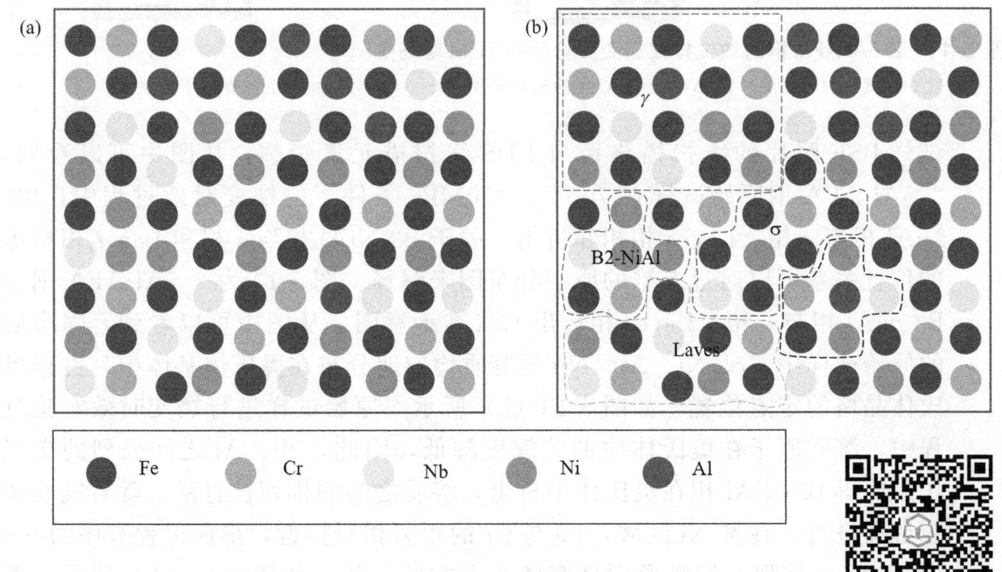

图 5-13　2.5Al-AFA 钢原始试样中 B2-NiAl 相、σ 相以及 Laves 相的二维示意图

研究表明[11]，AFA 钢中的 Laves 相和 B2-NiAl 相在晶界上相间析出，Laves 相和 B2-NiAl 相都与奥氏体基体相之间存在非共格关系，相界处存在很高的畸变能，可以有力地阻碍位错移动，但是关于 Laves 相和 B2-NiAl 相的取向关系以及相界结合方式却未提及。为了澄清 Laves 相和 B2-NiAl 相的析出关系，采用 HRTEM 技术对两相界面进行了分析。图 5-14 为 Laves 相和 B2-NiAl 相的 TEM 明场照片以及两相界面处的高分辨照片。由图 5-14（b）可以知道，图 5-14（a）中相邻析出的相分别为 Laves 相和 B2-NiAl 相。而 Laves 相和 B2-NiAl 相的取向关系可由图 5-14（b）所示的 SEAD 花样和图 5-14（c）所示的 FFT 照片推导出来：$(213)_{Laves} \nparallel (110)_{NiAl}$，$(211)_{Laves} \nparallel (100)_{NiAl}$，$(002)_{Laves} \nparallel (010)_{NiAl}$，并且 $(213)_{Laves} \nparallel (110)_{NiAl}$，$(211)_{Laves} \nparallel (100)_{NiAl}$，$(002)_{Laves} \nparallel (010)_{NiAl}$。查阅资料可知，若两相具有一定的晶体学取向关系，则在同一衍射花样内，至少有三个一一对应的两相晶面相互平行。而由上述的推导结果可以知道，Laves 相和 B2-NiAl 相没有一定的晶体学取向关系，这说明 Laves 相和 B2-NiAl 相的相界是非共格相界。如图 5-14（c）为 Laves 相和 B2-NiAl 相相界处的 HRTEM 照片。图中 Laves 相和 B2-NiAl 相之间存在一段原子排列不规则的过渡层，而在被过渡层包围的区域存在着一些刃型位错。由此可以得出，Laves 相在晶界处析出后，在靠近界面处依旧存在着原始晶界处的位错缺陷，由于 Al 和 Ni 元素之间存在很强的交互作用，这使 B2-NiAl 相在 Laves 相的附近析出。由图 5-13 可知，B2-NiAl 相的析出又导致 Fe、Nb、Mo、Si 等元素在晶界处聚集，形成 Laves 相，造成 B2-NiAl 相在 Laves 相相间析出的现象出现。

5.3.4 高温持久蠕变行为

图 5-15 显示了 2.5Al-AFA 钢时效试样在 700℃、130MPa 下蠕变应变与时间的关系曲线。从图 5-15 中可以看出，由于蠕变实验的条件为 700℃、130MPa，高温、高应力使蠕变性能较差的原始试样的蠕变曲线从减速蠕变阶段经过短暂的稳态蠕变阶段直接过渡到加速蠕变阶段。当蠕变应变增加到 8.22% 时，原始试样发生断裂，其蠕变寿命仅为 71.37h。相比于原始试样，时效 20h、50h、100h 以及 3000h 试样的蠕变性能更加优异，蠕变曲线均具有减速蠕变阶段、稳态蠕变阶段和加速蠕变阶段。当蠕变实验进行到 200h 时，它们的蠕变应变分别增加到 3.59%、3.24%、3.15% 以及 4.98%。而时效 500h、1000h 和 2000h 试样，在整个 200h 蠕变过程中，它们的蠕变曲线只包含减速蠕变阶段

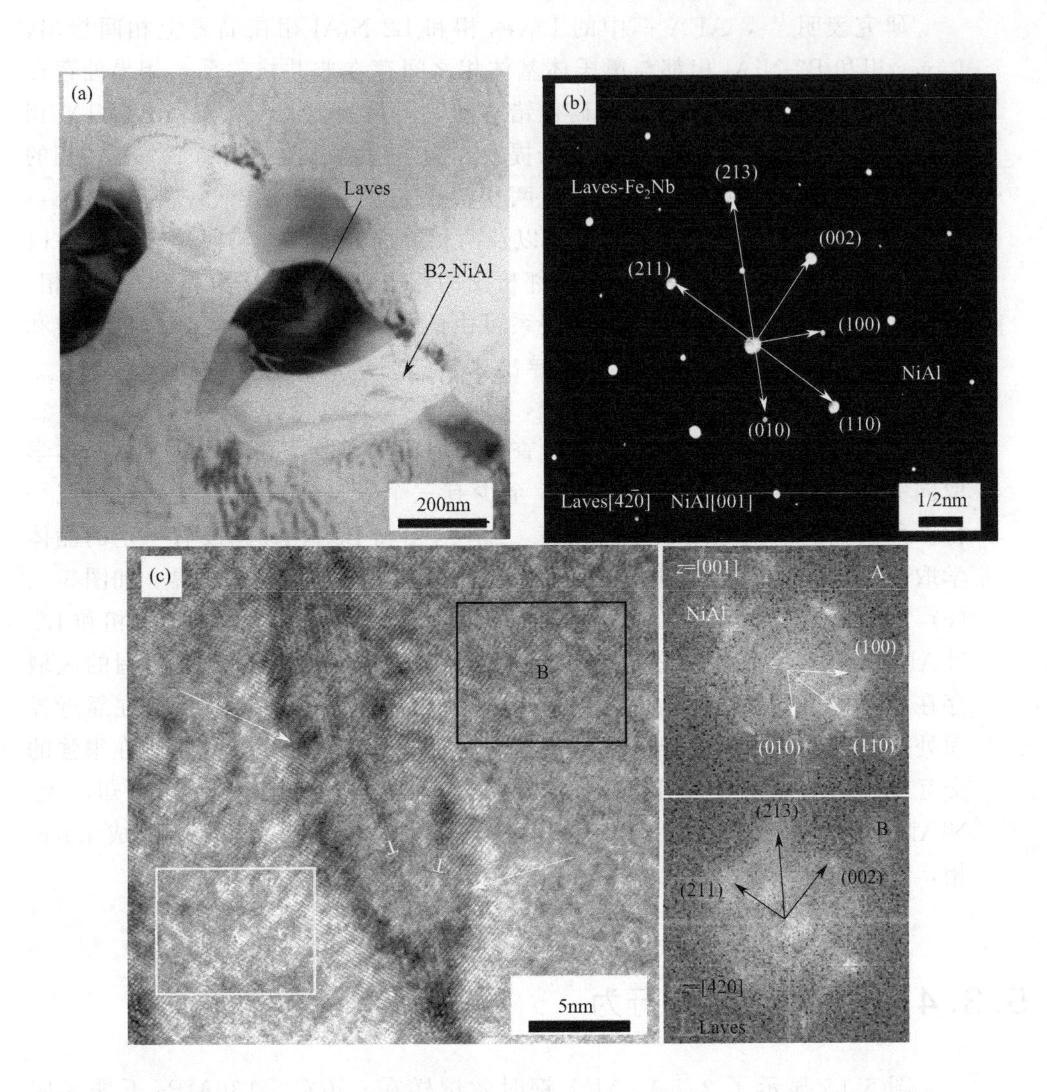

图 5-14 时效 2000h 试样的 TEM 明场像

(a) TEM 明场像；(b) SEAD 花样；(c) Laves 相和 B2-NiAl 相相界处的高分辨以及相应的傅里叶转换（FFT）

和稳态蠕变阶段，蠕变应变分别为 1.51%、1.36%和 1.46%，这说明时效 500h、1000h 和 2000h 试样的蠕变性能最好。此外，从图 5-15（a）中还可以看出，在蠕变初期，时效 500h、1000h 和 2000h 试样具有较小的蠕变应变且一直保持到蠕变实验结束。而时效 50h 试样在蠕变初期同样具有最小的蠕变应变，但随着蠕变时间的增加，其蠕变应变迅速增大，这与微观组织变化密切相关。

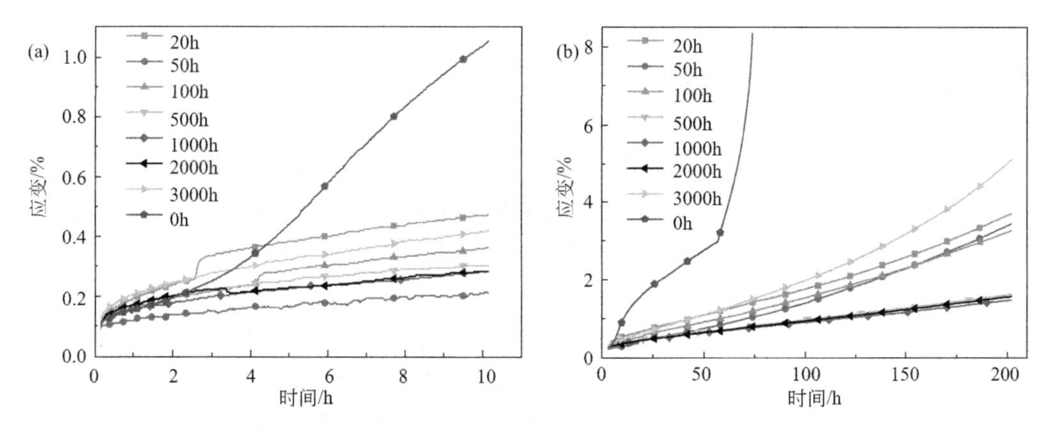

图 5-15　2. 5Al-AFA 钢时效试样在 700℃、 130MPa 下的蠕变曲线
(a) 时效 5h；(b) 时效 200h

图 5-16 为 2. 5Al-AFA 钢时效试样在 700℃、130MPa 下的蠕变速率曲线。图 5-16（b）中原始试样的蠕变速率曲线与图 5-15（b）中原始试样的蠕变曲线相对应，更好地说明了原始试样在 700℃/130MPa 下的蠕变过程只有短暂的稳态蠕变阶段。除原始试样外，从图 5-16（a）和（b）中还可以看出，所有时效试样都具有相似的蠕变速率曲线。在减速蠕变阶段，由于加工硬化和沉淀硬化的共同作用使蠕变速率随蠕变时间的增加而减小。在达到最小蠕变速率后，随着蠕变时间的增加蠕变速率呈波动变化，且波动范围极小，蠕变实验进入稳态蠕变阶段。而对时效 20h、50h、100h 以及 3000h 试样，蠕变速率在 160h 左右之后出现递增的趋势。此外，500h、1000h 和 2000h 试样的蠕变速率在整个蠕变实验过程中都在逐渐减小，这也与它们具有极小的蠕变应变相一致。

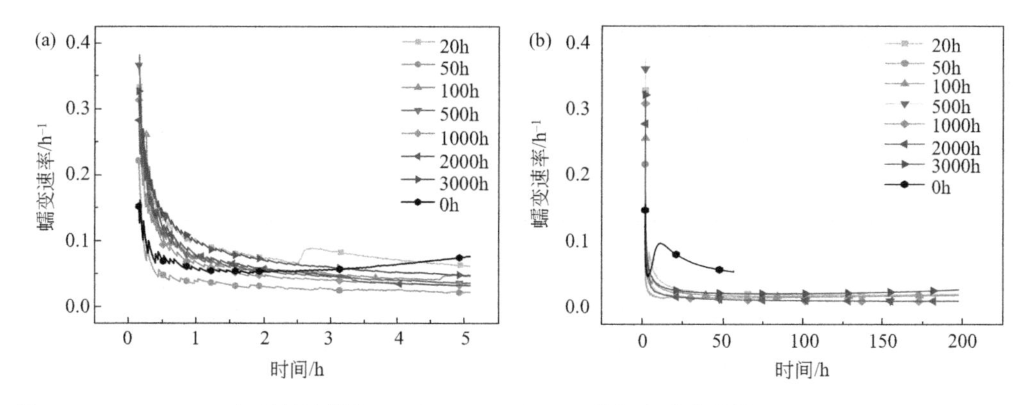

图 5-16　2. 5Al-AFA 钢时效试样在 700℃、 130MPa 下的蠕变速率曲线
(a) 时效 5h；(b) 时效 200h

5.3.5 蠕变强化机制

AFA钢蠕变强度的强化机制主要是沉淀强化和位错强化机制，有关显微组织对2.5Al-AFA钢蠕变性能的影响也将从这两种强化机制进行讨论。由于在蠕变实验前时效试样中的B2-NiAl相的尺寸较小，只有200nm左右，在蠕变实验前期Laves相和B2-NiAl相都可以起到沉淀强化的作用[22,23]，因此本文在统计蠕变实验前时效试样中第二相的平均粒径和体积分数时不区分Laves相和B2-NiAl相。而在高温蠕变实验的过程中，等温时效过程中形成的Laves相和B2-NiAl相发生粗化。表5-2统计了蠕变前、后时效试样中第二相的平均粒径和体积分数，并根据实际测量值计算了第二相对蠕变强度的作用值。随着高温蠕变实验的进行，蠕变试样中Laves相及B2-NiAl相的平均粒径明显增大，而体积分数增幅较小，根据式（4-12）计算出蠕变后的σ_{ppt}较小，这也说明等温时效在初始蠕变阶段对AFA钢有较好的强化效果。

表5-2 蠕变实验前、后时效试样中第二相的平均粒径和体积分数

时效时间	蠕变实验前			蠕变实验后		
	Laves相及B2-NiAl相		σ_{ppt} /MPa	Laves相及B2-NiAl相		σ_{ppt} /MPa
	平均粒径/μm	体积分数/%		平均粒径/μm	体积分数/%	
0h	—	—	—	0.48±0.01	7.07±0.2	5.5±0.2
20h	0.23±0.01	3.03±0.2	7.5±0.5	0.34±0.01	5.21±0.2	6.7±0.3
50h	0.25±0.01	4.29±0.2	8.3±0.5	0.42±0.01	5.54±0.2	5.6±0.2
100h	0.27±0.01	5.92±0.2	9.0±0.5	0.45±0.01	7.10±0.2	5.9±0.2
500h	0.30±0.01	6.48±0.2	8.5±0.4	0.63±0.01	7.81±0.2	4.4±0.1
1000h	0.31±0.01	8.60±0.2	9.5±0.4	0.71±0.01	9.39±0.2	4.3±0.1
2000h	0.34±0.01	10.84±0.2	9.6±0.4	0.78±0.01	11.53±0.2	4.4±0.1
3000h	0.37±0.01	11.71±0.2	9.2±0.4	0.63±0.01	10.09±0.2	5.0±0.1

2.5Al-AFA钢经过在1200℃下热轧后基体中存在大量位错，时效处理和蠕变实验后因回复使位错密度下降，但在蠕变后的时效试样中仍有一定数量的位错存在。图5-17为时效50h、500h以及2000h试样蠕变后的位错分布。从图5-17（a）～（c）中可以看出，尽管三种试样的时效时间相差很大，但在时效2000h的试样中没有出现位错数量显著减少的现象，这是因为在等温时效和高温蠕变过程中，第二相在位错处形核、长大，阻碍位错运

动。如图 5-17（d）所示，蠕变过程中的残存位错作为 Laves 相的形核中心，而 Laves 相的形成也给位错的移动带来阻力[24,25]。残存位错的数量越多，第二相的形核中心也就越多，可以更好地细化 Laves 相。

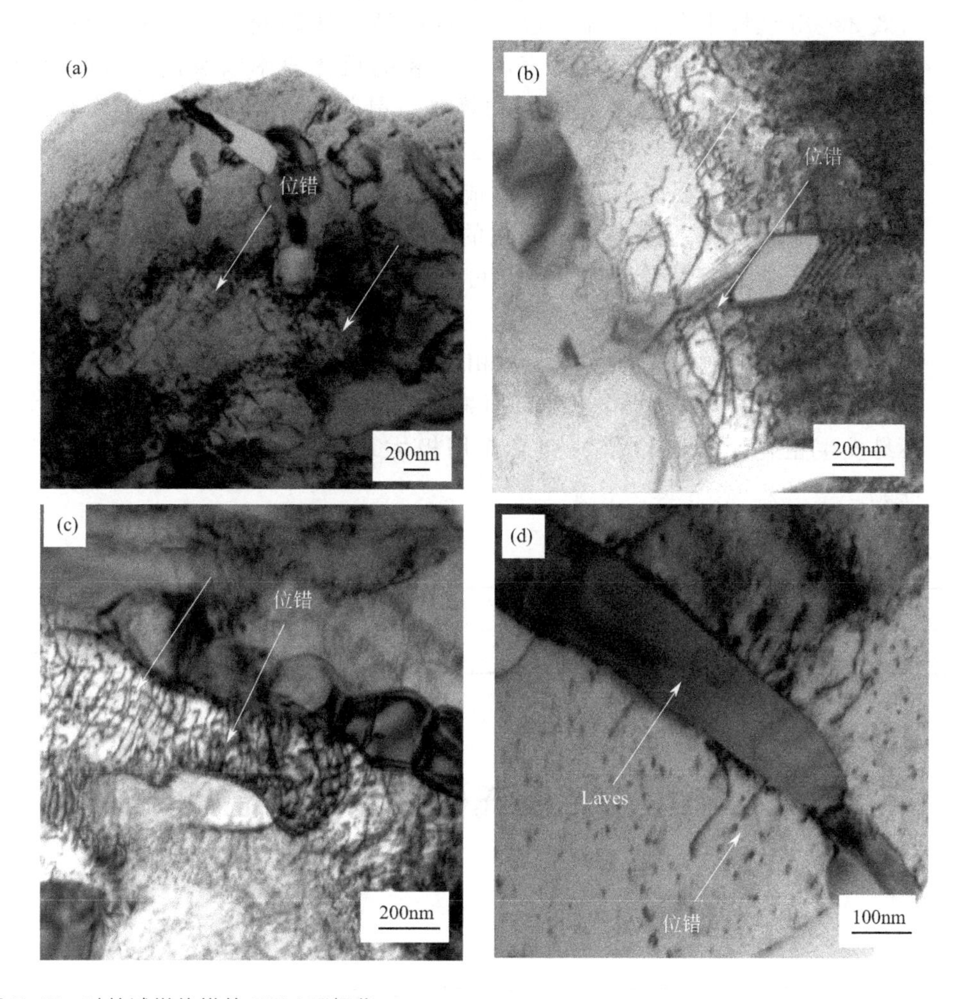

图 5-17 时效试样位错的 TEM 明场像

（a）时效 50h；（b）时效 500h；（c）时效 2000h；（d）位错与 Laves 相的关系

根据 Williamson-Hall 方法[26] 计算出各时效试样对应的位错密度，如表 5-3 所示。从表 5-3 中可以看到，2.5Al-AFA 钢原始试样在蠕变实验后的位错密度最小，仅为 $4.84\times10^{8}m^{-2}$，而时效 1000h 试样蠕变后的位错密度最大，达到 $1.88\times10^{9}m^{-2}$，约为原始试样位错密度的 4 倍。根据式（2-7）可知，时效 1000h 试样中位错强化对高温蠕变强度的贡献值是原始试样的 2 倍左右。时效 3000h 试样中的第二相发生粗化，热稳定性下降，这使得试样中的第二相对位错移动的阻碍作用迅速下降，造成其位错密度与时效1000h试样相比小了一个数量级，这是时效3000h试样高温蠕变性能迅速下降的主要原因。此外，W的加入促进了基体中σ相的形成[27]，且在原始试样和时效3000h试样中尤为明显，这也是这两种试样蠕变性能较差的另一个重要原因。而对其他时效试样而言，第二相的粗化速率以及体积分数决定了位错密度的变化。随着时效时间的增加，晶界上第二相的粗化速率较大，这导致晶界强度降低。但晶内的第二相粗化速率较小，在蠕变过程中仍有新第二相的产生，而时效过程中形成的第二相与蠕变过程形成的新第二相有效地阻碍了位错运动，位错强化的效果减小了晶界弱化的影响，使得时效试样的蠕变强度显著增加。由此可以得出时效强化提高2.5Al-AFA钢蠕变强度的方式为：等温时效促进2.5Al-AFA钢中第二相的析出，提高了蠕变初期时效试样的蠕变强度。第二相的形成阻碍了蠕变过程中的位错移动，稳定了时效试样中的位错密度；而抑制位错回复的第二相的热稳定较高，不易发生粗化，其与位错的交互作用极大地提高了时效试样的高温蠕变性能。

表5-3 时效试样对应的位错密度

时效时间	0h	20h	50h	100h	500h	1000h	2000h	3000h
P/m^{-2}	4.84×10^{8}	5.96×10^{8}	6.08×10^{8}	6.30×10^{8}	9.92×10^{8}	1.88×10^{9}	1.02×10^{9}	5.78×10^{8}

5.4 应力对新型含铝奥氏体耐热钢高温持久蠕变行为的影响

5.4.1 不同应力下AFA钢的高温持久蠕变曲线

图5-18为在700℃、不同应力下4Al-AFA钢的蠕变应变、蠕变速率与时间的关系曲线。从图5-18（a）中可以看出，4Al-AFA钢在700℃、70MPa的蠕变条件下具有最小的蠕变应变。随着蠕变应力的增大，4Al-AFA钢的蠕变应变逐渐增大，直至试样发生断裂。在高应力的作用下，4Al-AFA钢表现出极短的稳态蠕变阶段，甚至在700℃、160MPa的条件下，直接从减速蠕变阶段进入到加速蠕变阶段，并在较短的时间内快速断裂。从图5-18（b）中也可以看出，在700℃、160MPa的条件下，4Al-AFA

钢具有最大的最小蠕变速率，随着蠕变应力的降低，最小蠕变速率也随之减小。通过拟合蠕变寿命曲线（4Al-AFA 钢在 700℃、160MPa 的条件下蠕变进行 31h 左右即发生断裂，此时用最小蠕变速率代替稳态蠕变速率），将 4Al-AFA 钢在不同应力下的稳态蠕变速率统计于表 5-4 中。表 5-4 显示出 4Al-AFA 钢的稳态蠕变速率随蠕变应力的变化趋势与蠕变应变、蠕变速率的变化趋势一致。

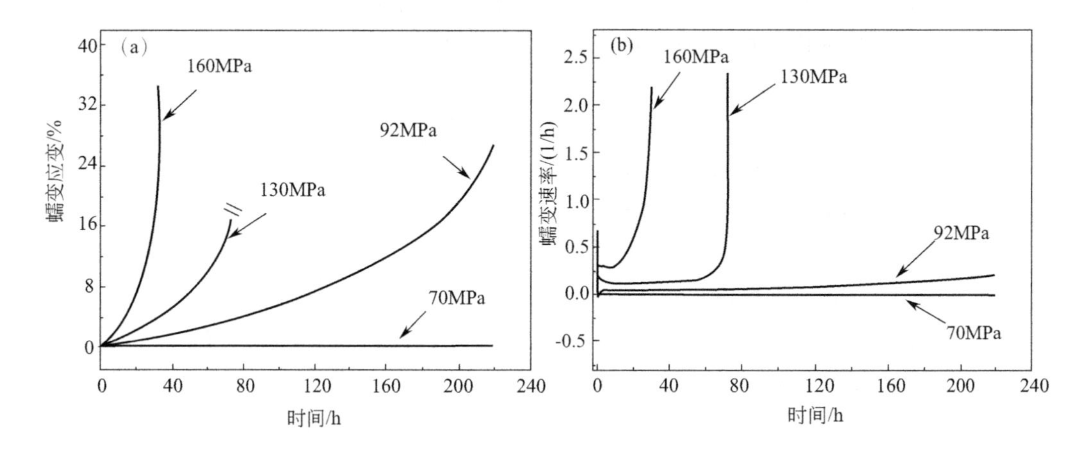

图 5-18　在 700℃、不同应力下 4Al-AFA 钢的蠕变实验结果

(a) 蠕变曲线；(b) 蠕变速率曲线

表 5-4　4Al-AFA 钢在 700℃不同应力下的稳态蠕变速率

应力	70MPa	92MPa	130MPa	160MPa
稳态蠕变速率/s^{-1}	1.36×10^{-6}	1.62×10^{-5}	5.69×10^{-5}	1.34×10^{-4}

5.4.2　应力与稳态蠕变速率关系

一般来说，稳态蠕变速率与蠕变温度、蠕变应力以及材料自身性能有关。为了探究蠕变应力对 4Al-AFA 钢稳态蠕变速率的影响，本文在恒定温度 700℃ 下改变蠕变应力（70MPa、90MPa、130MPa、160MPa）对 4Al-AFA 钢进行了高温蠕变实验。研究表明，在高温、较低应力下合金的稳态蠕变速率 $\dot{\varepsilon}$ 与蠕变应力 σ 存在一定的关系，可表示为[28,29]：

$$\dot{\varepsilon}=A\sigma^{n} \tag{5-3}$$

式中　A——材料特性和温度相关的常数；

n——稳态蠕变应力指数。

由式（5-3）可知，稳态蠕变速率与外加应力呈幂律关系，而符合这一关系的蠕变称为幂律蠕变。但是当蠕变应力超过某一数值时，稳态蠕变速率与蠕变应力之间的幂律关系被破坏，发生幂律失效。这时，稳态蠕变速率与蠕变应力之间的指数关系可表示为：

$$\dot{\varepsilon}=B\exp(\beta\sigma) \tag{5-4}$$

式中　B 和 β——材料特性和温度相关的常数；

而温度对稳态蠕变速率的影响可以表示为：

$$\dot{\varepsilon}=C\exp(-\frac{Q}{RT}) \tag{5-5}$$

式中　C——材料特性和温度相关的常数；

Q——蠕变激活能；

R——气体常数；

T——温度。

综合式（5-3）、式（5-4）以及式（5-5）可以得出在高、低应力下温度、外加应力与稳态蠕变速率之间的关系为：

$$\dot{\varepsilon}=\mathrm{D}\sigma^{n}\exp(-\frac{Q}{RT}) \tag{5-6}$$

$$\dot{\varepsilon}=E\exp(\beta\sigma)\exp(-\frac{Q}{RT}) \tag{5-7}$$

式中　D、E——材料特性和温度相关的常数；

对式（5-6）和式（5-7）两边分别取对数可得：

$$\ln\dot{\varepsilon}=n\ln\sigma+\ln D-\frac{Q}{RT} \tag{5-8}$$

$$\ln\dot{\varepsilon}=\beta\sigma+\ln E-\frac{Q}{RT} \tag{5-9}$$

式中　n——稳态蠕变应力指数。

由式（5-8）和式（5-9）可知，n 和 β 为曲线 $\ln\dot{\varepsilon}-\ln\sigma$ 和曲线 $\ln\dot{\varepsilon}-\sigma$ 的斜率，只要求出 n、β 以及 $\ln D$、$\ln E$ 的值即可得到稳态蠕变速率和蠕变应力之间的关系。本文中温度恒为700℃，所以温度对稳态蠕变速率的影响可看作为定值。Liu 等[30] 的研究表明，4Al-AFA 钢的激活能为 579.4kJ/mol，R 为 8.314，由此可以求出 $-Q/RT$ 的值为 -71.62。

根据式（5-8），以 $\ln\sigma$ 为横坐标，$\ln\dot{\varepsilon}$ 为纵坐标，将蠕变实验所得到的四个数值进行线性拟合。图 5-19 为 4Al-AFA 钢在700℃下 $\ln\dot{\varepsilon}-\ln\sigma$ 曲线的拟合结果。从图中可以得到稳态蠕变应力指数 n 为 5.32，稳态蠕变速率与外加应力满足幂律关系。因此，只需得到 $\ln D$ 的值，即可求得 700℃下应力与稳态蠕变速率的关系。令 $n\ln\sigma-\frac{Q}{RT}Z$，则式（5-8）可表示为：

$$\ln\dot{\varepsilon}=Z+\ln D \tag{5-10}$$

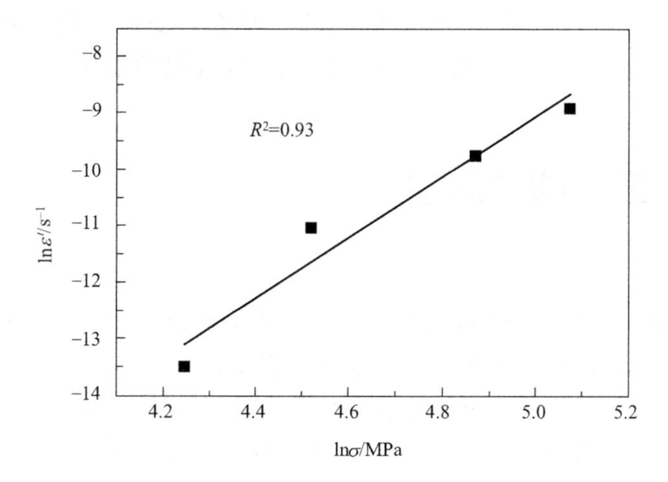

图 5-19 4AL-AFA 钢的稳态蠕变速率与应力之间的关系

以 $\ln\dot{\varepsilon}$ 为纵坐标，Z 为横坐标绘成图 5-20，图中拟合直线的斜率即为 $\ln D$。由图 5-20 可以得到 $\ln D$ 为 3.9×10^{15}。因此，700°C 下应力与稳态蠕变速率的关系：

$$\dot{\varepsilon}=3.065\times10^{-16}\sigma^{5.32} \tag{5-11}$$

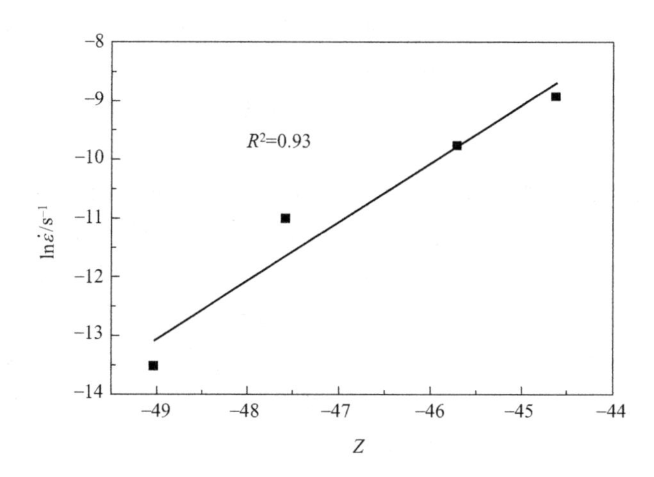

图 5-20 不同应力下 $\ln\varepsilon$-Z 的关系

为了验证公式的准确性，本文通过式（5-11）求得 4Al-AFA 钢在 70MPa、90MPa、130MP 和 160MPa 下的稳态蠕变速率为 $2.06\times10^{-6}s^{-1}$、$8.58\times10^{-6}s^{-1}$、$5.40\times10^{-5}s^{-1}$ 以及 $1.63\times10^{-4}s^{-1}$，与表 5-4 中数据比较，误差分别为 20.5%、30.7%、2.6%以及 9.7%。由于在不同应力下激活能会产生一定的差异，导致在较低应力下稳态蠕变速率的计算值偏差较大。式（5-11）可以科学预测较高应力下 4Al-AFA 钢的蠕变性能。

5.5 本章小结与展望

1）原始 AFA 钢样品的微观结构主要由奥氏体和一次 NbC 组成。在时效进行到 20h 时第二相几乎都沿着晶界析出；时效 50h 时，第二相开始在晶粒内部析出。时效后 Laves 相和针状 B2-NiAl 相开始在奥氏体基体中析出，长时间时效处理后第二相多为不规则颗粒状和长棒状。随着时效时间的增加，第二相逐渐发生粗化。第二相的粗化速率曲线在 1000h 分为两个阶段，第二阶段由于基体中 Nb 原子的耗尽，粗化速率较低。在时效 2000h 之前，晶界处第二相的平均粒径都大于晶粒内部第二相的平均粒径。

2）时效试样进行蠕变实验后，Laves 相与 B2-NiAl 相相间析出（非共格），σ 相与 B2-NiAl 相相邻析出。Laves 相与 B2-NiAl 相与蠕变实验前的相比发生明显粗化，且时效时间越长试样中粗化的越明显。另外，晶内的 Laves 相与 B2-NiAl 相的数量急剧增加，晶界明显变宽，晶界覆盖率显著增大。蠕变 200h 后，时效 1000h 试样具有最小的蠕变应变以及最小的稳态蠕变速率。时效 0h 和 3000h 试样由于基体中形成 σ 相，极大地降低了试样的高温蠕变性能。2.5Al-AFA 钢原始试样具有最差的蠕变性能，在经过短暂的稳态蠕变阶段后快速进入加速蠕变阶段，当蠕变实验进行到 71.37h 时发生蠕变断裂。沉淀相和位错提高了时效 2.5Al-AFA 钢蠕变初期时效试样的蠕变强度。第二相的形成阻碍了蠕变过程中的位错移动，稳定了时效试样中的位错密度；而抑制位错回复的第二相的热稳定较高，不易发生粗化，其与位错的交互作用极大地提高了时效试样的高温蠕变性能。

3）等温时效后，1000h 时效试样具有最优异的高温蠕变性能，其稳态蠕变速率为 $1.54\times10^{-6}s^{-1}$。此外，构建了 4Al-AFA 钢在 700℃下外加应力与稳态蠕变速率的本构方程：$\dot{\varepsilon}=3.065\times10^{-16}\sigma^{5.32}$。

本章详细探究了 AFA 钢不同方式热处理后的蠕变实验后的组织与性能。退火与时效处理均可以显著改善 AFA 钢的高温蠕变性能。其中时效处理对蠕变性能的影响的研究较为全面，而关于退火处理的影响的研究却有不足。但是退火试样与时效试样的稳态蠕变速率在同一量级，退火也可以明显提高蠕变性能，因此可以对此进行更为全面的探究。

参考文献

[1] Gao Q，Zhang Y，Zhang H，et al. Precipitates and Particles Coarsening of 9Cr-1. 7W-0. 4Mo-Co Ferritic Heat-Resistant Steel after Isothermal Aging [J]. Scientifie Reports，2017，7（1）：5859.

[2] Khayatzadeh S，Tanner D W J，Truman C E，et al. Influence of thermal ageing on the creep behaviour of a P92 martensitic steel [J]. Materials Science and Engineering：A，2017，708：544-555.

[3] 乔加飞，王斌，陈寅彪，等．630℃高效超超临界二次再热机组关键技术研究 [J]. 煤炭工程，2017，49（5）：109-113.

[4] Y. Yamamoto M P B，Z. P. Lu，P. J. Maziasz，et al. Creep-Resistant，Al_2O_3-Forming Austenitic Stainless Steels [J]. Science，2007，316（5823）：433-436.

[5] Haney E M，Dalle F，Sauzay M，et al. Macroscopic results of long-term creep on a modified 9Cr-1Mo steel（T91）[J]. Materials Science and Engineering：A，2009，510-511：99-103.

[6] 陈国宏，潘家栋，王家庆，等．650℃时效 HR3C 耐热钢的显微组织与高温拉伸性能 [J]. 材料热处理学报，2014，35（2）：104-109.

[7] Yamamoto Y，Brady M P，Santella M L，et al. Overview of Strategies for High-Temperature Creep and Oxidation Resistance of Alumina-Forming Austenitic Stainless Steels [J]. Metallurgical and Materials Transactions A，2010，42（4）：922-931.

[8] Hu B，Baker I. High temperature deformation of Laves phase precipitates in alumina-forming austenitic stainless steels [J]. Materials Letters，2017，195：108-111.

[9] Lifshitz I M，Slyozov V V. The kinetics of precipitation from supersaturated solid solutions [J]. Journal of Physics and Chemistry of Solids，1961，19（1）：35-50.

[10] Vodopivec F，Steiner-Petrovič D，Žužek B，et al. Coarsening Rate of $M_{23}C_6$ and MC Particles in a High Chromium Creep Resistant Steel [J]. Steel Research International，2013，84（11）：1110-1114.

[11] Trotter G，Hu B，Sun A Y，et al. Precipitation kinetics during aging of an alumina-forming austenitic stainless steel [J]. Materials Science and Engineering：A，2016，667：147-155.

[12] Liu W J. A new theory and kinetic modeling of strain-induced precipitation of Nb（CN）in microalloyed austenite [J]. Metallurgical and Materials Transactions A，1995，26（7）：1641-1657.

[13] Zener C. Theory of growth of spherical precipitates from solid solution [J]. Journal of Applied Physics，1949，20（10）：950-953.

[14] Hald J，Korcakova L. Precipitate Stability in Creep Resistant Ferritic Steels-Experimental Investigations and Modelling [J]. ISIJ International，2003，43（3）：420-427.

[15] Sim G M，Ahn J C，Hong S C，et al. Effect of Nb precipitate coarsening on the high temperature strength in Nb containing ferritic stainless steels [J]. Materials Science and Engineering：A，2005，396（1）：159-165.

[16] Zhao W X，Zhou D Q，Jiang S H，et al. Ultrahigh stability and strong precipitation strengthening of nanosized NbC in alumina-forming austenitic stainless steels subjecting to long-term high-temperature exposure [J]. Materials Science and Engineering：A，2018，738：295-307.

[17] Song R G，Tseng M K，Zhang B J，et al. Grain boundary segregation and hydrogen-induced frac-

ture in 7050 aluminium alloy [J]. Acta Materialia, 1996, 44 (8): 3241-3248.

[18] Nikulin I, Kipelova A, Kaibyshev R. Effect of high-temperature exposure on the mechanical properties of 18Cr - 8Ni - W - Nb - V - N stainless steel [J]. Materials Science and Engineering: A, 2012, 554: 61-66.

[19] Wen D, Jiang B, Wang Q, et al. Influences of Mo/Zr minor-alloying on the phase precipitation behavior in modified 310S austenitic stainless steels at high temperatures [J]. Materials & Design, 2017, 128: 34-46.

[20] M. Schwind, J. KaÈllqvist, J. O. Nilsson, et al. σ-phaseprecipitation in stabiilized austenitic stainless steels [J]. Acta Materialia, 2000, 48: 2473-2481.

[21] Trotter G, Baker I. The effect of aging on the microstructure and mechanical behavior of the alumina-forming austenitic stainless steel Fe - 20Cr - 30Ni - 2Nb - 5Al [J]. Materials Science and Engineering: A, 2015, 627: 270-276.

[22] Y. Yamamoto M T, Z. P. Lu , C. T. Liu , et al. Alloying effects on creep and oxidation resistance of austenitic. stainless steel alloys employing intermetallic precipitates [J]. Intermetallics, 2008, 16: 453-562.

[23] Yamamoto Y, Brady M P, Lu Z P, et al. Alumina-forming austenitic stainless steels strengthened by Laves phase and MC carbide precipitates [J]. Metallurgical and Materials Transactions A, 2007, 38 (11): 2737-2746.

[24] Jang M-H, Moon J, Kang J-Y, et al. Effect of tungsten addition on high-temperature properties and microstructure of alumina-forming austenitic heat-resistant steels [J]. Materials Science and Engineering: A, 2015, 647: 163-169.

[25] Jie Cui, Ick Soo Lim, Chang Yong Kang, et al. Creep Stress Effect on the Precipitation Behavior of Laves Phase in Fe - 10%Cr - 6%W Alloys [J]. Isij International, 2001, 41: 368-371.

[26] Williamson G, Smallman R. Ⅲ. Dislocation densities in some annealed and cold-worked metals from measurements on the X-ray debye-scherrer spectrum [J]. Philosophical Magazine, 1956, 1 (1): 34-46.

[27] Jang M-H, Kang J-Y, Jang J H, et al. Improved creep strength of alumina-forming austenitic heat-resistant steels through W addition [J]. Materials Science and Engineering: A, 2017, 696: 70-79.

[28] Liu Z, Li P, Xiong L, et al. High-temperature tensile deformation behavior and microstructure evolution of Ti55 titanium alloy [J]. Materials Science and Engineering: A, 2017, 680: 259-269.

[29] Dehghan-Manshadi A, Barnett M R, Hodgson P D. Hot Deformation and Recrystallization of Austenitic Stainless Steel: Part Ⅱ. Post-deformation Recrystallization [J]. Metallurgical and Materials Transactions A, 2008, 39 (6): 1371-1381.

[30] Liu Z, Gao Q, Zhang H, et al. EBSD analysis and mechanical properties of alumina-forming austenitic steel during hot deformation and annealing [J]. Materials Science and Engineering: A, 2019, 755: 106-115..

第6章

新型含铝奥氏体耐热钢的未来展望

6.1 新型含铝奥氏体耐热钢的合金成分

新型含铝奥氏体耐热钢的表面具有稳定的 Al_2O_3 氧化层，在 750～900℃的范围内仍具有优异的高温抗氧化性能，而且成本要比镍基合金和ODS钢低很多，以其优异的高温蠕变性能和高温抗氧化性能，以及较为低廉的成本成为最具应用前景的耐热结构材料，也是近几年各国高温结构材料研究的热点方向。合金化元素的调整对于新型含铝奥氏体耐热钢组织尤其是第二相析出的影响至关重要。从保证第二相弥散析出分布和良好高温性能的角度考虑，Al、Nb、Ti、V这几种合金元素是关键，而为了尽可能产生稳定的蠕变沉淀强化效果，Cu的添加也逐渐受到人们的关注。

Al含量的控制对新型含铝奥氏体耐热钢表面 Al_2O_3 氧化层的形成极为关键。有研究发现在FeCrAl合金中添加1%（质量分数）的Al便发现在650℃形成了 Al_2O_3 氧化层。如果Al含量增加到4%（质量分数）则需要在980℃才能形成。而如果加入2.5%（质量分数）Al，并适当提高Ni、Nb含量，就可在新型含铝奥氏体耐热钢表面形成具有优良抗氧化性能的 Al_2O_3 氧化层。Al加入后，在AFA钢基体析出的B2-NiAl相在600～700℃范围内具有很好的稳定性，起到弥散强化作用，同时，在高温下还可以为新型含铝奥氏体耐热钢表面 Al_2O_3 氧化层的持续形成提供Al元素，提高抗氧化性。但是随着温度的进一步升高，B2-NiAl相的粗化速率较高，弥散强化效果减弱。考虑Al在奥氏体中的固溶情况，在保证形成稳定 Al_2O_3 氧化层的前提下，新型含铝奥氏体耐热钢中 Al 元素的含量应不低于 2.5%（质量分数）。

Nb 元素在新型含铝奥氏体耐热钢中通过形成稳定的 NbC 纳米第二相，起到高温蠕变弥散强化的效果，并且和 Al 元素一起提高了新型含铝奥氏体耐热钢的抗氧化性能，其含量的变化是新型含铝奥氏体耐热钢高温蠕变性能调控的关键。Nb 元素含量较高时，其在奥氏体中固溶度很低，在液态冷却时就可能容易形成粗大的一次微米 NbC 第二相（3～5μm）。由于纯 NbC 熔点很高（3600℃），热力学上较为稳定，即使进行固溶处理也很难消除粗大的一次微米 NbC 第二相。这些微米 NbC 第二相的存在会降低材料的高温蠕变性能。实际上，在高温蠕变过程中起到最主要弥散强化作用的是进行变形及热处理时析出的二次纳米 NbC 相，其颗粒尺寸一般在 50nm 以下。二次纳米 NbC 相的高密度析出、均匀弥散分布是保证新型含铝奥氏体耐热钢优异高温性能的关键。在高温蠕变、时效过程中，纳米 NbC 相极其稳定，颗粒尺寸粗化速率缓慢，可起到强烈钉扎位错移动、稳定组织的作用。早期也证实纳米 NbC 相在高温下几千小时的等温时效过程中依然可以保持几十纳米的颗粒尺寸。此外，Nb 元素的添加也可能会导致 Laves（Fe_2Nb）金属间第二相的形成，其粗化速率远大于 NbC 相，恶化材料高温性能。在新型含铝奥氏体耐热钢中的 Laves（Fe_2Nb）相可以起到一定的弥散强化效果，但是考虑到 Laves 相是金属间化合物，且其粗化速率远高于 NbC 相，在进行合金成分设计及组织调控时应该尽量减少其形成。综合考虑 NbC 相和 Laves 相形成的优化调控，新型含铝奥氏体耐热钢中 Nb 元素的含量在 1.5%（质量分数）时，可以生成较为理想的第二相，起到沉淀强化效果。一般情况下，Nb 元素的添加量应该控制在 1%～3%（质量分数）。

Ti 和 V 的添加主要是考虑利用这两种元素与 C 元素结合形成稳定的 MC 型碳化物，起到弥散强化效果，提高新型含铝奥氏体耐热钢的高温稳定性。但是必须注意的是，在添加时应严格控制 Ti 和 V 的加入量，以免破坏氧化膜的致密性，降低材料的抗氧化性能。结合成分设计经验，Ti 和 V 元素的添加量都应严格控制在 0.2%（质量分数）以下，以避免产生 δ-铁素体相或其他脆性相而降低新型含铝奥氏体耐热钢的韧性。

在保证新型含铝奥氏体耐热钢中纳米 NbC 相和 B2-NiAl 相充分析出情况下，如能够再引入新的第二强化相，则为材料高温蠕变性能的进一步提高提供了一个新的思路。通过成分调整，新型含铝奥氏体耐热钢基体中形成 $L1_2$-Ni_3Al 有序相（γ′）后的蠕变速率更低，强度更高。但是一般只有在 Ni 元素含量很高［>30%（质量分数）］时，才发现有 $L1_2$-Ni_3Al 有序相的形成。最近几年，人们发现 Cu 作为第二相形成强化元素能够促进 $L1_2$ 有序相的形成，Cu 元素添加到新型含铝奥氏体耐热钢中进行合金成分优化的思路逐渐受到重视，并取得一定的成效。在 12Ni-新型含铝奥氏体耐热钢中添加少量 Cu，基体内可以形成稳定的具有与纳米 NbC 相强化作用类似的 α-Cu 纳米沉淀颗粒。而在添加一定量 Cu 元素的 20Ni-新型含铝奥氏体耐热钢蠕变后，组织中发现了超晶格有序相 $L1_2$ 的形成，成分组成则变成了（Ni，Cu)$_3$Al，即 Cu 元素优先固溶在原 Ni_3Al 晶格中，稳定 $L1_2$ 有序相。特别值得注意的是，含 Cu 的新型含铝奥氏体耐热钢中 Ni 元素较低时，便可形成稳定 $L1_2$ 有序相，材料成本更低，所以可考虑将 Cu 元素作为 $L1_2$ 有序相稳定化元素来进一步提高新型含铝奥氏体耐热钢的第二相强化效果。

总体来说，新型含铝奥氏体耐热钢的合金成分设计还有一定的优化空间，未来的关注重点主要在两个方面：一是优化调整已有合金成分，促进第二相的弥散析出，提高沉淀强化效果；二是添加其他合金元素来促进新的第二相析出，例如 Cu 的添加促进 $L1_2$ 有序相的形成。此外，合金元素调整时也应该关注对表面抗高温氧化性能的影响，比如近期人们就发现 Ta 元素的加入可以提高新型含铝奥氏体耐热钢的抗氧化性能。

6.2 新型含铝奥氏体耐热钢的组织结构

在长期服役过程中，材料组织结构发生了回复，晶界、亚晶界发生迁移而粗化，组织稳定性降低是耐热合金高温蠕变强度下降的主要原始之一。稳定的组织结构是高温结构材料具有优异高温性能的前提。新型含铝奥氏体耐热钢的基体相为单一奥氏体，析出相包含 NbC 相、B2-NiAl 相、Laves（Fe_2Nb）相以及 $L1_2$ 有序相等。最近几年，人们致力于通过调控奥氏体晶粒尺寸以及第二相的演变来提高新型含铝奥氏体耐热钢的高温性能。因此，新型含铝奥氏体耐热钢的组织结构也成为研究的热点之一。

奥氏体晶粒尺寸的大小对新型含铝奥氏体耐热钢的高温性能有着显著的影响。研究表明，奥氏体晶粒尺寸越小，晶界面积越大，晶界越曲折，越能有效阻碍裂纹的扩展，提高材料强度。而通过形变热处理能够抑制晶粒在最终稳定化处理过程中的粗化，获得较细的晶粒度。此外，控制晶粒尺寸对高温结构材料的抗氧化性能的提高起着关键作用。细化晶粒对氧化的影响主要表现在加速元素扩散，使氧化更快进入稳态氧化阶段，从而提高材料的高温抗氧化性能。有研究表明晶粒细化可以加速高铝 Fe-Mn-Al-C 双相轻质钢发生相变，促进 Al_2O_3 氧化层在合金表面的快速形成，确保高铝 Fe-Mn-Al-C 双相轻质钢的抗氧化性能。在人们深入研究晶粒尺寸对抗氧化性能的作用机制后发现，在不增加 Cr 含量或添加额外的元素的前提下，当含 Cu 奥氏体不锈钢的晶粒尺寸控制在 8μm 以下时，可以显著提高奥氏体不锈钢在潮湿空气条件下的高温抗氧化性能。因此，系统奥氏体晶粒尺寸对新型含铝奥氏体耐热钢高温性能起到的作用也是未来侧重的研究方向。

第二相弥散强化是提高新型含铝奥氏体耐热钢高温蠕变强度的重要方法之一，澄清第二相的演变是通过第二相弥散强化有效提高高温蠕变强度的前提。微米 NbC 相在新型含铝奥氏体耐热钢固溶处理（1200℃）时就会析出，而与 Laves 相之间具有竞争析出关系的纳米 NbC 相却是强化新型含铝奥氏体耐热钢高温蠕变强度最理想的第二相。目前，合理设计耐热钢中 Nb/C 比例是有效调控 Laves 相和纳米 NbC 相竞争析出的有效方法。而其他强化手段是否会影响这种析出关系仍需要相关研究人员进行深入研究。人们在研究 700℃等温时效过程中第二相的析出规律时发现，新型含铝奥氏体耐热钢中第二相的析出存在一定的顺序。在时效初期，NbC 相、亚稳态 $L1_2$-Ni_3Al 相以及 $M_{23}C_6$ 碳化物优先在晶粒内和晶界析出，随着时效时间的增加，Laves 相和 B2-NiAl 相开始析出。当时效温度升高到 750℃（高于 B2-NiAl 相的韧脆转变温度）时，B2-NiAl 相转变为脆性相，强化效果大大降低。在观察第二相析出的位置关系时发现十分有趣的现象，Laves 相和 B2-NiAl 相在晶粒内或晶界上相间析出。人们通过相关测试手段分析 Laves 相和 B2-NiAl 相之间的位向关系时发现，两相呈非共格关系。这种析出的位置关系对新型含铝奥氏体耐热钢高温性能的影响以及产生这种位置关系的原因值得深入讨论。此外，在长期时效过程中，奥氏体相可能发生相变形成脆硬性很大的 σ 相，抑制 σ 相的析出是确保新型含铝奥氏体耐热钢高温蠕变强度的重要部分。

总体来说，新型含铝奥氏体耐热钢的组织结构还有诸多问题需要研究，未来侧重的研究方向主要是：在现有的有关第二相析出关系的基础上，澄清相关强化方式（形变热处理、冷变形等）对第二相演变的影响。

6.3 新型含铝奥氏体耐热钢的高温性能

作为超超临界火电机组高温结构部件的候选材料，新型含铝奥氏体耐热钢的高温性能一直备受关注。而新型含铝奥氏体耐热钢的高温性能主要包含高温蠕变性能和高温抗氧化性能两个方面。近年来，通过沉淀强化和位错强化提高新型含铝奥氏体耐热钢的高温蠕变性能成为研究热点。

新型含铝奥氏体耐热钢中起到第二相弥散强化效果的主要是 NbC 相、B2-NiAl 相和 Laves（Fe_2Nb）相。在晶界和晶粒内析出的 NbC 相、B2-NiAl 相和 Laves 相可以起到阻碍位错运动，钉扎晶界，降低界面迁移速率，产生稳定的沉淀强化效果，从而提高新型含铝奥氏体耐热钢高温蠕变性能的作用。而通过合理的处理方法获得具有稳定强化效果的第二相是沉淀强化的重要发展方向。合理的成分设计是促进稳定第二相析出的前提。新型含铝奥氏体耐热钢中 Nb/C 比例的变化对 NbC 相和 Laves 相的析出具有显著的影响。在高 Nb/C 比例下，Laves 相的析出数量迅速增加，成为主导第二相；而低的 Nb/C 比例则会促进 NbC 相的析出。而 Al 元素的添加量则会影响 B2-NiAl 相的沉淀强化效果。新型含铝奥氏体耐热钢的合金成分优化设计是获得优良高温性能的有效方法之一。在合金优化设计后，如能够通过后续的相关处理进一步提高材料性能则是另一途径。利用热处理方法（时效处理、退火处理以及形变热处理等）调节第二相在晶界和晶粒内析出的思路也得到相关学者的广泛关注。人们发现热处理后大量第二相在新型含铝奥氏体耐热钢的晶界和晶粒内析出，晶界覆盖率增加，高温蠕变强度显著增大。

我国学者提出利用“缺陷工程”强化材料的新思路，即通过人为改变材料中某些缺陷的形式、数量和分布等，来调控优化材料性能。就新型含铝奥氏体耐热钢而言，位错缺陷极有可能在服役过程中产生运动和交互作用导致稳定性降低，降低了位错强化的实际效果。而如果将缺陷工程和第二相强化相结合进行协同强化，即通过“缺陷工程”进一步引入位错缺陷，促进第二相在位错缺陷处形核，起到钉扎位错而稳定组织的效果，则会极大提高新型含铝奥氏体耐热钢的高温蠕变性能，这将成为强化材料的未来发展方向。近期，相关学者在第二相再强化方面开展了一些探索性的工作。研究发现，进行冷变形后的新型含铝奥氏体耐热钢相比于未进行冷变形的在蠕变过程中，纳米 NbC 相数量迅速增加，尺寸没有发生明显粗化，并且蠕变断裂时间增加了 1 倍多，远高于其他耐热钢。此外，人们还发现在时效前进行冷变形加工也可以促进 Laves 相和 B2-NiAl 相的非均匀析出，且随着冷加工变形量的增加，B2-NiAl 相的析出温度更低，而当变形量增加到 90%时，还发现了 $L1_2$-Ni_3Al 有序相的析出。上述新型含铝奥氏体耐热钢高温蠕变性能的提升归功于缺陷工程和第二相强化的协同强化。从位错缺陷和第二相的交互机制上说可以分为两种，即位错缺陷绕过第二相颗粒并留下位错环的 Orowan 机制和位错缺陷切过第二相颗粒的切过机制。而纳米 NbC 相、B2-NiAl 相和 Laves 相均为硬质第二相，所以 Orowan 机制为位错缺陷与第二相之间的主导交互机制。Orowan应力是衡量位错缺陷是否容易开动的判断依据，并与第二相颗粒间距有关，颗粒间距增大会降低该临界应力，位错更易于运动，组织的不稳定性增加。新型含铝奥氏体耐热钢中奥氏体晶界析出的纳米第二相的分布、颗粒尺寸影响晶界强化效果，可以有效钉扎晶界迁移，而在晶粒内弥散析出的纳米第二相与位错交互作用产生的Orowan强化机制降低了晶粒的回复速率，提高了组织的稳定性。

在考虑利用缺陷工程和第二相强化协同强化新型含铝奥氏体耐热钢的同时，也应该关注冷变形对其高温抗氧化性能的影响。在本书2.7节讨论了压下量为30%的冷变形对新型含铝奥氏体耐热钢在700℃的干燥空气中氧化行为的影响，发现适当的冷变形不会大幅降低新型含铝奥氏体耐热钢的高温抗氧化性能。冷变形引入的孔洞和微裂纹在氧化初期加速了氧气向基体内的扩散，在一定程度上降低了新型含铝奥氏体耐热钢的高温抗氧化性能。随着氧化时间的增加，冷变形引入的位错缺陷可作为金属元素短程扩散的通道，可以加速Al从合金基体向Al_2O_3氧化层表面的扩散，同时位错缺陷还可以促进B2-NiAl相的析出，这又为Al_2O_3氧化层的持续形成提供了充足的Al，保证4Al-AFA钢在长期服役过程中的高温抗氧化性能。

总之，有效提升新型含铝奥氏体耐热钢高温性能的方法还有待相关研究人员进行深入研究。目前，利用缺陷工程和第二相强化相结合进行协同强化将成为强化新型含铝奥氏体耐热钢高温性能的重要发展方向，其中，澄清每种第二相与位错缺陷运动的Orowan强化演变规律、确定不同条件（蠕变时效温度、时间等）下的主要强化相类型以及利用缺陷工程人为引入位错缺陷的定量特征对纳米NbC相、Laves（Fe_2Nb）相和B2-NiAl相的优先析出顺序的影响，这部分工作的开展将对新型含铝奥氏体耐热钢高温性能的研究具有重要意义。